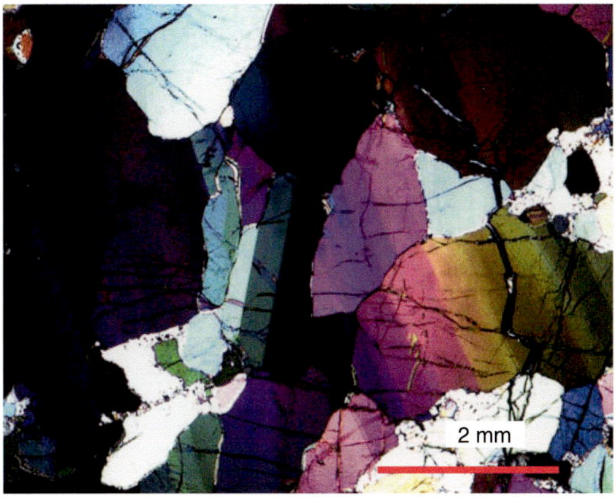

口絵 1　転位クリープで変形した岩石の組織

結晶粒界近傍で小さな結晶（再結晶粒）がつくられている．（本文 p.42 参照）

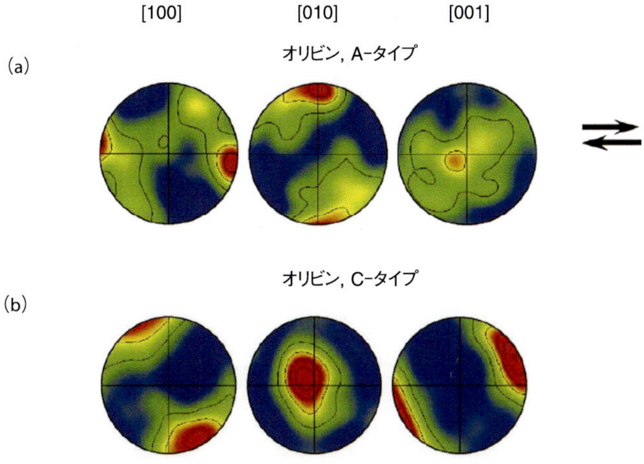

口絵 2　極図の例

ずり変形をしたオリビンの例．結晶方位の向き（[100],[010],[001]）が試料の中でどのように分布しているかが試料座標系を使って表示されている．試料の方位は二次元等積投影法で示してある．左右がずりの方向，上下がずり面に垂直な方向．（本文 p.90 参照）

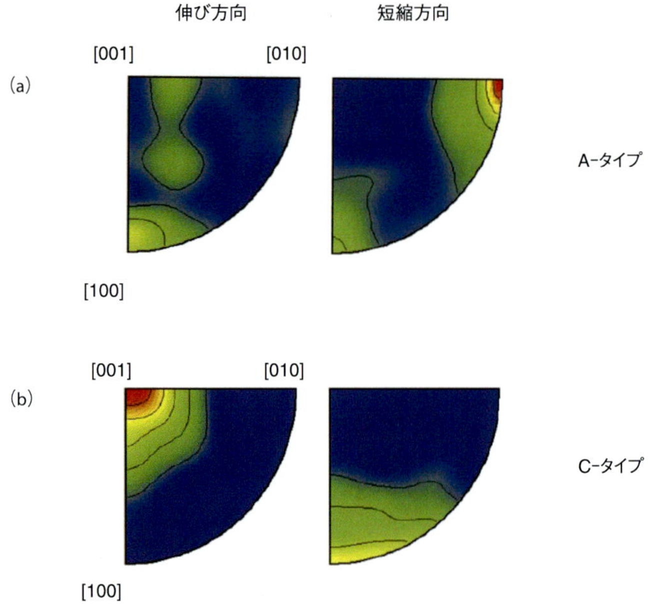

口絵 3　逆極図の例

ずり変形をしたオリビンの例．試料の伸びと縮みの方向が結晶の中でどのように分布しているかが結晶座標系を使って表示してある．(本文 p.91 参照)

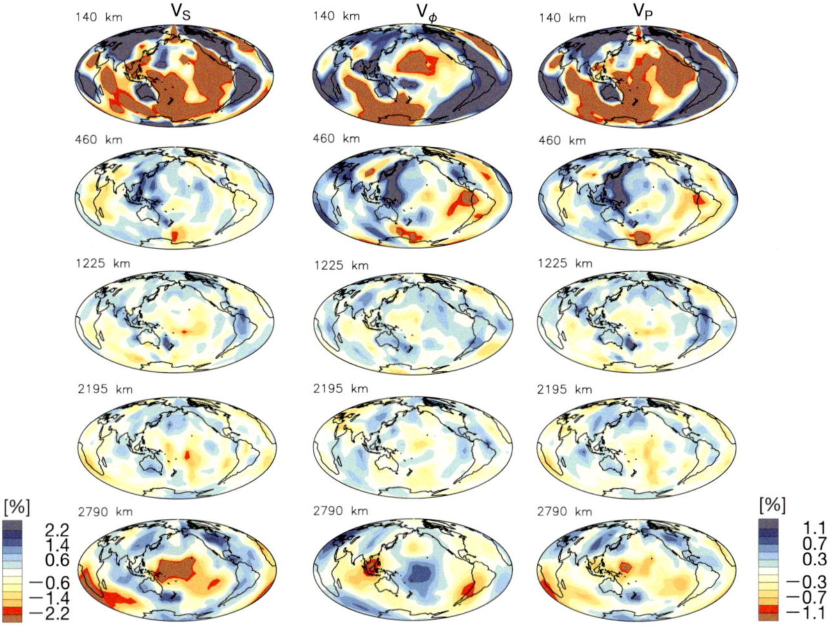

口絵 4　全地球規模での地震トモグラフィーの結果の例

（Masters *et al.* (2000) による）（本文 p.187 参照）

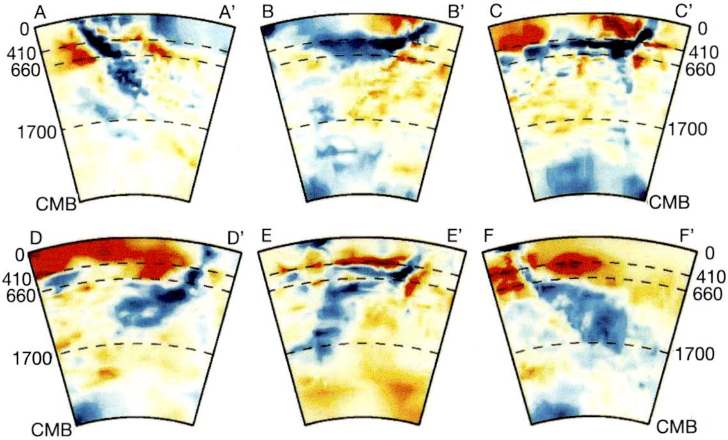

口絵 5　沈み込み帯のマントルの地震波速度異常

（Kárason and van der Hilst (2000) による）（本文 p.189 参照）

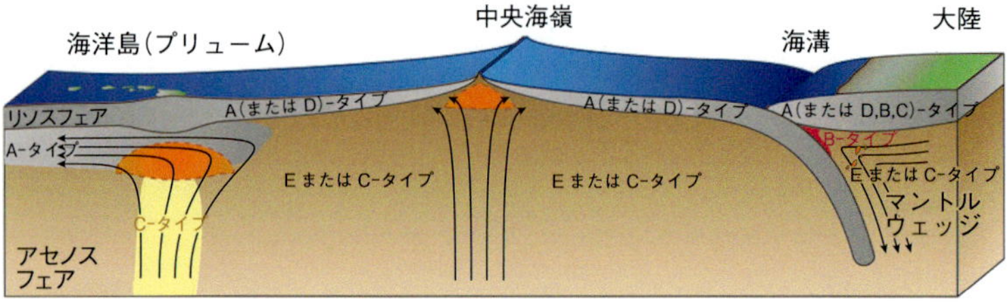

口絵 6　実験結果に基づいて推定した上部マントルでのオリビンの格子選択配向
（Karato *et al.* (2008) による）（本文 p.209 参照）

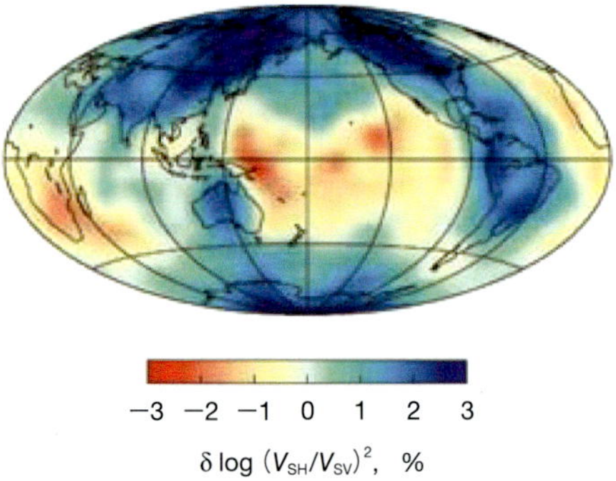

口絵 7　マントル最下部（D″ 層）の地震波異方性
（Panning and Romanowicz (2006) による）（本文 p.215 参照）

現代地球科学入門シリーズ
大谷栄治・長谷川昭・花輪公雄［編集］

Introduction to
Modern Earth Science Series

14

地球物質のレオロジーとダイナミクス

唐戸俊一郎［著］

共立出版

現代地球科学入門シリーズ

Introduction to Modern Earth Science Series

現代地球科学入門シリーズ

刊行にあたって

読者の皆様

このたび『現代地球科学入門シリーズ』を出版することになりました．近年，地球惑星科学は大きく発展し，研究内容も大きく変貌しつつあります．先端の研究を進めるためには，マルチディシプリナリ，クロスディシプリナリな多分野融合的な研究の推進がいっそう求められています．このような研究を行うためには，それぞれのディシプリンについての基本知識，基本情報の習得が不可欠です．ディシプリンの理解なしにはマルチディシプリナリな，そしてクロスディシプリナリな研究は不可能です．それぞれの分野の基礎を習得し，それらへの深い理解をもつことが基本です．

世の中には，多くの科学の書籍が出版されています．しかしながら，多くの書籍には最先端の成果が紹介されていますが，科学の進歩に伴って急速に時代遅れになり，専門書としての寿命が短い消耗品のような書籍が増えています．このシリーズでは，寿命の長い教科書を目指して，現代の最先端の成果を紹介しつつ，時代を超えて基本となる基礎的な内容を厳選して丁寧に説明しています．

このシリーズは，学部 2～4 年生から大学院修士課程を対象とする教科書，そして，専門分野を学び始めた学生が，大学院の入学試験などのために自習する際の参考書にもなるよう工夫されています．それぞれの学問分野の基礎，基本をできるだけ詳しく説明すること，それぞれの分野で厳選された基礎的な内容について触れ，日進月歩のこの分野においても長持ちする教科書となることを目指しています．すぐには古くならない基礎・基本を説明している，消耗品ではない座右の書籍を目指しています．

さらに，地球惑星科学を学び始める学生・大学院生ばかりでなく，地球環境科学，天文学・宇宙科学，材料科学など，周辺分野を学ぶ学生・大学院生も対象とし，それぞれの分野の自習用の参考書として活用できる書籍を目指しました．また，大学教員が，学部や大学院において講義を行う際に活用できる書籍になることも期待致しております．地球惑星科学の分野の名著として，長く座右の書となることを願っております．

編集委員一同

序　文

地球などの惑星は鉱物のような固体からなっている部分が多いので，鉱物の性質を理解しておくことは地球の構造やダイナミクスを理解するうえでたいへん重要である．とくに地球深部の研究では，鉱物の高温，高圧下での性質を知る必要があり，そのために多くの実験的，理論的な研究がなされてきた．このような研究の結果のうち，鉱物の密度（状態方程式）や弾性的性質は地球の構造を調べるときに重要になる．このような性質については，本シリーズの第13巻で解説してある．

本書では，鉱物（岩石）の性質のなかでも，マントル対流などといった地球（や惑星）のダイナミクスに大きな影響を与える塑性変形に焦点を合わせ，読者が塑性変形についてのミクロな物理と，地球や惑星のダイナミクスというマクロな物理を統一的に理解できるようにと考えて記述した．そこで，地球物質（鉱物およびその集合体としての岩石）の塑性変形（レオロジー的性質）についての基礎事項をミクロな観点から説明しただけでなく，その結果を応用してマクロな地球のダイナミクスをどう理解するかについても，地質学的方法と地球物理学的方法の両方を含めて解説してある．本書を読めば，「なぜ地球でプレートテクトニクスが起こり，金星などの他の惑星では起こっていないのか？」「地震トモグラフィーなど最新の地球物理学的観測の結果を使ってマントル対流の様子を推定するにはどうしたらよいのか？」「実際の地球で変形した岩石から地球内部の変形の様子をどう推定したらよいのか？」などの疑問への答え，あるいは回答への手がかりが得られるはずである．

読者としては学部の3,4年生以上を想定した．おもな読者は地球科学系の学生であろうが，他の分野（たとえば物理系，物質科学系）の学生にも，物理的考え方が地球や惑星にどう応用されるかを知るうえで興味のある内容であると思う．予備知識としては，学部の1,2年で習うはずの応力や歪みなどの変形に関する基礎知識と熱力学の基礎概念だけで十分であるように記述した．応力と歪みに関しては本シリーズ第10巻に詳しく解説してあるので，そちらを参照してほしい．熱力学については本シリーズのいろいろな場所で触れられているので，詳しくはそちらを参照してほしいが，ここでは本書の解説に必要なところだけを簡単に説明した（また，基本的事項ではあるが，本書の解説のテーマとは少しずれる事柄はコラムで説明した）．

鉱物や岩石の塑性変形は，状態方程式，相転移などの静的な性質に比べてかなり複雑である．静的な性質の研究では，地球内部での高い圧力（や温度）のもとでの測定をすると，その結果が直接，地球に応用できる場合が多く，この分野では高圧（かつ高温）での測定さえできればそれで地球科学としての鉱物物理の研究が完成したともいえる．しかし，地球科学としての塑性変形の研究の場合はそうではない．実験室での研究では地球内部で起こっている変形と同じ歪み速度での変形を再現することはできないので，実験結果をそのまま直接に地球に応用するわけにはいかない．また，塑性変形は水などの不純物や，結晶粒径などにも敏感なので，これらの量にも注意を払う必要がある．地質学的な方法で変形を研究するときにもいろいろな注意が必要である．われわれが地表で観察できる岩石は複雑な歴史を経て地表に到達しているので，岩石から地球内部での変形の様子を読み取るには，その歴史を注意深く丹念に解きほぐさねばならない．このように塑性変形の研究は複雑であり，状態方程式や弾性的性質の研究と比べてじっくりとした多角的な検討を要求される部分が多い．その分，地球科学としての塑性変形の研究は時間がかかるが，推理小説を読むような謎解きの面白さが多いともいえるだろう．

本書ではこのような分野の勉強をしたい人の助けになるように，地球科学への応用を念頭において，鉱物や岩石の塑性変形についての基礎的な事項を解説した．しかし，上に述べたようなこの分野の複雑性のため，文献にもいろいろと混乱が見られる．研究の最先端では確固とした説がないので，いろいろな，時には矛盾する考えが議論されることがあるが，塑性変形の研究ではとくにこれが多い．このような場合，いろいろな考えを紹介するとともに，筆者の見解も述べておいた．早い段階で研究の最前線に触れておくことは，有益だと考えたからである．このような高度な内容の多い項のタイトルには * 印をつけておいた．最初に読むときは飛ばしても良いが，この分野の研究の最先端を知りたい人はぜひ熟読してほしい．

さらに勉強したい人には，固体の塑性変形に関しては Frost and Ashby (1982)

や Poirier (1985) という専門書がある．とくに前者では簡潔な解説とともに豊富なデータがまとめてあり，地球科学に応用するために塑性変形について手短に勉強したい人には便利な教科書である（ただし，絶版になっているので図書館で借りて読むしかない）．また Poirier (2000) は鉱物物理一般へのよい入門書である（ただし，本の題名に反して地球物理の解説はほとんどない）．塑性変形の基礎物理だけでなく地学現象，とくに全地球規模での地球物理への応用をも詳しく解説した本として Karato (2008a) がある．本書から出発してさらに本格的に勉強したい読者は，ぜひこの本にも取り組んでほしい．

本書の執筆は東北大学の大谷栄治氏のお勧めによる．また，大谷氏からは有益なコメントを多くいただいた．本書の内容は今まで，私がミネソタ大学，イェール大学，東北大学などで行ってきた授業に基づくところが大きい．授業に参加した学生諸君はいろいろと有益な質問をして著者の理解を深めてくれた．また，共立出版の信沢孝一氏には編集者としていろいろと無理な注文に応じていただいた．ここに記して皆様に感謝したい．

2011 年 7 月　ニューヘブンにて

唐戸　俊一郎

目　次

第1部　物質科学的基礎

第2部　地球への応用

コラム目次

第1部

物質科学的基礎

第1章　塑性変形の物質科学

1.1　弾性変形と非弾性変形（変形様式の分類）

物質に小さな応力を短時間加えると，物質は即座に変形し，応力を取り去ると歪みはもとに戻る（図 1.1a）（応力や歪（み）については本シリーズ第 10 巻を参照）．このような変形を**弾性変形**（elastic deformation）とよぶ．弾性変形は小さい応力ではフックの法則に従い，弾性定数が物質の弾性変形の特徴を表す．しかし，物質に高い温度で長時間応力を加えると，変形はゆっくりと起こり，応力を取り除いても歪みがもとに戻らない場合がある．このような変形では原子が隣の安定位置まで動く（図 1.1b）．そこで，力を取り除いても原子はもとの位置に戻らない．このような変形を**非弾性変形**（anelastic deformation）とよぶ．弾性変形や弾性的性質については本シリーズの第13 巻に詳しく解説されているのでそちらを参照してほしい．

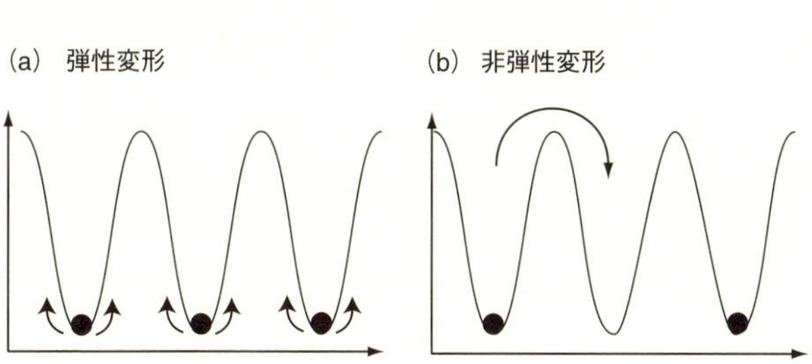

図 1.1　弾性変形（a）と非弾性変形（b）での原子の動き

非弾性変形は**脆性破壊**（brittle fracture）と**塑性変形**（plastic deformation）とに分けられる（この中間の変形様式として小さなクラックの伝播による均質な流動が見られることもある）．脆性破壊は低圧，低温で，塑性変形は高圧，高温で卓越する．脆性破壊については 9.1 節で簡単に解説したが，詳しくは本シリーズ第 10 巻を参照してほしい．本書では主として塑性変形について解説する．塑性変形については 第 10 巻にも解説がある．重複するところもあるが，この章ではマントル対流など全地球規模での岩石の流動への応用を頭に入れて解説しよう．

岩石の塑性変形については実際に地球内部で変形した岩石を調べることによって理解することもできる．この方法では，岩石の変形についての直接的な情報が得られる．このように岩石の変形構造から地質構造の形成過程を調べる学問は**構造地質学**（structural geology）とよばれるが（本シリーズ第 10 巻），構造地質学では変形の幾何学的側面が強調され，定量的な側面はあまり詳しく検討されないことが多い．しかし，地球のダイナミクスを理解するには変形の定量的側面，たとえば変形への抵抗力を知ることが重要である．この本では変形の定量的な側面に重点をおくので，実験的研究に基づいて得られた変形のミクロなメカニズムに焦点を当てることにしよう．

塑性変形では変形の様子が時間（歪み）とともに変化するが，多くの場合，ある歪みを超えると定常状態が見られる．定常状態では歪み速度と応力とに一定の関係がある．その場合，応力と歪み速度の比で物質の塑性変形に対する抵抗力を測ることができる．歪み速度が応力に比例する場合，この比は物質に固有の性質であって，**粘性率**（viscosity）にほかならない．しかし，歪み速度と応力の関係は線形でない場合も多い．この場合，変形に対する抵抗を，ある歪み速度で物質を変形させるのに必要な応力で表し，これを**クリープ強度**（creep strength）とよぶことがある．この場合，クリープ強度は，歪み速度に依存している．また，簡単な，歪み速度が応力に比例する場合でも，後から解説するように，粘性率は岩石の構成鉱物の結晶粒径によって大きく変わることがある．この場合，ある岩石のある温度・圧力条件での粘性率というものは，結晶粒径を指定しないかぎり意味のないものになる．また，ほんの少しでも水が加わると塑性変形への抵抗は大きく低下することが多い．このように，岩石の塑性的性質はいろいろな因子で大きく変わるので，何が重要な因子であるかを理解し，そのような因子を注意深く制御した実験結果を検討し，地球への応用をしなければならない．

さらに，たとえ変形実験を地球内部の温度・圧力条件と同等な条件で行うことができたとしても，歪み速度については地球内部でのものと同等な条件での実験はできない．そこで，実験室で測定した結果を，直接，地球内部の変形に適用できるわけではない．変形条件の違いを考慮した補正が必要で，この補正を正しく行うには変形の物理をよく理解し，適切な条件での実験結果を使わねばならない．この点，弾性的性質の研究とは様子が違っている．弾性的性質は多くの場合，実験室で測定した結果が，温度，圧力の効果さえ決めておけば，その結果はわずかの補正で地球に応用できる．しかし，塑性変形の場合は直接的な応用はできない．実験室での変形の機構と地球内部での変形の機構を考察（推定）し，両者が同一である場合にだけ，実験室での結果を，適切な（大きな）補正を行った後で，初めて地球に応用できる．ここはとても重要な点なのであるが，残念なことに，最近の論文でも，実験室での結果をそのまま地球に応用した誤った議論が展開されている例が多いのである．以下の解説ではこのような問題，つまり実験室での結果と実際の地球の変形をどう結びつけるかという問題にとくに注意を払って詳しく説明する．

1.2　塑性変形の実験的研究方法

塑性変形の様子を研究するには，物質に与えられた温度・圧力の条件で差応力を加え，それに対する試料の歪みの時間変化を測定する．あるいは，試料に一定の歪み速度を与え，その変形に必要な応力を時間（歪み）の関数として測定する．いずれの場合も塑性変形が起こる場合，試料の変形は時間に依存する（あるいは歪みに依存するといってもよい）ので，長時間（大きな歪み）の測定を行い，変形特性の全貌を知らねばならない．また，後に解説するように，塑性変形の特性は，温度や圧力のほかにも構成物質の結晶粒径，水などの不純物の量によって大きく変化するので，実験をするときはこのような変数をできるだけ詳細に制御することが重要である．このなかでも粒径と水の量は制御が難しい場合が多いが，その場合でもこれらの量は実験前と後で必ず測定しなければならない．

塑性変形を研究するときには高温が必要であることが多い．温度が高くないと，塑性変形に必要な原子の長距離の運動が起こりにくいからである．高圧も重要である．高い圧力は 3 つの理由から重要である．まず第一に，岩石のような多結晶体を変形させるときには，封圧を加えないと岩石が破壊することが多い．第二に，物質の塑性変形の特性は封圧によって大きく変わることがある．原子の易動度が圧力で変化するからである．これは地球深部（数十 km 以上の深さのところ）で重要である（後に解説するが，上部マントルの深部程度の圧力でも，圧力の効果で粘性率は約 10 桁くらい大きくなる）．第三に，鉱物に溶ける水の量は封圧によって大きく変化する．低圧では水の溶解度は小さいが，高圧では大きくなる．そこで，水の効果を研究するには封圧を加える必要がある．

このように，変形実験では，(1) 高温，高圧，水の固溶量などという熱力学的（＋化学的）条件を制御し，(2) そのような条件下で，試料に決められた歪み速度または応力を加え，(3) 歪み速度と応力を測定し，(4) 試料の内部構造（とくに粒径，転位構造，結晶方位の分布），水の量などを測定する，という作業が必要である．そのうち，(1)，(2)，(3) は適当な変形試験機を使って実現する（変形試験機については Tullis and Tullis (1986) などを参照されたい)．本シリーズ第 10 巻にも変形実験の方法や機械についての解説がある．この章では比較的高圧での変形実験に特徴的な点を中心にして解説を付け加えておこう．(1) の高温，高圧発生の技術は他の高圧実験と同様なので，高圧技術をそのまま導入することが多い．たとえば，グリッグス（Griggs）がその研究の後期に設計した変形試験機はピストンシリンダー型の高圧装置に変形実験用のモーターとギヤを付け加えたものである（図 1.2a)．この型の装置での最高圧は 2～3 GPa（深さにして 60～90 km）である．これ以上の圧力では変形用のピストンやシリンダーが破壊してしまう．数 GPa 以上の圧力での変形実験を行うための装置が最近，開発された．高い圧力での変形実験をするにはピストンがよく支持されたタイプの装置が必要である．このような装置として D-DIA と RDA という装置がある（Karato and Weidner, 2008)（図 1.2c,d)．とくに RDA ではピストンの支持が十分なので，現時点（2011 年 2 月）でもすでに下部マントルの条件下（～24 GPa,～2000 K）での変形実験が可能になりつつある．

変形実験をするうえで技術上最も工夫が必要なのは応力の測定である．普通に使われている方法は，ロードセルとよばれる装置でピストンに加わる力を歪

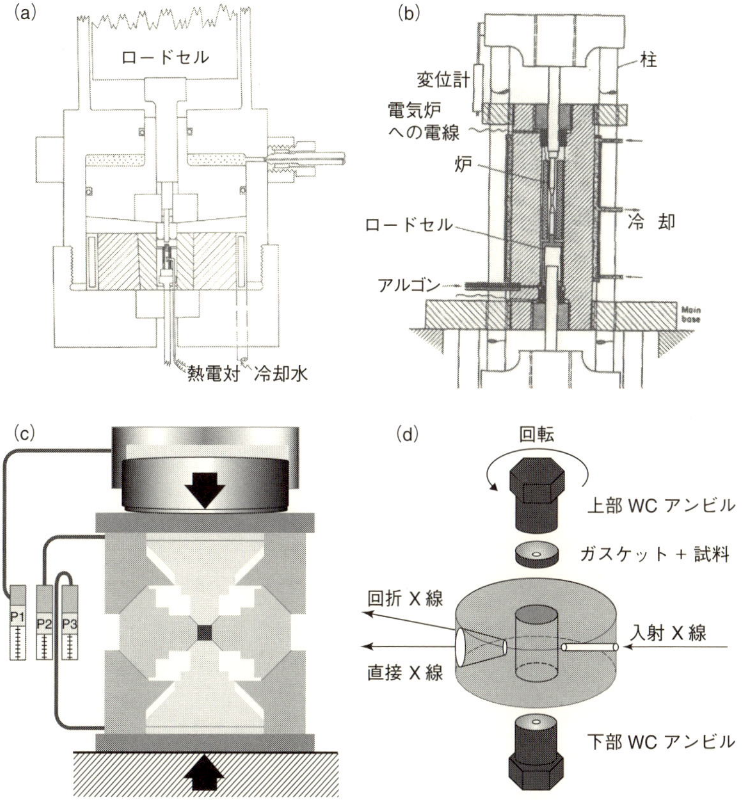

図 1.2 いろいろな変形試験機
(a) 固体圧媒体を使った高圧変形試験機(グリックスの装置).
(b) ガス圧変形試験機.
(c) D-DIA(数 GPa 以上での変形試験機).
(d) RDA(数 GPa 以上での変形試験機).
(Karato (2010c) による)

みゲージを使って測定し，それを試料の断面積で割って応力を計算する．このロードセルは普通，高圧容器の外に置かれる．しかし，この場合，ピストンに加わる力には試料の強度だけでなくピストンを動かすための摩擦力も加わってくる(ピストンは高圧容器の中に入っていくとき摩擦力をうける)．そこで，摩擦の補正を行わねばならないが，この補正には大きな誤差が含まれることが多い．高圧を気体(液体)で発生させている場合，高圧容器が大きければロードセルを高圧容器の内部におくことができる．パターソン（Paterson）の開発したガス圧の変形試験機ではロードセルが圧力室の内部にあるので摩擦の影響は皆無で，応力測定の精度は他の装置に比べて格段に高い（図 1.2b）．しかし，ガス圧の試験機では圧力として約 0.5 GPa（約 15 km の深さ）以下しか出せない（これ以上の圧力では，動くピストンの側壁からガスが漏れるのを防ぐことが難しい）ので，地球科学的に重要な地殻深部やマントル物質の流動特性を調べるには大きな限界がある．

このようなロードセルによる古典的な応力測定とはまったく違った，X 線を使った応力測定の方法が Weidner *et al.*（1998）によって高圧実験に導入された．この方法では応力による結晶格子の歪みを X 線回折によって測定し，歪みから応力を計算する．この場合，高温・高圧下で変形している試料に X 線を透過させて応力を測定するので，摩擦などの問題は解消している．しかし，結晶格子の歪みから応力を計算するのは一筋縄ではいかない．というのは，X 線回折から測定できるのは個々の鉱物のミクロな歪み（それから換算したミクロな応力）であるが，これをマクロな応力に換算するのが簡単ではないのである．弾性変形だけが起こる場合の理論は Singh（1993）によってつくられたが，この理論は実験結果と矛盾することがわかった．Karato（2009）はこの矛盾を説明するためにこの理論を拡張して塑性変形が起こる場合にも適用できる理論をつくった．

また，上記のうち，(4) つまり，試料の粒径などの内部構造，水などの不純物の量なども塑性変形の様子に大きく影響する．そこで，これらの量をできるだけ詳細に記載しておくことは重要である．とくに，水の量は変形に大きく影響するのであるが，変形実験の間に変化することがある．水を意識的に加えていなくても高圧の実験では多量の水が試料に入ることがあり，実験結果の解釈が混乱させたことがある．すべての実験で，試料の水の量は実験前と後に測定する必要がある．この点は非常に重要なので再度，強調しておこう．水の量の測定は赤外吸収や SIMS（Secondary-Ion-Mass-Spectroscopy）を使って行うことができる．試料の微細構造の観察も重要である．結晶の粒径とその分布，結晶中の転位の密度やその分布，個々の結晶の方位の分布などがとくに重要な微細構造である．微細構造の観察はいろいろなスケールで行うことができる．簡単には光学顕微鏡を用いた観察から，より微細なスケールでの観察には走査電

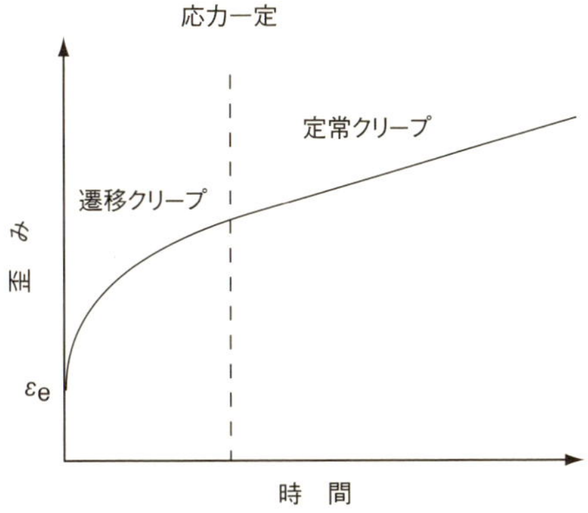

図 1.3 一定応力での変形における歪みの時間変化
まず，瞬時的に起こる弾性変形の後，普通は歪み効果が起こり，歪み速度は歪みとともに低下する．高温での変形では，その後，定常状態に達することが多い．

子顕微鏡，透過電子顕微鏡を用いた観察などが行われる．結晶方位の分布の測定には走査電子顕微鏡が，結晶転位の構造の観察には透過電子顕微鏡が用いられることが多い．

たいていの場合，変形は初期に容易で徐々に困難になってくる．歪みがある値を超えたところで「定常状態」が見られ，そこでは変形に必要な応力と変形速度（歪み速度）との間に歪みによらない一定の関係がある（応力と歪み速度との比が粘性率である）（図 1.3）．このような関係式が実験で決められると，実際の地球内部で温度，圧力や応力などの量がわかっている場合の変形の様子が計算できる．多くの変形実験では，このような定常状態での物質の流動特性を決めるのが目標となっている．

変形実験の多くは 1 つの方向に試料を圧縮するもので，この様式では歪みと応力の主軸方向は常に平行である．このような変形の仕方を **co-axial な変形**とよぶ（コラム 1 参照；応力や歪みについては本シリーズ第 10 巻を参照のこと）．実際の地球では，回転成分をもった歪みの主軸と応力の主軸の方向がずれていく，**単純ずり**（simple shear，コラム 1 参照）のような **non-co-axial な変形様式**が卓越することが多い．結晶方位の選択配向のような変形組織を調べるにはこのような対称性の低い変形幾何学での変形を調べなければならないことが多い． 近似的な単純ずりの変形は斜めに切ったピストンを使って一軸圧縮の変形試験機で行うことができるが，ねじれ変形のできる機械を使えばより大きな歪みまでの単純ずりの変形実験が行える．

これらの変形試験機は，比較的大きな歪み（約 0.1～10）での変形を研究する目的で設計されている．地球科学では，地震波の減衰や潮汐摩擦などのように，小さい歪みでの変形が重要な場合がある（地震波の減衰では約 10^{-8}, 潮汐摩擦

コラム1　変形の幾何学

塑性変形の研究では物質のいろいろな様式での変形を扱うことが多い．そこで，変形の幾何学について簡単にまとめておこう．変形とは物質中のある線分がその長さや方向を位置によって変えることであるから，u_i を変位，x_j を空間座標とすれば，変形は

$$d_{ij} \equiv \frac{\partial u_i}{\partial x_j}$$

という量で表現できる．つまり，変位が場所によって違うために物質は変形しているのである．この式を，

$$\frac{\partial u_i}{\partial x_j} = \frac{1}{2}\left(\frac{\partial u_i}{\partial x_j} + \frac{\partial u_j}{\partial x_i}\right) + \frac{1}{2}\left(\frac{\partial u_i}{\partial x_j} - \frac{\partial u_j}{\partial x_i}\right)$$

と書き直すと変形には2つの成分があることがわかる．一つは $\varepsilon_{ij} = \frac{1}{2}\left(\frac{\partial u_i}{\partial x_j} + \frac{\partial u_j}{\partial x_i}\right)$ であって，これは歪みである．もう一つは $\omega_{ij} = \frac{1}{2}\left(\frac{\partial u_i}{\partial x_j} - \frac{\partial u_j}{\partial x_i}\right)$ であって，これは剛体回転を表す．簡単のため，二次元の変形を考えよう．板を x 方向に引っ張ったりしたときの変形（**純粋ずり変形**（pure shear deformation）ともよばれる）では変位は（a は定数，z は板に垂直方向）であるから，$\omega_{ij} = 0$ であり，この場合，伸びの方向は x 方向であり，引張応力の向きと平行である．このような変形を co-axial な変形とよぶ．これとは違って，アセノスフェアでの変形のように物質がある面に沿ってずり変形（単純ずり変形）をする場合を考えよう．この場合，ずりの向きを x 方向，ずりの面を y 方向に垂直な面とすると，変位は $u = (cy, 0, 0)$（c は定数）であるから $\varepsilon_{xy} = \frac{1}{2}c = \omega_{xy}$（他の成分はゼロ）となり，回転成分と歪み成分はその大きさが同じである．この場合，引張応力の向きはずり面から45°傾いているので，応力の向きと歪みの向きは平行でない．このような変形は non-coaxial な変形とよばれる．物体は歪みながら回転していくので，伸びの方向は変形とともに回転する（図 1.4）．

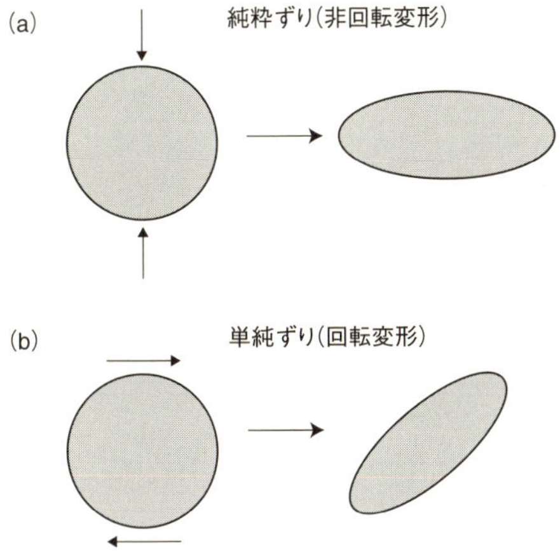

図 1.4　典型的な二次元の変形の起こり方
(a) 純粋ずり：この様式では物質は回転せず，圧縮された方向に縮み，引っ張り方向に伸びる．
(b) 単純ずり：この様式では物質は変形しながら回転もする．

では約 10^{-7}～10^{-3})．このような変形実験では微小な歪みを測定するための特別の工夫が必要である．このような低歪みでの変形については実験方法も含めて第 5 章で解説する．

1.3　鉱物中の格子欠陥と塑性変形

1.3.1　塑性変形と結晶中の格子欠陥

鉱物などの固体結晶の塑性変形では原子がその位置を大きく移動する．固体では普通，個々の原子は安定な周期的な位置にあるのだが，何らかの理由で隣の安定な位置まで移動すると，力を除いても自動的にはもとの位置に戻らない．そこで永久歪みが生じ，鉱物が塑性変形をするのである．このような原子の大きな距離の移動は完全結晶では起こりえないことをまず示そう．簡単のため図 1.1 のように並んだ原子からなる物質を考える．今この物質に外力を加え，少し変形させると個々の原子はその安定位置から少しずれる．しかし，そのずれた位置は安定ではないから，外力を取り除くと原子はもとの位置に戻る．このような変形が弾性変形である．弾性変形に対する抵抗は原子間の相互作用で決まっており，決まった物質で決まった原子間距離（体積）であれば，ほぼ同じような抵抗を示す．そこで弾性定数を決めるメカニズムは 1 つであり，ある物質の弾性定数をある体積に対して決めると，ほとんど補正なくいろいろな条件へ応用できる．塑性変形の場合は事情が違う．以下に示すように，塑性変形は完全結晶では起こりにくい．塑性変形はほとんどの場合，結晶にわずかだが存在する**格子欠陥**（lattice defects）の運動によって起こる．そして，格子欠陥にはいろいろなものがあり，その運動の仕方にもいろいろなものがあるので，塑性変形のメカニズムは多様である．

簡単のため，原子の間隔を a とし，$U(x) = A \cdot \cos\left(\frac{2\pi x}{a}\right)$ のような周期的な原子間ポテンシャルを考えよう（x は原子の位置）．ここで A は原子間結合の強さに比例した量であるが，原子の微小な変位を考え，力のバランスを考慮すると定数 A が弾性定数 μ と $A = \frac{\mu a^3}{(2\pi)^2}$ の関係を満たすことが示せる．ここに μ は弾性定数（剛性率）である．このような原子間ポテンシャルをもつ物質で原子を一様に変位させるときの抵抗力は $F = -\frac{\partial U}{\partial x} = \frac{2\pi A}{a} \sin\left(\frac{2\pi x}{a}\right)$ であるが，この抵抗力は周期的に変わる．結晶面で向かい合う原子を一様に大きくずらすのに必要な力は，この抵抗力の最大値である．これを面積（a^2）で割って応力に換算すれば，原子を一様に動かして塑性変形をさせるのに必要な応力，つまり，完全結晶を塑性変形させるのに必要な応力が求まる．簡単な計算からその値は，

$$\sigma_{\mathrm{perfect}} = \frac{\mu}{2\pi} \tag{1.1}$$

となる．これが完全結晶の**理論強度**（theoretical strength）であるが，普通の鉱物の弾性定数（約 100 GPa）を代入すると，その値はほぼ 15 GPa 程度になる．実際の結晶はこれよりずっと小さな応力で変形する．また，この式からは変形に必要な応力は温度でわずかしか変化しないことになるが，実際の物質の塑性変形強度は，高温では温度によって大きく変化する．このように，この簡単なモデルと実際の物質の挙動とは大きく違う．その原因は，実際の物質の塑性変形は結晶中に存在する格子欠陥の運動によるためであると考えられている．格子欠陥とは結晶の中で原子の配置が理想的なものからずれているようなもののことを総称したものであるが，格子欠陥の近くでは原子間の化学結合が弱いの

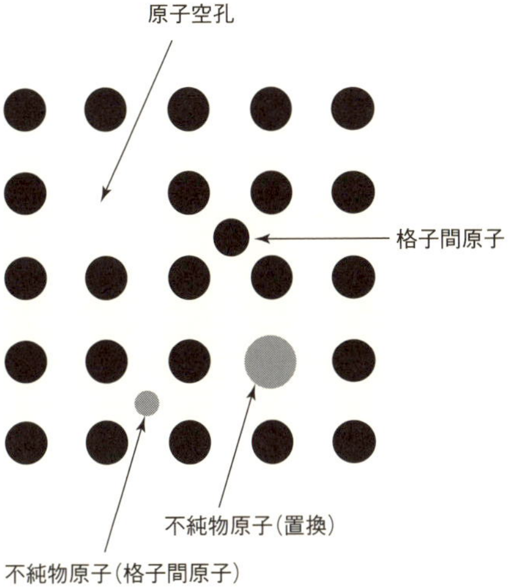

図 1.5 いろいろな点欠陥

で原子の長距離の移動が可能なのである．

そこで，一般的に固体の塑性変形での歪み速度は

$$\dot{\varepsilon} \propto X \cdot M \tag{1.2}$$

で与えられる．ここに X は塑性変形を起こす格子欠陥の濃度，M はその格子欠陥の移動速度である．

1.3.2 格子欠陥

格子欠陥を便宜上，**点欠陥**（point defects），**線欠陥**（line defects）と**面欠陥**（plane defects）に分類することがある．これは欠陥のもつ空間的次元に基づいた分類である．以下ではそれぞれの次元の欠陥について，塑性変形を理解するのに必要な事項に限って簡単な解説をしよう．

Ⓐ 点欠陥

点欠陥とは，文字どおり，点状の（ゼロ次元の）欠陥のことであり，個々の原子レベルでの欠陥である．図 1.5 に代表的な点欠陥を示す．原子空孔，格子間原子，不純物原子などがその例である．代表的な不純物としては水素（H）やケイ酸塩鉱物に入ったアルミニウム（Al），ふつうは 2 価の鉄（Fe）でできている鉱物に入った 3 価の鉄などがある．完全な結晶にこのような欠陥を導入するとエネルギーは増加するが，結晶には乱れができエントロピーが増加する．そこでエントロピーとエネルギーのバランスで，ある一定量の点欠陥が熱的に平衡な結晶では常に存在する．多くの場合，点欠陥の濃度は温度，圧力や酸素や水の分圧（フガシティー）などの熱力学的条件で決まっている．不純物のなかでも水（水素）はとくに重要なので，後に詳しく解説するが，ここでは一般的に点欠陥の濃度が統計力学的にどう決まっているのかを解説しよう．

N 個の格子点のある結晶に n 個の点欠陥がある場合を考える（n は実は変数であって，後で自由エネルギー最小の条件から決定する）．点欠陥を 1 個入れるのに必要な自由エネルギーを g_{f} とすると，n 個の点欠陥を入れることにより，結晶の自由エネルギーは $n \cdot g_{\mathrm{f}}$ だけ増加する．しかし，今まで周期的に配列していた原子の配置が点欠陥を入れることによって乱れたため，結晶のもつ配置のエントロピーは増加する．この増加分はボルツマン（Boltzmann）の理論から計算でき，$S_{\mathrm{config}} = k_{\mathrm{B}} \log \dfrac{N!}{(N-n)!\,n!}$ となる（ここで k_{B} はボルツマン定数）．そこで，結晶の自由ネルギーの変化は，

$$\Delta G_{\mathrm{f}} = n \cdot g_{\mathrm{f}} - k_{\mathrm{B}} \log \frac{N!}{(N-n)!\,n!} \tag{1.3}$$

であり，結晶が熱力学的に平衡であるためにはギブズ（Gibbs）の自由エネルギーが極小でなければならない．つまり，

$$\frac{\partial \Delta G_{\mathrm{f}}}{\partial n} = \frac{\partial}{\partial n}\left[n \cdot g_{\mathrm{f}} - k_{\mathrm{B}} \log \frac{N!}{(N-n)!\,n!}\right] = 0 \tag{1.4}$$

したがって，

$$C = \frac{n}{N} \approx \exp\left(-\frac{g_{\mathrm{f}}}{k_{\mathrm{B}}T}\right) = \exp\left(-\frac{G_{\mathrm{f}}}{RT}\right) \tag{1.5}$$

ここで C は点欠陥の濃度，$R = N_{\mathrm{A}} k_{\mathrm{B}}$（$N_{\mathrm{A}}$：アボガドロ (Avogadro) 数），$G_{\mathrm{f}} = N_{\mathrm{A}} g_{\mathrm{f}}$ である．

g_{f}（すなわち，$G_{\mathrm{f}} = N_{\mathrm{A}} g_{\mathrm{f}}$）の内容を考えてみよう．$g_{\mathrm{f}}$ は 1 個の点欠陥をつくるのに必要な自由エネルギーである．そこで，

$$g_{\mathrm{f}} = u_{\mathrm{f}} + P v_{\mathrm{f}} - T s_{\mathrm{f}} \tag{1.6}$$

または

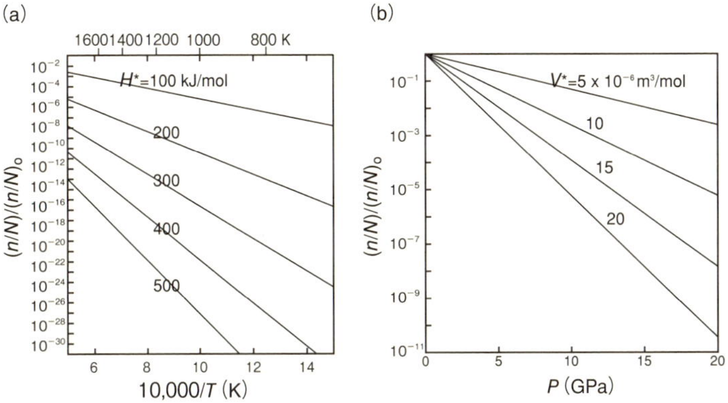

図 1.6　点欠陥濃度の温度・圧力依存性

（a）温度依存性．（b）圧力依存性．

$$G_f = U_f + PV_f - TS_f \tag{1.7}$$

と書くことができるが，ここに U_f は（1 mol あたりの）内部エネルギーの増加分，V_f は体積の増加分，S_f は 1 個の点欠陥をつくることによるエントロピーの増加分（これはおもに格子振動のエントロピー）である．このなかで U_f と V_f は大切な量で，これらが欠陥濃度の温度と圧力変化を決める大きな因子である．関係式（1.7）を式（1.5）に代入すると，

$$C = C_0 \exp\left(-\frac{U_f + PV_f}{RT}\right) \tag{1.8}$$

となる．ここに $C_0 = \exp\left(\dfrac{S_f}{R}\right)$ である．さまざまな U_f と V_f の値に対して，点欠陥濃度が温度と圧力でどう変わるかを図 1.6 に示した．

ほとんどの鉱物はイオン結晶なので，イオン結晶での点欠陥について考えよう．簡単のために酸化物（MgO）を例にとる．イオン結晶では陽イオンと陰イオンがあり，電気的中性の条件を満たすために，点欠陥濃度はある関係を満たさなければならない．今，原子空孔だけを考えるとマグネシウム（Mg）サイトと酸素（O）サイトの空孔を考えることができるが，電気的中性を保つために，これらの空孔の濃度は等しくなければならない．そこで，イオン結晶で空孔をつくる場合の素過程として，完全結晶（perfect crystal）から陽イオンサイトの空孔 (V_M'') と陰イオンサイトの空孔 ($V_O^{\cdot\cdot}$) のペアをつくる反応，

$$完全結晶 \Longleftrightarrow \mathrm{V}_{\mathrm{M}}'' + \mathrm{V}_{\mathrm{O}}^{\cdot\cdot} \tag{1.9}$$

を考えることが多い．このペアを**ショットキイ対**（Schottky pair）とよぶ．ここで点欠陥の表示でよく使われるクレーガー–ビンク（Kröger-Vink）の記号を使った（コラム 2 参照）．

式（1.7）に**質量作用の法則**（law of mass action，コラム 3 参照）を適用すると，

$$[\mathrm{V}_{\mathrm{M}}''][\mathrm{V}_{\mathrm{O}}^{\cdot\cdot}] = \exp\left(-\frac{G_{\mathrm{S}}^{*}}{RT}\right) = \exp\left(\frac{S_{\mathrm{S}}^{*}}{R}\right)\cdot\exp\left(-\frac{U_{\mathrm{S}}^{*}+PV_{\mathrm{S}}^{*}}{RT}\right) \tag{1.10}$$

となるが（[ ] は点欠陥の濃度），これは式（1.8）を一般化したものと考えてもよい．ここに G_{S}^{*} はショットキイ対の形成に必要なギブズの自由エネルギー，V_{S}^{*} はショットキイ対の形成に際しての結晶の体積増加であり，MgO の体積に近似的に等しい．式 (1.10) に電気的中性の条件 $[\mathrm{V}_{\mathrm{M}}''] = [\mathrm{V}_{\mathrm{O}}^{\cdot\cdot}]$ を代入して，

$$[\mathrm{V}_{\mathrm{M}}''] = [\mathrm{V}_{\mathrm{O}}^{\cdot\cdot}] = \exp\left(\frac{S_{\mathrm{S}}^{*}}{2R}\right)\cdot\exp\left(-\frac{U_{\mathrm{S}}^{*}+PV_{\mathrm{S}}^{*}}{2RT}\right) \tag{1.11}$$

を得る．酸素空孔もマグネシウム空孔も同じ活性化エネルギーをもち，とくに 1 個の格子欠陥形成に際しての体積増加は酸素やマグネシウムの体積ではなく，MgO の体積の半分であることに注意してほしい．この議論はもっと複雑なオリビン（olivin, $(\mathrm{Mg,Fe})_2\mathrm{SiO}_4$）のような鉱物にも一般化できる（オリビン「分子」のショットキイ欠陥を考えた場合の個々の原子空孔の形成の際の体積増加

コラム 2

クレーガー–ビンクの記号

この表記方法では結晶中の原子種をそれの存在するサイトと完全結晶からの電荷のずれで表記する．たとえば Z_x^y という表記で Z は原子種を（空孔（vacancy）の場合は V と書く），x はその原子種のある場所，y はその原子種のもつ電荷で，これは完全結晶からのずれとして表記される．MgO での M –サイトの空孔は完全結晶に比べ電荷が負の 2 価分だけ余計なのでそれを $''$ と書く．MgO での O –サイトの空孔は完全結晶に比べ電荷が正の 2 価分だけ余計なのでそれを $^{\cdot\cdot}$ と書く．もし，電荷が完全結晶のものと同じなら $^{\times}$ と書く．このような記述法を使うと，点欠陥が結晶のどこにあり，どれだけの余計な電荷をもっているかが一目瞭然なので，点欠陥の状態を考察するとき，この記載法は便利である．

は $V_{\text{olivine}}/7$ となる．ここに V_{olivine} はオリビンのモル体積（Karato, 2008a の第 5 章を参照）である．空孔の対ではなく，空孔と格子間原子の対で電気的中性が保たれている場合もある．このような対を**フレンケル対**（Frenkel pair）と

コラム3　質量作用の法則

ある分子（原子種）A, B が反応して C をつくる $a\mathrm{A} + b\mathrm{B} = c\mathrm{C}$ のような化学反応を考える．いま，μ をある原子種の化学ポテンシャルである $\left(\mu_{\mathrm{A}} = \dfrac{\partial G_{\mathrm{A}}}{\partial n_{\mathrm{A}}}\text{ など}\right)$ とし，反応が平衡であるとき，

$$a\mu_{\mathrm{A}} + b\mu_{\mathrm{B}} = c\mu_{\mathrm{C}} \tag{C3.1}$$

の関係が成り立つ．この関係は次のようにして導ける．今，上記の反応が $\delta\lambda$ だけ進行したとする．そのとき個々の種の変化量は反応係数 (a,b,c) に比例するので，系のギブズ自由エネルギーの変化は，

$$\delta G = \frac{\partial G_{\mathrm{A}}}{\partial n_{\mathrm{A}}}\delta n_{\mathrm{A}} + \frac{\partial G_{\mathrm{B}}}{\partial n_{\mathrm{B}}}\delta n_{\mathrm{B}} - \frac{\partial G_{\mathrm{C}}}{\partial n_{\mathrm{C}}}\delta n_{\mathrm{C}} = \delta\lambda(a\mu_{\mathrm{A}} + b\mu_{\mathrm{B}} - c\mu_{\mathrm{C}}) \tag{C3.2}$$

となる．そこで，平衡のときはギブズの自由エネルギーが極小であるから $\delta G = 0$ であり，化学平衡の条件（C3.1）が導ける．

つぎに，熱力学で学んだ，点欠陥などのような不純物を含む物質の化学ポテンシャルと不純物の濃度との関係，$\mu = \mu_0 + RT\log[\ ]$ と，気体（流体）の化学ポテンシャルとそのフガシティー（分圧）との関係，

$$\mu = \mu_0 + RT\log\left(\frac{f}{P_0}\right) \quad (P_0\text{ は基準にとった圧力})$$

を思い出そう．ここに f はフュガシティー（fugacity）とよばれる量で，理想気体ではその分圧に対応する．非理想気体ではその内部エネルギーは圧縮に連れて大きく増加するのでフガシティーも分圧から計算できる値より大きくなる（1.6 節参照）．これらの関係を式（C3.1）に代入し，今，A が気体（流体）で，B が純粋の鉱物，C が不純物を含む鉱物とすると，

$$[\ ] = K(P,T)\cdot f_{\mathrm{A}}^{a/c}(P,T) \tag{C3.3}$$

を得る．ここに $K(P,T)$ は平衡定数とよばれる反応前と後での物質の内部エネルギーや体積の変化に依存する量で，圧力や温度によって変化する．$f_{\mathrm{A}}(P,T)$ は気体 A のフュガシティーである．

よぶ．フレンケル対の場合は体積増加はほぼゼロである．

以上では熱的な要因によってできる点欠陥，つまり，試料の化学組成が決まっている場合を考えたが，試料が外界と反応し，その組成が変化しうる場合は点欠陥の濃度は試料を取り囲む環境の化学的性質によっても変化する．ここではその 1 つの例として，3 価の鉄の場合を考えよう．鉄は多くの鉱物に入っている重要な元素であるが，環境の変化でいろいろな酸化状態をとりうる．酸素分圧が低い場合は金属鉄に，酸素分圧が高い場合は 3 価の鉄になる．地球のマントルでは 2 価の場合が多いが，深部に行けば 3 価の鉄の量が増える場合もある．いま，鉄を含む鉱物（たとえばオリビン $(Mg,Fe)_2SiO_4$）と酸素を含む外界との反応を考えよう．酸素は酸素イオン（O^{2-}）になり，鉱物と反応する．この反応は，

$$\frac{1}{2}\,O_2 + 2\,e^- = O^{2-} \tag{1.12}$$

と書ける．ここに e^- は電子である．この酸素イオンが鉱物と反応すると，鉱物から電子がとられる．そこで今，鉱物の中にその酸化状態が変化しうる元素が入っていると，その元素の酸化状態が変わる．たとえば，鉄の場合，

$$Fe^{2+} = Fe^{3+} + e^- \tag{1.13}$$

という反応でその酸化状態が変化しうる．そこで式（1.11）と式（1.13）とから，

$$\frac{1}{2}\,O_2 + 2\,Fe^{2+} = 2\,Fe^{3+} + O^{2-} \tag{1.14}$$

という反応を考えることができる．鉱物が酸素と反応することによって，3 価の鉄が形成されるという反応である．しかし，式（1.14）は実際の化学反応をうまく表してはいない．この式では酸素イオンはどこにあるのかが明記されていないので，この反応によってどのように電荷が保存されているのかがわかりにくい．実際に酸素イオンが結晶に入るときは結晶の酸素サイトに入るのである．ところが，既存の完全な結晶に酸素イオンだけが付加されるとその隣には陽イオンのサイト（結晶格子中の位置）の空孔が形成されることになる．こう考えると，式（1.14）は個々のイオンなどの存在するサイトを明記したかたちで

$$\frac{1}{2}\,O_2 + 2\,Fe_M^{\times} = 2\,Fe_M^{\cdot} + O_O^{\times} + V_M'' \tag{1.15}$$

と書き替えられる．ここで $Fe_M^{\times}$ は M–サイトにある鉄でその電荷が完全結晶の

ものと同じ，つまり，2 価の鉄を示す．$\mathrm{Fe}_{\mathrm{M}}^{\cdot}$ は M–サイトにある鉄でその電荷が完全結晶のものより 1 価高い，つまり 3 価のものを示す．式 (1.15) を見ると，完全結晶と比べて余分な電荷をもつものは $\mathrm{Fe}_{\mathrm{M}}^{\cdot}$ と $\mathrm{V}_{\mathrm{M}}''$ とであることがわかるので，この反応を考えるかぎり，電気的中性の条件は，

$$[\mathrm{Fe}_{\mathrm{M}}^{\cdot}] = 2\,[\mathrm{V}_{\mathrm{M}}''] \tag{1.16}$$

となる．この条件を使い，式 (1.15) に質量作用の法則を適用すると，

$$[\mathrm{Fe}_{\mathrm{M}}^{\cdot}] = 2\,[\mathrm{V}_{\mathrm{M}}''] \propto f\mathrm{o}_2^{1/6} \tag{1.17}$$

を得る．ここに $f\mathrm{o}_2$ は酸素の**フュガシティー**（fugacity，逃散能）である．

点欠陥は原子の拡散を可能にし，拡散による結晶の変形に直接関与している．また，点欠陥は（次に解説する）転位と相互作用し，転位の運動に影響を与えることがある．この場合，点欠陥は間接的に塑性変形に関与している．点欠陥の濃度は温度，圧力，化学的環境（酸素や水のフガシティー（分圧））によって大きく変わるので，鉱物の塑性変形のしやすさもこれらの条件が変わると大きく変わりうる．水の役割はとくに重要なので，後の説で詳しく解説する．

B 線欠陥（転位）

結晶の内部には線状の欠陥が存在することがある．結晶を変形させると，変形は特定の面（かつ特定の方向）ですべりとして起こることが多い．このすべりがもし一様に起こっているなら，先に示したような結晶の理想強度だけの応力が変形に必要である．実際の結晶の多くがこの値よりはるかに小さい応力で変形するという実験事実を説明するために，**転位**（dislocation）という概念が考案された．これは 1934 年のことでオロワン（Orowan）ら，3 人の物理学者が同時に類似したモデルを提出した（その一人であるオロワンは地球科学にも興味を示し，月の成因や深発地震についての論文がある）．このモデルの骨子は，結晶のすべりは一様に起こるのではなく，ある境界線の伝播によって徐々に起こるのだという点にある．これを理解するには絨毯を引きずる場合を考えるとよい．一挙に絨毯を引きずろうとすれば巨大な力が必要だが，絨毯にひだをつくり，そのひだを徐々に伝播させていけば，少しずつではあるが絨毯をより小さな力で移動することができる．この「ひだ」が転位である．結晶に即していえば，結晶内で，ある面ですべりが生じるとき，そのすべりが一挙に起こるの

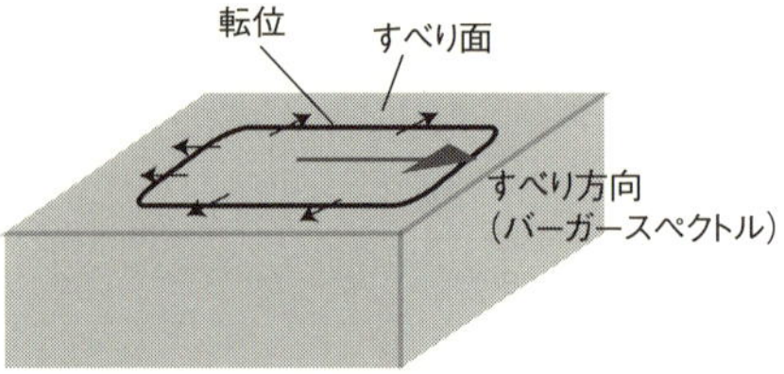

図 1.7　転位の定義
結晶をある面（すべり面）に沿って少しずつずり変形させるとき，ずりのすでに起こった部分と起こっていない部分の境界ができる．この境界が転位である．結晶でのずりのベクトルをバーガースベクトルとよぶ．小さな矢印はすべりが伝播する方向を示す．

ではなく，その面のある部分が「ひだ」をつくりながらすべり，最後にその面全体でのすべりが完成するという場合である．このとき，「ひだ」は結晶内のある面ですでにすべった部分とすべっていない部分の境界線になっている．この部分では原子の配列は完全な結晶とは異なっている．このような線状の欠陥を転位とよぶ（図 1.7）．この定義からわかるように，転位が伝播すれば結晶は塑性変形をする．転位のすべりによる変形は単純ずりであり，歪みだけでなく，剛体回転も含まれていることに注意しよう．この剛体回転は後の 2.2 節で説明する結晶格子の選択配向で本質的な役割を果たす．転位すべりによる変形と違って，拡散による変形は剛体回転成分をもっていない．

すべりによる変形は，結晶の面と向きを決めるとその変形の様子（幾何学）が決まる．すべり面とすべり方向との組合せを**すべり系**（slip system）とよぶ．たとえば，[100](010) というすべり系は (010) 面での [100] 方向へのすべりを表す（結晶の面と方位についてはコラム 4 を参照）．同じ鉱物にもいろいろなすべ

コラム 4

結晶の方位の記載法

結晶の中でのある方向，ある面を記載するのによく使われるのが**ミラーの指数**（Miller index）である．たとえばオリビンのような斜方晶系の鉱物ではその単位胞は 3 つの直交する向きで決められる．その向きを[100], [010], [001] と表す．[100] 方向に垂直な面を(100)面とよぶ．MgO のような結晶（立方晶）では 3 つの方位はすべて等価である．そこでそれらをまとめて ⟨100⟩ と記すこともある．面についても同様で{100}面は等価な(100), (010), (001)をまとめて表したものである．

り系があり，変形の容易さはすべり系によって違っている．鉱物の集合体である岩石が変形するとき，個々の鉱物はいろいろなすべり系を使い，全体としての辻褄を合わせながら変形する．変形の大部分は一番容易な（柔らかい）すべり系でまかなわれることが多い．そこで変形の結果として，鉱物の結晶方位がある方向に揃ってくる（これを格子選択配向とよぶ，1.3.3 項の❸および 2.2 節参照）のであるが，その様子は一番容易なすべり系でほぼ決定されている．一方，多結晶体の変形ではいろいろなすべり系が同時にはたらかなければならない（**フォン・ミーゼスの条件**（von Mises condition）（後述，コラム 6））．そうでないといろいろな方位をもった結晶が辻褄を合わせて変形しえないからである．そこで，たいていの場合，多結晶体の塑性変形強度は最も硬いすべり系で決まっている．格子選択配向と変形強度とによって重要な役割を果たすすべり系が異なる．この点はたいへん重要であるので注意してほしい．

結晶では最小のすべりの単位は結晶の周期性と一致したものでなければならないから，すべりのベクトルは単位胞（本シリーズ第 11 巻参照）を定義するベクトルの 1 つでなければならない．このようなすべりのベクトルを**バーガースベクトル**（Burgers vector）とよぶ．1 つの結晶についていくつかのバーガースベクトルを考えることができるが，そのなかでは長さの短いものが容易なすべりの向きになっていることが多い．すべり面については，面間隔が大きく，面間での原子の結合の弱い面が容易なすべり面となる傾向がある．この定義から明らかなように，転位線の方向はある部分ではバーガースベクトルに平行に，ある部分では垂直な向きになっている．転位線のうちで前者のような部分を**らせん転位**（screw dislocation），後者のような部分を**刃状転位**（edge dislocation）とよぶ．またすべり面はその面を境にするずり変形の容易な面が選ばれることが多い．ある鉱物で，どのようなすべり系があり，どのすべり系が一番柔らかいのかという問題は，変形による格子選択配向を考えるときに重要である．上に述べたような原則で卓越するすべり系を結晶構造からある程度推定することができる．しかし，複数のすべり系での変形が似たような硬さをもつことがある．このような場合は，変形の条件の違いで一番容易なすべり系が変化し，結果として生じる結晶方位の選択配向が変化することがある．

転位のまわりには大きな歪みと応力が発生している．転位のまわりの応力の大きさは

$$\sigma \approx \frac{b\mu}{r} \tag{1.18}$$

で与えられる（応力は向きによるのであるが，ここでは簡単のためその大きさだけを書いた）．ここに b はバーガースベクトルの長さ，μ は剛性率，r は転位からの距離である．この応力は重力やクーロン力（Coulomb force）などに比べてより長距離まで届く力であることに注意してほしい（重力やクーロン力は距離とともに約 $1/r^2$ で減衰する）．そのため，転位する間に遠くまで相互作用がはたらく．その結果，転位は複雑な相互作用をする．また，転位はその応力場のために高いエネルギーをもっている．転位の単位長さあたりのエネルギーは

$$E \approx \mu b^2 \tag{1.19}$$

で与えられる．このエネルギーは後に述べる動的再結晶などの現象の駆動力になっている．

転位の運動による変形では，歪み速度は転位の密度と易動度に比例する．転位の密度は，点欠陥の場合と違って，熱平衡で決まっているのではない．転位はかなり巨視的な欠陥なので，そのエントロピーが小さいからである．実際の結晶では転位の密度は加えられた応力の値や，結晶ができるときの過程で決まっていることが多い．1 つのモデルとして，転位から発生する内部応力と外部応力の釣り合いで転位密度が決まっていると考えると，式（1.18）から，

$$\rho \approx b^{-2}\left(\frac{\sigma}{\mu}\right)^2 \tag{1.20}$$

という関係が導ける．ここに，ρ は転位密度，b はバーガースベクトルの長さである．また，転位密度は単位体積中の転位線の長さであり，$\rho = \dfrac{1}{l^2}$ であることを使った．式（1.20）は近似的に実験結果と一致している．

転位は結晶のある位置にあるとき，そのエネルギーが最小になっている．転位が結晶中で動くとき，転位のエネルギーは周期的に変化する．この，結晶内で転位のもつ位置エネルギーを**パイエルス・ポテンシャル**（Peierls potential）とよぶ．転位が結晶内を動くとき，このポテンシャルの中を動くので，応力が必要である．温度の助けがなく（つまり絶対零度での）転位を運動させるのに必要な応力を**パイエルス応力**（Peierls stress）とよぶ．パイエルス応力は転位の運動しやすさを示す重要な量で，その定義からわかるように，低温での転位

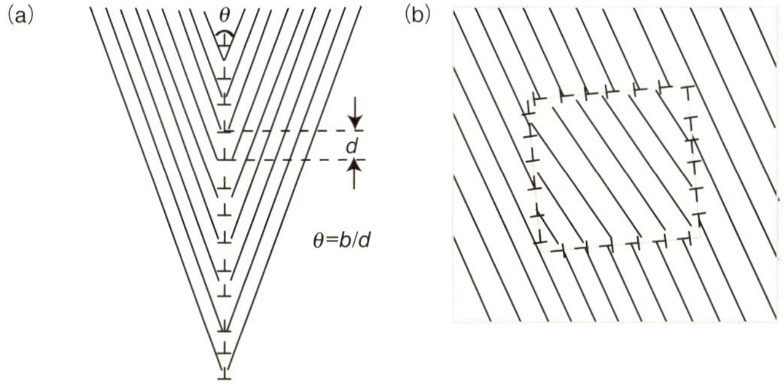

図 1.8 亜結晶粒界

結晶内に転位がある面上に並ぶとその面を境にした 2 つの部分の結晶方位は少しずれる．このような面を亜結晶粒界とよぶ．並んだ転位が刃状転位の場合を傾角粒界（a），らせん転位の場合をねじれ境界（b）とよぶ．⊥ は転位を示す．θ は隣り合う結晶の方位の差，b はバーガースベクトルの長さ，d は転位の間隔である．

の運動を決める重要な因子である．しかし，高温での転位の運動のしやすさはパイエルス応力と間接的な関係しかないか，まったく無関係である（1.3.4. 節）（パイエルス応力を計算して，その結果から直接にマントル内（高温）でのすべり系を議論した論文が見られるが，そのような議論は正しくない）．

Ⓒ 面 欠 陥

固体中の二次元の欠陥として**結晶粒界**（grain boundary）などの面欠陥がある．ここでは塑性変形に重要な役割をする結晶粒界について解説しよう．結晶粒界とはある結晶と他の結晶の界面である．たいていの物質は多結晶体であって，多くの結晶粒界が存在する．結晶粒界近傍では原子の配列が完全結晶と比べて乱れているので，結晶粒界では原子の移動が容易である．また，空孔などの点欠陥もつくられやすい．

結晶粒界を挟んで相接する結晶の方位は違っている．この方位の違いが小さいときには，粒界は周期的に配列したモデルで記述できる（図 1.8）．このような低角の粒界を**亜結晶粒界**（subgrain boundary）とよぶ．転位が周期的に並ぶとお互いの歪み場が消し合って，歪みのエネルギーが減少する．そこでこのような亜結晶粒界は高温で変形した結晶や**アニール**（anneal，焼なまし）した結晶によく見られる．単結晶をよく観察すると，小さな角度だけずれたいくつかの亜結晶粒からなっていることがある．亜結晶粒界にある転位は安定位置にあ

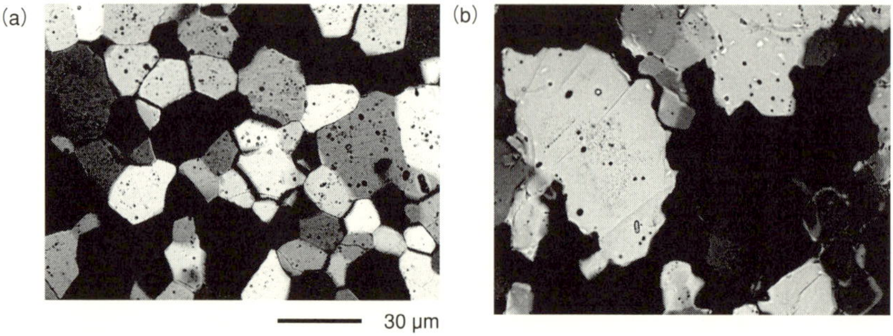

図 1.9　結晶粒界の形状

（a）静水圧下で作成されたオリビン多結晶体：結晶粒界はまっすぐな，界面張力の釣り合いによって決まる形態をもっている．
（b）転位クリープで変形したオリビン多結晶体：結晶粒界は不規則な形をもつ．これは変形によって発生した転位の密度が不均質なためである．

るので，変形には寄与しない．方位の違いがおよそ数度を超すと，粒界は転位の配列では記述できなくなる．転位の間隔があまりに小さくなり，転位モデルは成り立たなくなるからである．

結晶粒界は結晶に比べてエネルギーが高い．その結果，結晶粒界はその面積を小さくしようという傾向をもっている．言い換えれば，結晶粒界には表面張力（界面張力）がはたらいていると考えてもよい．そこで，力学的に平衡になった多結晶体では，結晶粒界が交わるところでは表面張力が釣り合っていなければならない．もし，表面張力が方位によらないならば，3 つの粒界が交わるとき，その交点の角度は 120° になるはずである．実際，変形をしていない岩石ではそのような粒界が見られることがある（図 1.9a）．拡散クリープ（次項参照）で変形した岩石もこれに似たような結晶粒界の形状をもつ．このような岩石の結晶内のエネルギーは均質であり，結晶粒界の形状は粒界のエネルギーでおもに決まっているからである．しかし，以下に述べる，転位クリープ（後述）で変形した岩石では，個々の結晶の内部に不均質な転位の分布ができ，個々の結晶の場所場所でエネルギーが不均質になる．そこで，転位のエネルギーの不均質さが原因で粒界が不均質に移動し，粒界の形状は平衡のものから大きくずれてくる（図 1.9b）．このような場合，結晶粒界は不規則な形になる．また，後に述べるように，変形によって結晶粒が相互の位置を交換する場合，静的には安定でない 4 つの結晶粒界が 1 点で交わる場合が見られる．このような粒界が見られた場合，結晶粒が相互の位置を交換する，いわゆる超塑性が起こった証拠と考えられる（1.3.3 項の❸を参照）．

1.3.3　拡散と拡散クリープ

Ⓐ 拡散クリープの基礎メカニズムと流動則

何かの原因でその数密度が場所によって変化していると，固体中の原子は数密度の高い領域から低い領域に**拡散**（diffusion）する．この現象は，次の**フィック（Fick）の法則**で記載できる，

$$J = -D\frac{\partial C}{\partial x} \tag{1.21}$$

ここに J は原子の流束（フラックス），D は原子の拡散係数，C は原子の数密度，x は空間座標である．固体中の原子の拡散は何らかの点欠陥を通して起こる．原子の拡散は点欠陥がないと起こりにくい．そこで，原子の拡散係数は点欠陥の濃度とその易動度に比例する．点欠陥の濃度は，前の項で示したように温度（と圧力）に大きく依存する．点欠陥の易動度も温度と圧力に大きく依存する．それは結晶中での点欠陥などの移動は**熱活性化過程**（thermally activated process，コラム 5 参照）として起こるからである．そこで，拡散係数は

$$D = D_0 \exp\left(-\frac{E^* + PV^*}{RT}\right) \tag{1.22}$$

と書ける．ここに D_0 は温度・圧力などにほとんど依存しない定数，E^* は活性化エネルギー，V^* は活性化体積である．拡散係数の温度・圧力依存性は点欠陥濃度のそれと同様なので，図 1.6 から，拡散係数も温度・圧力で大きく変化することがわかる．ただし，拡散係数の温度・圧力依存性は活性化エネルギーや活性化体積の値に大きく依存する．

拡散を起こす原動力としては，化学組成の違う物質が接触する場合に生じる数密度の勾配や，外から加わった電場や応力がある．ここでは外から加わった応力の結果として起こる変形を考えるので，応力がどのように原子（空孔）密度の勾配をつくり拡散の原動力となるのかを考えよう．多結晶体では原子空孔はおもに結晶粒界で形成されるのであるが，結晶に応力が加わった場合，結晶粒界の近傍では結晶粒界の向きによって原子空孔の濃度が違ってくる．圧縮応力が

加わっている面の近くでは原子空孔の濃度は低く，引張応力の加わっている面の近くでは原子空孔の濃度は高い．そこで，結晶内で原子空孔の濃度に勾配が生じ，原子が拡散する．その結果，応力を受けた結晶はその形が変化する．これを**拡散クリープ**（diffusion creep）とよぶ．このような変形のメカニズムを最初に指摘したのは Nabarro（1948）であるが，Herring（1950）はより整備したかたちの理論をつくった．Lifshitz（1963）は変形に伴う粒界すべりの効果を考慮し，粒界すべりと拡散による結晶粒自身の変形の相互関係は Raj and Ashby

コラム5　熱活性化過程

固体などの凝縮物質での原子の移動速度は，温度とともに指数関数的に増加することが多い $\left(\text{移動速度} \propto \exp\left(-\frac{G^*}{RT}\right)\right)$．この事実は次のように説明される．固体中の原子は，普通は安定位置（原子間ポテンシャルの「谷」）にある．原子が移動するというのは次の安定位置にまで動くということであるが，それには途中で「峠（鞍部）」を乗り越えねばならない（図1.10）．原子位置は有限温度では他の原子の熱振動による影響で常に揺らいでおり，ある確率でエネルギーの高い場所に行きうる．ボルツマンの統計力学によれば，原子が山と谷にある確率の比は，山と谷の自由エネルギーの差を G^* として $\exp\left(-\frac{G^*}{RT}\right)$ になるので，原子の移動速度は $\exp\left(-\frac{G^*}{RT}\right)$ に比例することになる．G^* を活性化自由エネルギーとよぶ．

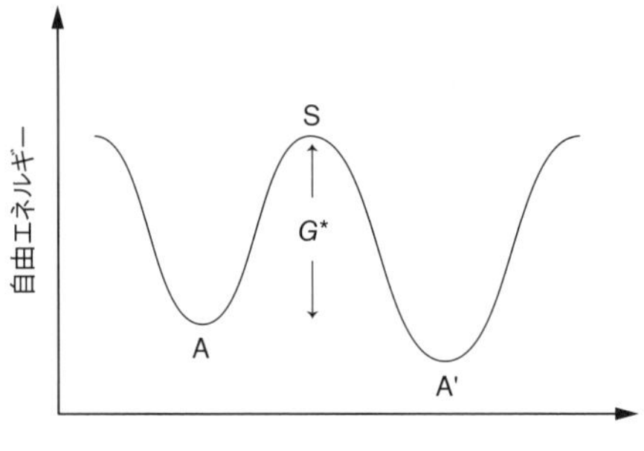

図 1.10　熱活性化過程を説明する模式図

原子が位置 A から A′ に跳び移るのに鞍部点 S を通過する．この跳び移りの確率は $\exp\left(-\frac{G^*}{RT}\right)$ に比例する．ここに G^* は S と A での原子の自由エネルギーの差である．

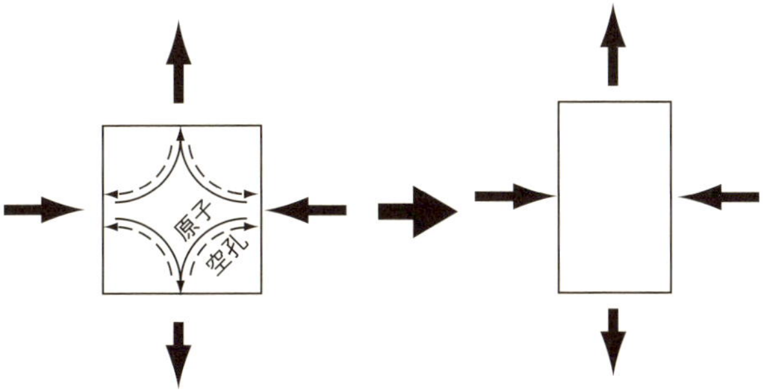

図 1.11 拡散クリープのメカニズム

多結晶体中の結晶には圧縮応力のはたらく結晶粒界と引張応力のはたらく結晶粒界がある．この 2 つの粒界付近では点欠陥（原子空孔など）の濃度が違う．そこで，原子がある結晶粒界から他の結晶粒界へと拡散し，結晶の形が変化する．

（1971）によってみごとに解かれた．彼らは拡散クリープの速さを計算するときには，応力の分布と拡散の速さを辻褄を合わせて（self-consistent に）解かねばならないことも示した．ちなみに Nabarro（1948）は拡散クリープを提案した最初の論文で，このメカニズムが地球内部での変形で重要かもしれないと示唆している．その後の理論の修正としては Coble（1963）による粒界拡散クリープのモデルと大変形の場合に問題となる結晶粒界の変形の効果，結晶の配置換えの効果（超塑性）を調べた Ashby and Verrall（1973）がある（後述）．

この変形メカニズムの基本は以下のモデルで説明できる（図 1.11）．まず，結晶粒界の近傍で応力によって原子空孔濃度に勾配が生じることに注目する．その結果，原子空孔が拡散し，結晶が変形する．拡散クリープによる変形には，粒界での空孔濃度勾配の生成と，それによる空孔（原子）の拡散の両方が相次いで起こらねばならない．このような場合，遅いほうの過程が全体の現象の起こる速さを決定する．拡散クリープの場合，粒界での 原子空孔の生成と消滅は拡散に比べて容易であるので，拡散が**律速過程**（rate-controlling process）となっている（粒界に流体がある場合，そこでの拡散は速い．このような場合，粒界での原子を付加したり，取り除いたりする反応が律速になることがある）．

ここでは拡散が律速になっている場合を考える．先に述べたように，原子空孔が主役を演じるので，原子空孔の拡散を考えることにしよう（原子と原子空孔は裏腹の関係にあるので， 原子空孔についての関係式は原子についての式に

簡単に換算できる)．まず，拡散についての経験則であるフィックの法則を原子空孔について適用すると，

$$J_{\mathrm{v}} = -D_{\mathrm{v}} \frac{\partial C_{\mathrm{v}}}{\partial x} \tag{1.23}$$

となる．ここに J_{v} は原子空孔の流速（フラックス)，D_{v} は原子空孔の拡散係数，C_{v} は原子空孔の濃度（単位体積あたりの原子空孔の数）である．原子空孔の濃度は結晶粒界の向きによって違ってくる．圧縮応力のはたらく結晶粒界の近傍で原子空孔をつくる場合には，余分の仕事として $\sigma\Omega$（Ω は 原子空孔（原子）の体積）が必要である．このことを考えると式（1.23）の原子空孔の濃度の勾配は，

$$\frac{\partial C_{\mathrm{v}}}{\partial x} \approx \frac{C_{\mathrm{v}}^{+} - C_{\mathrm{v}}^{-}}{L} = C_{\mathrm{v0}} \frac{\exp\left(-\dfrac{\sigma\Omega}{RT}\right) - \exp\left(\dfrac{\sigma\Omega}{RT}\right)}{L} \approx -2\frac{C_{\mathrm{v0}}}{RT}\frac{\sigma\Omega}{L} \tag{1.24}$$

と書ける．ここで L は結晶粒径である．そこで原子空孔の流速は

$$J_{\mathrm{v}} = 2\frac{D_{\mathrm{v}} C_{\mathrm{v0}}}{RT}\frac{\sigma\Omega}{L} \tag{1.25}$$

となる．この原子空孔の流速によって結晶の大きさは毎秒あたり $J_{\mathrm{v}}\Omega$ だけ変化する．そこで，結晶の歪み速度は

$$\dot{\varepsilon} = \frac{J_{\mathrm{v}}\Omega}{L} = \frac{2\dfrac{D_{\mathrm{v}} C_{\mathrm{v0}}}{RT}\dfrac{\sigma\Omega}{L}\Omega}{L} = \frac{2D}{L^2}\frac{\sigma\Omega}{RT} \tag{1.26}$$

となる．ここに D は原子の拡散係数，C は原子の濃度である．また原子の拡散が空孔によって起こる場合に成り立つ

$$DC = D_{\mathrm{v}} C_{\mathrm{v}} \tag{1.27}$$

という関係式と $C\Omega = 1$ という関係式を使った．結晶粒界での拡散も起こる場合，上記の式を一般化し，

$$\dot{\varepsilon} = \frac{\alpha}{L^2}\left(D^{\mathrm{V}} + \frac{\pi\delta}{L} D^{\mathrm{B}}\right)\frac{\sigma\Omega}{RT} \tag{1.28}$$

と書くことができる．ここに α は結晶の形などによる 10 程度の無次元定数，D^{V} は結晶中の原子の拡散係数，D^{B} は結晶粒界での原子の拡散係数，δ は結晶粒界の幅である．

この式からわかるように，拡散クリープでの歪み速度は拡散係数と応力に比例し，粒径の 2 乗か 3 乗に反比例する．ここで，固体中の原子の拡散は温度と圧力に敏感であることに注意しよう．というのは原子の拡散係数は原子空孔の濃度とその拡散係数に比例しているが，そのどちらも温度と圧力に敏感だからである．

今まで，ただ 1 つの原子種の拡散を考えてきたが，たいていの鉱物はいくつかの元素からなった化合物である．そして，拡散係数は原子種によって大きく違っている場合が多い．そこで，いろいろな原子種の拡散がどのように結晶の変形に寄与しているかを考えねばならない．拡散クリープの場合，変形によって物質の化学組成は変わらない（これには例外もあって，応力が大きい場合，変形に伴って物質が化学的に分解することもある）．その場合は，いろいろな原子種のうちで最も遅い拡散係数をもつものが変形の速さを律速する．

式 (1.28) のような関係式は歪みが大きくなり，結晶の形の変化が著しくなると定数についての修正が必要となるが，基本的なかたちは変わらない．拡散クリープの重要な性質は，(1) 歪み速度と応力が線形の関係式で結びつけられていること（このような物質は普通の粘性流体と同じような変形の仕方をする），(2) 歪み速度が結晶粒径によって変化すること（結晶粒径が小さいほど変形はしやすい）などである．たとえば，後に議論するように，地球内部では結晶粒径が 10〜100 倍くらい変化することがある．この場合，変形が拡散クリープで起こっていれば，粘性率は 10^2〜10^6 倍くらい変化する．

拡散クリープで大きな変形をした物質では，大きな歪みにもかかわらず，個々の結晶の形があまり変化していない場合がしばしば見いだされる．これは変形の大部分が結晶粒界のすべり（または結晶粒の位置の交換）でまかなわれているためである．このような場合の変形のしかたを**超塑性**（superplasticity）とよぶことがある（図 1.12）．Ashby and Verrall (1973) と Raj and Ashby (1971)，Ashby *et al.* (1978) は結晶粒界のすべり（結晶粒の位置の交換）と拡散クリープの関係を解析した．彼らの結果によると，結晶粒界のすべり（結晶粒の位置の交換）と拡散による結晶の変形は，その両方が起こらなければ大きな変形は起こりえないので，このうち遅いほうが律速過程となる．普通は，拡散のほうが困難なので，超塑性の場合の流動則も基本的には拡散クリープと同様になる．

拡散クリープは MgO や Al_2O_3 などの酸化物やオリビンや長石 (plagioclase)，

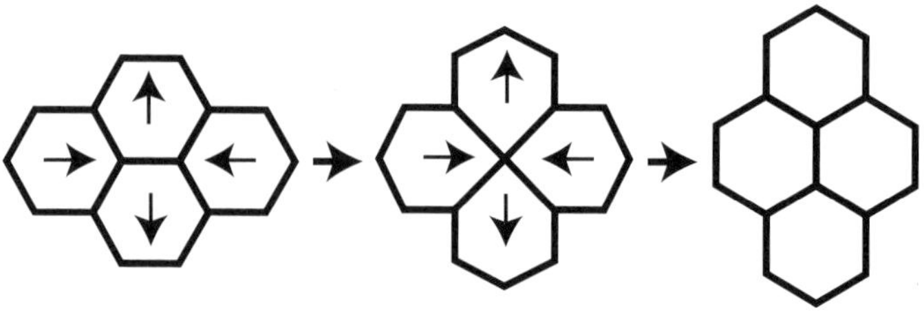

図 1.12　結晶粒の位置の交換による大変形（超塑性）
（Ashby and Verrall（1973）に基づく）

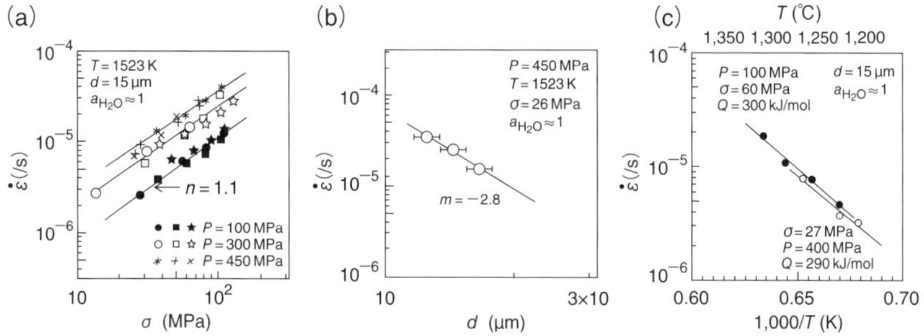

図 1.13　拡散クリープの実験の例（オリビン）
（a）応力（σ）と歪み速度（$\dot{\varepsilon}$）の関係．
（b）結晶粒径（d）と歪み速度（$\dot{\varepsilon}$）の関係．
（c）温度（T）と歪み速度（$\dot{\varepsilon}$）の関係．
（Mei and Kohlstedt (2000a) による）

ペロブスカイト（perovskite）などの鉱物で実験的に見いだされている（図 1.13）．Karato *et al.*（1995b）は下部マントルでは拡散クリープが重要な役割を果たすと示唆した．また，変形や相転移などで細粒になった岩石では，拡散クリープが重要な役割を果たすであろう．また，結晶粒径が温度などの変数によって変化することがある．その場合，拡散クリープでの粘性率の温度依存性は拡散係数の温度依存性とは違ってくる．高温で粒径が大きくなることがあり，高温で粘性率が増加するという場合も考えられる．このような可能性を検討するには結晶粒径がどのような要因によって決まっているのかを理解しなければならない．結晶粒径を決めている物理過程については後の節で解説しよう．

以上のモデルでは固体中の拡散のみを考えてきたが，結晶粒界に流体が存在する場合にも拡散クリープと同様なメカニズムで岩石が変形する場合がある．この場合は圧縮力の加わった部分の結晶が流体に溶け，引張力の加わった部分に析出してくることから結晶の形が変化し，岩石全体が変形するのだと考えられている．この変形機構を**圧力溶解**（pressure solution）**クリープ**とよぶことがある．地殻の浅い，低温の部分での岩石の変形は，このメカニズムによる場合が多いと考えられている．ただし，応力が加わっているときに結晶の界面に流体がどのようなかたちで存在し，結晶の溶解と析出がどのようにして起こるかの詳細には不明の部分がある． 圧力溶解クリープについては本シリーズ第10巻に詳しい解説がある．

以上では，定常変形のみを考えた．拡散クリープでは，変形に関係した空孔濃度はすぐに定常値になるので比較的速く定常状態が達成されるのだが，遷移クリープが見られることもある．拡散クリープで遷移クリープが起こる原因は，定常的な応力分布を達成するのにある程度の変形が必要なためである．拡散クリープは結晶粒界での応力状態が結晶粒界の向きによって異なってくるために起こる現象であるが，結晶粒界の応力状態自身が拡散による物質移動のために変化する．そこで，この変化に対応して遷移クリープが起こる．Lifshitz and Shikin（1965）はこの現象を理論的に解析した．その結果によると，拡散クリープで物体が変形する場合，変形の初期には粒界での応力集中の効果のため速い速度で変形し，やがて，変形によって応力の分布が滑らかになり，定常状態になることが示された．この緩和に要する歪みはだいたい，弾性歪みの程度なので，緩和時間は$\approx \frac{\varepsilon_e}{\dot{\varepsilon}}$（つまり，弾性歪み$\varepsilon_e$に対応する歪みを，歪み速度$\dot{\varepsilon}$の塑性変形で発生させるのに必要な時間）になる．

Ⓑ 拡散クリープに特徴的な微細構造

拡散クリープによって変形したことを推定するのは，実験的研究の場合，容易である．歪み速度が応力に比例し，粒径の2, 3乗に逆比例すれば，それは拡散クリープの強い証拠となる．しかし，天然の岩石の観察からはこのような流動則は推定しにくい．そこで，変形組織から何か拡散クリープに特徴的なものはないかと考えてみよう．先に，変形が拡散クリープの場合，結晶粒界の形状が平衡の場合に近いと述べた．さらに，結晶粒の交換が変形の結果として起こると4つの結晶粒界が1点で交わったものが観察できるはずである．このような結晶粒界の形状が見られた場合，それは結晶粒の交換，つまり超塑性の証拠と考えてよい（Ashby and Verrall, 1973; Karato *et al.*, 1998）．ただし，このような形状は不安定なので，変形が終わり，静的な**アニーリング**（annealing）が起こると平衡な形に戻るであろう．そこで，天然の岩石でこのような構造を見ることは難しいと思われる．

もっと安定な，拡散クリープに特徴的な微細構造としては，ランダムな格子選択配向がある．後で解説するように，変形した岩石（多結晶体）では，構成鉱物の結晶方位がある向きに揃ってくる，**格子選択配向**（lattice-preferred orientation）という現象が見られるが（2.2 節参照），拡散クリープで変形した物質では強い格子選択配向が見られないことが多い．むしろ，拡散クリープで大きな歪みまで変形した場合，既存の格子選択配向が壊され，結晶の向きはランダムになるという例もみられている．そこで，歪みは大きいが格子選択配向がランダムな岩石が見つかれば，その岩石は拡散クリープで変形したと考えてよい（この点については例外も見いだされており，詳しくは 2.2.4 項の❹で解説する）．

1.3.4　転位クリープ

Ⓐ 転位クリープモデルと転位クリープの流動則

原子空孔のような点欠陥の運動によって起こる拡散クリープのモデルが提案される以前に，結晶が転位の移動によって塑性変形をすることが知られていた．しかし，転位による塑性変形の理論はいまだに満足のいくものではなく，半経験的なものである．その大きな理由は，転位には長距離の応力場が伴っているので，転位間の相互作用が大きく，その詳細をモデル化するのが困難だからである．いろいろなモデルが提案されてきたが，いずれのモデルでも基本になるのはオロワンの式である．この式は以下のようにして導ける．まず，結晶には多量の転位が存在すると仮定する．実際の結晶では，この転位のある部分は動きうるが，ある転位は動きにくい．簡単のために，動きうる転位（可動転位）にのみ着目し，この転位はどれも同じような速さで動くと仮定する．そうすると，動きうる転位の 1 つに着目するだけで，結晶の変形を扱うことができる．今，そのような可動転位の 1 つに注目し，転位線に垂直な平面を考える．その平面上でバーガースベクトル $\boldsymbol{b}$ をもつ転位（$\perp$）が，大きさが l である正方形の中にあるとする（図 1.14）．転位がこの正方形の全体を移動すると，正方形には転位の上側と下側で b だけの変位が生じる．そこで，この結晶には b/l の歪みが生

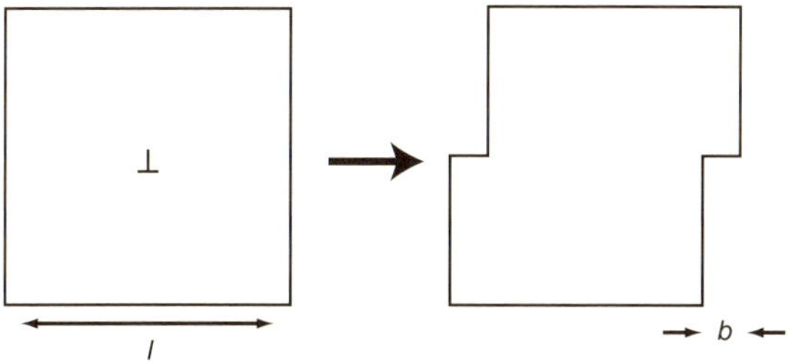

図 1.14 オロワンの式の説明
1 つの転位を含む結晶の小さな部分に着目し，そこで転位が動いたときに生じる歪みを計算する．

じる．今，転位が微少時間 δt の間に微少距離 δl だけ動いたとすると，歪みは $\delta\varepsilon = \frac{\delta l}{l}\frac{b}{l}$ となる．そこで歪み速度は

$$\dot{\varepsilon} = \frac{\delta\varepsilon}{\delta t} = \frac{\delta l}{\delta t}\frac{b}{l^2} = \rho b v \tag{1.29}$$

となる．ここに ρ は可動転位の密度 $\left(\rho = \frac{1}{l^2}\right)$，$v$ は転位の移動速度 $\left(v = \frac{\delta l}{\delta t}\right)$，$b$ はバーガースベクトルの長さである．この関係式を**オロワンの式**（the Orowan equation）とよぶ．

このモデルでは，歪み速度は可動転位の密度と平均の速度で決められている．可動転位の密度と平均速度が応力などとともにどう変化するかについて，いろいろなモデルがある．いずれのモデルでも歪み速度が転位密度と転位の速度の両方に比例し，そのどちらも応力とともに増加するので歪み速度は応力とともに非線形に増加する．最も簡単な場合，転位密度は式（1.20）から，応力の 2 乗に比例し，転位の速度が応力に比例し，この場合，歪み速度は応力の 3 乗に比例する．転位の運動による塑性変形では，このように歪み速度が応力のべき乗に比例するメカニズムがよく観察され，**べき乗則クリープ**（power-law creep）とよばれる．このような実験結果は中ぐらいの応力で変形させた物質でよく見られる（図 1.15）．後で解説するように，いろいろな観察（観測）事実から，このメカニズムは地球内部で比較的大きな応力で変形の起こる場所（リソスフェア–アセノスフェア，D″ 層（マントル最下部））で最も重要な役割を果たしていると考えられている．式（1.20）からわかるように，転位密度は物質の弾性定

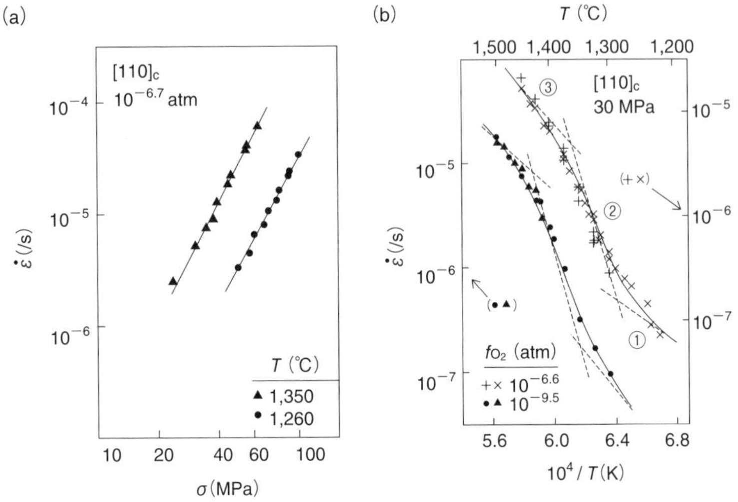

図 1.15　転位クリープの実験の例（オリビン）
（a）応力（σ）の歪み速度（$\dot{\varepsilon}$）の関係．
（b）温度（T）と歪み速度（$\dot{\varepsilon}$）の関係．
（Bai *et al.*（1991）による）

数や単位胞の大きさで決まっており，これらの量は物質であまり違わない．物質による塑性変形のしやすさの違いの大部分は，転位の密度ではなく，転位の動きやすさの違いによっている．

では，転位の移動速度 v はどのような因子で決められているのだろうか？　与えられた応力での転位の移動速度は転位付近での原子間結合を切る容易さで決まっており，原子間結合の強い物質では転位は運動しにくい．これ以上の詳細はよくわかっていないのであるが，地球科学上の応用で必要な範囲で，結晶中の転位の運動について何がわかっているのかを簡単に解説しよう（より詳しくは Frost and Ashby, 1982; Karato, 2008a; Poirier, 1985 などを参照）．まず，転位の運動はすべり面内での運動とすべり面に垂直な方向の運動（これを上昇運動とよぶ）の 2 つに分類できることに注意しよう．転位の定義で明らかなように，転位がすべり面の中を伝播して結晶が変形するのだから，転位はすべり面内で動くのが普通である．しかし，転位がすべり面内だけでしか運動しないと，同じすべり面で動いている転位がお互いに絡み合ったり，反発しあったりして，

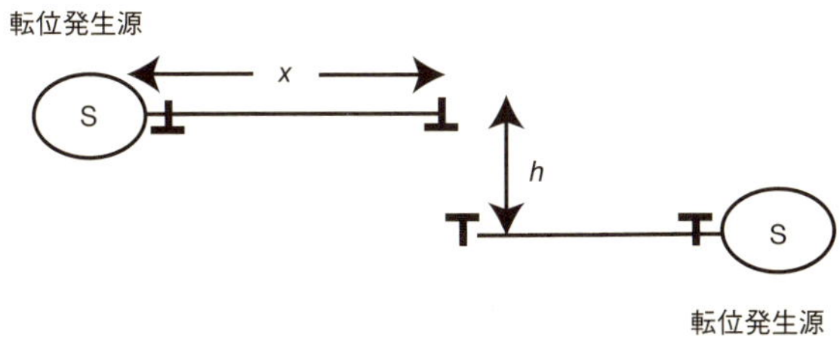

図 1.16　転位クリープでのすべりと上昇（回復過程）の絡み合いを説明する図
転位クリープが定常的に起こるためには，転位源から発生した転位がすべりで結晶に歪みを生じさせた後，上昇運動などで転位が消滅するメカニズムがなければならない．x はすべりの距離，h は上昇運動の距離．

その動きが徐々に困難になることがある（**加工硬化**（work hardening））．このような加工硬化が続くと変形はやがて停止してしまうであろう．ところが転位が，もしすべり面に垂直な方向にも動きうれば，絡まった転位を取り除き変形を進行させていくことが可能になる．このような過程を**回復**（recovery）とよんでいる．すべりと回復の両方が続けて起こらなければ定常変形は起こらないので，このどちらかのうち困難な過程が律速過程となる．

このようないろいろな過程の競合関係を理解するのに，次のように考えるとわかりやすい．上の例では，すべりと回復の両方が起こることで定常状態が達成される．この過程は図 1.16 のように描くことができる．ここでは転位は距離 x だけ動いたところで他の転位と相互作用し，その動きが止まる．しかし，相互作用する 2 つの転位がもし，すべり面に垂直な方向に動きうれば，距離 h だけ動いて消滅する．そうすれば，転位のすべりへの抵抗がなくなり，もう 1 つの転位がすべりうるので継続した変形が可能になる．そこで，定常変形での転位の平均運動速度は，

$$v = \frac{x}{t_\mathrm{g} + t_\mathrm{c}} \tag{1.30}$$

と書くことができる．ここに，t_g は転位のすべりに要する時間，t_c は転位の上昇運動による回復（転位の消滅）に要する時間である．ここに $t_\mathrm{c} = h/v_\mathrm{c}$ である（v_c は転位の上昇運動速度）．回復がすべりに比べ困難な場合，$t_\mathrm{c} \gg t_\mathrm{g}$ だから，$v \approx \dfrac{x}{t_\mathrm{c}} = \dfrac{x}{h} v_\mathrm{c}$ となる．そこで式（1.29）は

$$\dot{\varepsilon} = \frac{x}{h} v_{\mathrm{c}} b \rho \tag{1.31}$$

となる．逆に，転位のすべりが困難な場合は，

$$\dot{\varepsilon} = v_{\mathrm{g}} b \rho \tag{1.32}$$

となる．

先に述べたように，このようなモデルを考えると，歪み速度は可動転位の密度とその平均速度に比例し，最も簡単な場合，密度が応力の 2 乗に比例し，速度は応力に比例するので，歪み速度は応力の 3 乗に比例する．しかし，転位の分布などについての詳細を検討すると，これと少し違った応力依存性が導ける場合もある（たとえば，式（1.31）で x/h が応力に依存するモデルも考えられる）．たいていのモデルでは応力の 3~5 乗に比例する関係式が得られる（詳しくは前記の教科書を参照）．一般に，転位クリープでは歪み速度と応力の関係，つまり構成方程式は非線形である．代表的な実験結果を図 1.15 に示した．転位クリープのモデルは，拡散クリープと違って，転位の構造や移動速度についていろいろな仮定を含んでいる．そこで，モデルから得られる関係式は実験結果を解釈するには使えるが，クリープでの歪み速度を他のデータ（たとえば拡散係数）から計算するにはあまりにも不確定性が大きい．

ここで転位のすべり運動（v_{g}）と上昇運動（v_{c}）についての解説をしておこう．転位についての説明をした際に，結晶内でのすべりが一挙に起こるのではなく，転位という「ひだ」の伝播で徐々に起こるのだという説明をした．転位のすべりについても同じようなことが起こると考えられている．すなわち，転位のすべりも転位線全体が一挙に動くのでなく，小さなステップができ，それが徐々に動いていくほうが容易なのである．すべりの場合に転位線にできるステップを**キンク**（kink）とよんでいる（図 1.17）．そこで転位のすべり運動の速度はキンクの濃度と運動速度に比例しており，

$$v_{\mathrm{g}} = b c_{\mathrm{k}} v_{\mathrm{k}} \tag{1.33}$$

で与えられる．ここに c_{k} はキンクの濃度（単位長さあたりのキンクの数），v_{k} はキンクの運動速度である．キンクはほぼ原子程度の欠陥なのでそのエントロピーは大きく，キンクの濃度は多くの場合，熱統計力学的平衡で決まっており，

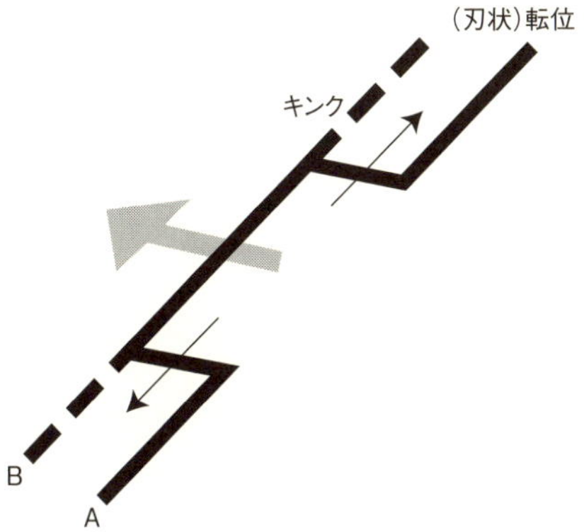

図 1.17　転位線上のキンク

（刃状）転位はキンクをつくり，それが伝播することによって少しずつ（A から B へ）すべり面内で移動（すべり運動）する．

$$c_{\mathrm{k}} \propto \exp\left(-\frac{G^*_{\mathrm{kf}}}{RT}\right) \tag{1.34}$$

で与えられる（G^*_{kf} はキンク（対）の形成自由エネルギー）．また，キンクの移動は熱活性化過程で起こるので，キンクの速度は

$$v_k \propto \exp\left(-\frac{G^*_{\mathrm{km}}}{RT}\right) \tag{1.35}$$

という関係式を満たす（G^*_{km} はキンクの移動自由エネルギー）．このうち，キンクの濃度はとくに，転位の性質に敏感であり，物質によって大きく違っている．キンクをつくるには転位をその安定な位置から変位させねばならないので，キンクの形成エネルギーは転位のパイエルス応力と密接に関係している．パイエルス応力は化学結合の強い物質（共有結合で結びついた原子でできた物質）では大きく，このような物質ではキンクをつくりにくいので転位はすべりにくい．また，キンク形成に必要なエネルギーは応力を加えると減少する．この効果は大きな応力のときに顕著で，この場合，転位の運動速度は応力に指数関数的に依存する．

次に，（刃状）転位の上昇運動を考えよう．転位の上昇運動も一挙に起こるのではなく，ジョグ（jog）とよばれるステップが移動していくことにより徐々に起こると考えられている．この場合，転位の上昇運動の速度は，式（1.33）と

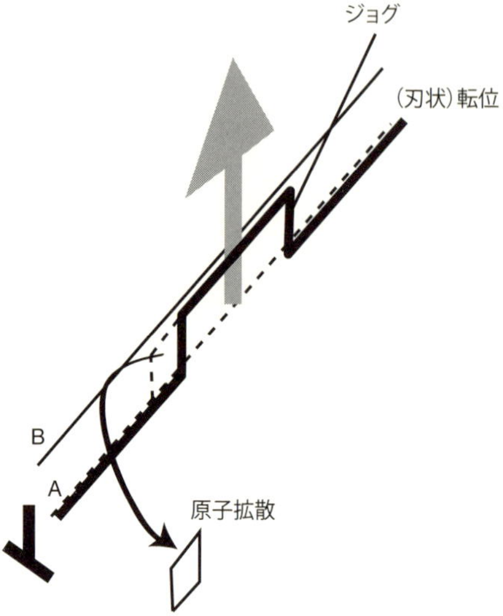

図 1.18　転位線上のジョグと転位の上昇運動
（刃状）転位はジョグをつくり，それが伝播することによって（A から B へ）すべり面に垂直な方向へ運動（上昇運動）する．

同じように

$$v_{\mathrm{c}} = bc_{\mathrm{j}}v_{\mathrm{j}} \tag{1.36}$$

で与えられる．ここに c_{j} はジョグの濃度（単位長さあたりのジョグの数），v_{j} はジョグの移動速度である．すべり運動の場合と同様に，

$$c_{\mathrm{j}} \propto \exp\left(-\frac{G^*_{\mathrm{jf}}}{RT}\right) \tag{1.37}$$

$$v_{\mathrm{j}} \propto \exp\left(-\frac{G^*_{\mathrm{jm}}}{RT}\right) \tag{1.38}$$

という関係式が満たされ，ここに $G^*_{\mathrm{jf}}, G^*_{\mathrm{jm}}$ はそれぞれジョグの形成自由エネルギー，ジョグの移動自由エネルギーである．図 1.18 に示すようにジョグが移動するには，転位線に原子を運んできたり，転位線から原子を取り除かなければならないので，原子の拡散が必要である．そこで，v_{j} は拡散係数に比例し，G^*_{jm} は拡散係数の活性化自由エネルギーに等しい．結局，刃状転位の上昇運動の速度は

$$v_c = Dc_{\mathrm{j}} \frac{2\pi\sigma\Omega}{RT \log\left(\frac{L}{b}\right)} \tag{1.39}$$

で与えられる（この式の導出は Karato, 2008a; Poirier, 1985 を参照）．ここに，D は拡散係数，c_{j} はジョグ濃度，σ は転位に加わる応力，Ω は結晶をつくる原子（分子）の体積，L は転位の平均距離，b はバーガースベクトルの長さである．

ここで，ジョグの密度であるが，化学結合の弱い物質では G^*_{jf} が小さく，ジョグ密度が高くなる．その場合，転位線のどこにもすべてジョグができている状態になる．そのようなときはジョグ密度は $c_{\mathrm{j}} \approx \frac{1}{b}$ という飽和値をとり，転位の上昇速度の活性化エネルギーは拡散の活性化エネルギーと一致する．高温でのクリープの実験結果を見ると，転位クリープの活性化エネルギーと拡散の活性化エネルギーが一致する場合が多い（ただし鉱物などの酸化物では両者にかなりの差があることが多い）．そこで，高温クリープは拡散によって起こる刃状転位の上昇運動によって律速されているというモデルが提案されている．この場合，塑性変形のしやすさは拡散のしやすさと直接関係している．このモデルは金属などの実験結果をよく説明する．

しかし，鉱物や酸化物での転位クリープは，金属とは違って単純な拡散律速ではないかもしれない．式（1.39）で転位の上昇速度はジョグの密度と移動速度に比例している．ジョグの形成が困難な，共有結合で原子が結びついている結晶ではジョグの濃度が温度に依存し，そのため，転位の運動の活性化エネルギーは拡散の活性化エネルギーより大きくなる．実際，オリビンなどの鉱物の塑性変形のしやすさは結晶の向きによって大きく変わるが，この大きな異方性は簡単な拡散律速のモデルでは説明できない．オリビン中のケイ素（Si）などのイオンの拡散係数には異方性が小さいからである．最近 Kohlstedt（2006）は古典的な拡散律速の転位クリープモデルをオリビンについて提案しているが，このモデルでは Bai *et al.*（1991）などで報告されている大きな異方性を説明できない．

先に，すべりによる加工硬化と回復との関係について解説したが，金属の場合，すべりは容易で回復は困難であることが多い．そこで，回復律速の変形がよく起こるが，鉱物では，すべり自身が困難であることが多い．化学結合が共有結合的なものが多く，また単位胞も大きいため，転位のすべりが難しいからである．このような物質では，高温での転位クリープでもすべりが律速過程になる可能性もある．

このいずれの場合も鉱物の高温での塑性変形は温度（や圧力）に非常に敏感である．回復律速の場合は拡散係数を通して，変形の速さが温度（や圧力）に敏感になる．すべりで律速される場合でも，鉱物中の転位のすべり運動は熱運動の助けを借りて起こることが多いので，変形の速さは温度（や圧力）に敏感になる．また，拡散係数や転位のステップ（ジョグ）の密度などは水などの不純物の添加で大きく変化する．そこで，歪み速度も水などの不純物の量によって大きく変化する．水の効果は重要なので，後の節で詳しく解説する．

オロワンの式（1.29）に転位密度と応力に関する関係式（1.20），それにこの節で解説した転位の移動速度に関する関係式を組み合わせると，ごく一般的に，

$$\dot{\varepsilon} = A\left(\frac{\sigma}{\mu}\right)^n \exp\left(-\frac{G^*}{RT}\right) = A'\left(\frac{\sigma}{\mu}\right)^n \exp\left(-\frac{H^*}{RT}\right) \tag{1.40}$$

となる．ここに A $\left(A' = A\exp\left(\frac{S^*}{R}\right)\right.$（$S^*$ は活性化エントロピー）$\Big)$ は周波数の次元をもつ定数，μ は剛性率，n は定数，$G^*(H^*)$ は転位の運動に必要な活性化自由エネルギー（エンタルピー）である．転位密度が応力の 2 乗に比例すること，転位速度が応力とともに増加することから，指数 n は 3 またはそれ以上になる．また，上に解説したように，活性化自由エネルギー (G^*) の内容はミクロな転位の移動メカニズムに依存している．

最後に比較的低温・高応力でみられる非常に非線形な関係式を満たす変形について一言，解説しておこう．このような条件では回復は困難なので，真の意味での定常変形は起こらないが，転位すべりのみで変形が進行することがある．この場合，転位の運動の障害になるエネルギー障壁の高さ自身が応力で変化してくるため，変形速度は応力に指数関数的に依存する．この種の変形機構を**パイエルス機構**（Peierls mechanism）とよぶ．地球の比較的浅い部分や，冷たいプレートの変形で重要なメカニズムであると考えられている（Goetze and Evans, 1979; Katayama and Karato, 2008b）．

以上では個々のすべり系の流動則を考えてきたのであるが，多結晶体の変形は 1 個のすべり系だけを使って行うことはできない．1 個のすべりによる変形

は単純すべりであるが，その場合，結晶はある一定の変形しかできない．多結晶体の変形ではいろいろな結晶が辻褄を合わせて変形しなければならないので，複数個のすべり系が必要である．もし，多結晶体が均質に変形するとすれば5個の（独立な）すべり系が必要である．これを**フォン・ミーゼスの条件**（コラム6参照）とよんでいる．そこで，多結晶体の変形強度は，いろいろなすべり系のなかでも最も硬いすべり系でおおよそ決められている．しかし，小さな変形の場合は事情が異なる．弾性歪み程度の小さな歪みでは個々の結晶の変形の違いは弾性歪みで解消されるので，最も容易な（柔らかい）すべり系で変形が起こりうる．やがて歪みが大きくなると困難な（硬い）すべり系も必要になる．このように，多結晶体の転位クリープによる変形では，変形強度を決めているすべり系が，容易なすべり系から困難なすべり系へと変化していく（Karato, 1998b）．この変化の起こる歪みはおおよそ弾性歪みである．なぜなら，弾性歪み程度の変形では，変形の辻褄合せは弾性変形でまかなえるからである．この現象は小さな後氷期の地殻変動の解析などで重要になる．このような現象での粘性率は，定常変形での粘性率より小さい可能性が高い．

コラム6　フォン・ミーゼスの条件

多結晶体が均質に変形する場合を考える．その場合，多結晶体中の個々の結晶はどれも同じようにその形を変化させねばならない．ところが，多結晶体では個々の結晶はいろいろな方位をもっている．そこで，いろいろな方位をもった結晶が同じ歪みを生じさせることができねばならない．これは，与えられた結晶が任意の歪みを生じうるという条件と等価である．さて，歪みは二階の対称テンソルであるから

$$\begin{pmatrix} \varepsilon_{11} & \varepsilon_{12} & \varepsilon_{13} \\ \varepsilon_{12} & \varepsilon_{22} & \varepsilon_{23} \\ \varepsilon_{13} & \varepsilon_{23} & \varepsilon_{33} \end{pmatrix}$$

のように6個の独立した成分からなっている．ところが，塑性変形では体積変化はないので $\varepsilon_{11}+\varepsilon_{22}+\varepsilon_{33}=0$ である．そこで，歪みには独立な成分が5個あることになる． 5個の独立な歪みを発生させるためには， 5個の独立なすべり系が必要になる．これをフォン・ミーゼスの条件（von Mises condition）とよぶ．

Ⓑ 転位クリープに特徴的な組織

転位クリープで変形した岩石はいくつの特徴的な微細組織を示す．まず，転位クリープで変形した鉱物結晶中には転位が見られるはずである．そして，多くの場合，転位の分布は不均質なので，結晶の場所場所で結晶のエネルギーが変化し，そのため隣り合う結晶の粒界が不規則な形をもつ．転位は亜結晶粒界をつくることもあり，その場合，1 つの結晶もよく見ると小さな角度だけずれた亜結晶に分解していることがある（図 1.9 口絵 1 参照）．このような構造が見られた場合，その物質は転位クリープで変形したと考えてよい．

また，転位クリープで変形した物質では動的再結晶という現象が起こることが多い（詳しくは 2.1.2 項を参照）．その場合，再結晶の結果としてできた小さな結晶とまだ再結晶が完成していない大きな結晶が共存することがある．このような大きな結晶粒径と小さな結晶粒径が共存している場合，この物質は動的再結晶をしたと判断できる．動的再結晶は転位クリープで変形した物質にだけ起こる現象なので，このような構造は転位クリープの証拠と考えられる．

さらに，転位クリープで変形した岩石では結晶の方位がある向きに揃っていることが多い．これを格子選択配向とよぶ．これについては後の節（2.2. 節）で詳しく述べるが，格子選択配向も転位による変形に特徴的な微細構造である．格子選択配向はいったんできると，なかなか消せない．そこで，格子選択配向は岩石が地球内部で変形したときの構造を忠実に記憶している可能性が強い．これに比べて，転位の密度や粒界の形状などは変形後のアニーリングなどで比較的容易に消えてしまうので，地球内部の変形の様子を忠実に記録していない可能性がある．

1.3.5　粒界すべりと転位クリープの共存する変形機構

粒界でのすべりが転位クリープと共存し，多結晶体が変形する場合もある．このような場合，歪み速度は応力に非線形に依存するが粒径にも依存するという，拡散クリープと（べき乗則）転位クリープの中間のような流動則，

$$\dot{\varepsilon} \propto \sigma^n L^{-m} \tag{1.41}$$

が見られることがある．ここに $n=2\sim4$，$m=1\sim2$ である（Nieh *et al.*, 1997）．鉱物についてのこのような流動則は，Hiraga *et al.*（2010），McDonnell *et al.*

(1999) などによって報告されている．しかし，このような流動則を確実に実験で見いだすのは難しい．というのは，通常の鉱物集合体の変形実験では，変形の条件が拡散クリープと（べき乗則）転位クリープのどちらもが効いてくるものなので，この2つのメカニズムのほかに第三のメカニズムを同定するのは容易でないのである．このよく知られた2つのメカニズムが同じ程度にはたらいている中間領域では見かけ上，流動則が式 (1.41) のようになるからである．Hirth and Kohlstedt (2003) は既存のデータを解釈し，この中間的なメカニズムが同定されたと主張しているが，いろいろな混み入った補正をしており，説得力のある議論ではない．

1.4 変形機構図

表1.1にいろいろな変形メカニズムに対応する流動則をまとめてある．それぞれの変形メカニズムには特有の流動則があり，そのメカニズムが卓越する条件であれば，ある条件で得られたデータを違う条件へ外挿することができる．しかし，他のメカニズムが卓越してくると，流動則の形が違ってくるので外挿はできなくなる．地球内部ではテクトニックな条件によって，いろいろな変形の条件が考えられる．冷たい**リソスフェア** (lithosphere，第7章参照) の変形では比較的大きな応力がはたらくだろうが，暖かい**アセノスフェア** (asthenosphere，第7章参照) では低い応力での変形が起こるだろう．また，相転移の直後には結晶粒径が小さい場合もあるだろう．したがって，地球内部では場所場所によって，違った変形メカニズムが有効になってくるであろう．

そこで，どのような条件でどのような変形メカニズムが卓越するかを示す図があれば便利である．このような図を**変形機構図** (deformation mechanism map) とよぶ (Frost and Ashby, 1982)．変形機構図はある物質についてのいろいろな変形メカニズムでの流動則を比較するための道具であって，これから何も新しい知識が得られるわけではないが，地球科学的にも便利なものなのでここで解説をしておこう．まず，この図をつくるにはいくつかの代表的な変形メカニズムでの流動則が求まっていなければならない．次に，個々の変形メカニズムが独立にはたらくのか，お互いに依存し合っているのかを考えねばならない．独立なメカニズムの場合，試料の歪み速度はそれぞれのメカニズムでの歪み速度

表 1.1　いろいろな変形メカニズムに対応する流動則

(a) べき乗則：応力が剛性率に比べて小さい場合，歪み速度と応力にはべき乗の関係が見られる：$\dot{\varepsilon} = A\sigma^n L^{-m} \exp\left(-\frac{H^*}{RT}\right)$

メカニズム	n	m
拡散クリープ（粒内拡散）	1	2
（粒界拡散）	1	3
転位クリープ	3～5	0
粒界すべり＋転位の運動	2	2

（Frost and Ashby, 1982）

(b) 応力の指数関数に依存する流動則：応力が高い場合，活性化エネルギーが応力に依存し，歪み速度が応力の指数関数になる：
$\dot{\varepsilon} = B\sigma^2 \exp\left[-\frac{H^*}{RT}\left\{1-\left(\frac{\sigma}{\sigma_0}\right)^q\right\}^s\right]$,
$0 \leq q \leq 1,\ 1 \leq s \leq 2$

メカニズム	q	s
パイエルス機構　Ⅰ*	1/2	1
パイエルス機構　Ⅱ*	1	2
巨視的障害物	1	1

* パイエルス機構での q と s の値は応力に依存する（応力によってキンクの形が変わるため）．Ⅰは比較的低応力の場合，Ⅱは高応力の場合．この中間の場合もある（$q = 3/4$, $s = 4/3$）．この違いは結果の応用には大きく影響しない．

の和であり，

$$\dot{\varepsilon} = \sum_i \dot{\varepsilon}_i \tag{1.42}$$

となる．ここに，$\dot{\varepsilon}_i$ は i 番目のメカニズムによる歪み速度である．お互いに依存したメカニズムの場合は定常変形はいくつかの過程がすべて起こった後で達成されるので式（1.30）のような関係が使え，$\dot{\varepsilon} = \dfrac{\varepsilon}{\sum t_i} = \dfrac{1}{\sum t_i/\varepsilon} = \dfrac{1}{\sum \dot{\varepsilon}_i^{-1}}$ であるから（ε：歪み，t_i：i 番目のメカニズムで歪みを起こすのに必要な時間），

$$\dot{\varepsilon}^{-1} = \sum_i \dot{\varepsilon}_i^{-1} \tag{1.43}$$

となる（図 1.19）．独立なメカニズムの組合せとしては，拡散クリープと転位クリープがある．原子の拡散と転位の運動とは（近似的に）独立に起こるので，試料の歪み速度はこの 2 つのメカニズムの歪み速度の和で与えられる（式（1.42））．しかし，すでに解説したように，粒界すべりによる変形と拡散による変形とは

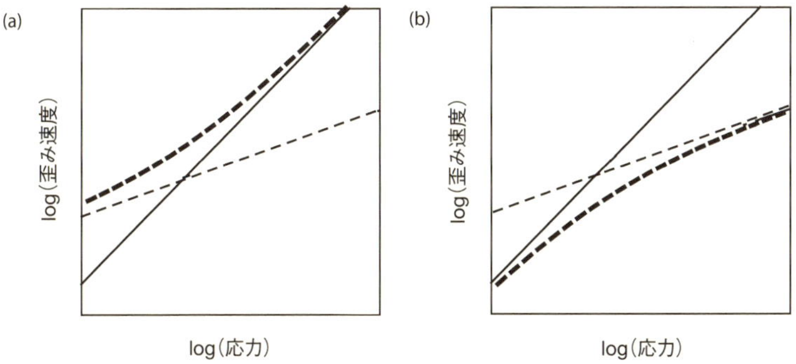

図 1.19　2 つの変形メカニズムが共存する場合の歪み速度
———：メカニズム 1，- - -：メカニズム 2，**- - -**：1 と 2 が共存する場合．
(a) 2 つのメカニズムが独立な場合（式 (1.42)）
(b) 2 つのメカニズムが互いに依存している場合（式 (1.43)）

独立ではない．このどちらもがはたらかないと，多結晶体の変形は起こりえない．そこで，この場合は式 (1.43) のような関係式が適当である．

変形機構図では与えられた条件でどのメカニズムが卓越するかを図示するわけであるが，どのような変数を選ぶかは目的による．変形の速さは多くの変数（温度，圧力，応力，結晶粒径，水の量など）によるので，原理的には変形機構図は多次元空間で描かねばならない．しかし，実用的には二次元での表示がもっとも使いやすいので，2 つの変数以外のものは固定して二次元で変形機構図を描くことが多い．図 1.20 に代表的な変形機構図としてオリビンのものをあげておいた．この図では拡散クリープ，転位クリープ（べき乗則クリープ）とパイエルス機構の 3 つが考えられており，すべて独立なメカニズムであるとして図はつくられている．1.3.5 項で解説した，結晶粒径に敏感で転位の運動も寄与しているという中間的なメカニズムは考えていない．この中間的なメカニズムは明確には同定されていないからである．この図では温度，圧力，水の量などは固定し，結晶粒径と応力を変数として図をつくった．この図から，拡散クリープは小さな結晶粒径，低い応力のとき重要で，高い応力ではパイエルス機構が，そして大きな結晶粒径，中くらいの応力では（べき乗則）転位クリープが重要になることがわかる．この図では同時に，実際の地球のマントルで推定される結晶粒径と応力値の範囲，典型的な実験で使われる結晶粒径と応力値の範囲を示した．この図は，実験を計画するときや，実験結果と地球内部の変形を比較

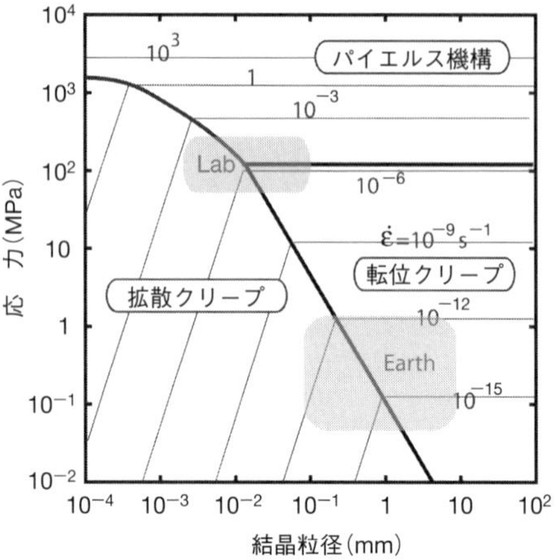

図 1.20　オリビンの変形機構図

圧力 =7 GPa, 温度 =1700 K, 無水．卓越する変形機構を応力と結晶粒径の関数として図示したもの．典型的な実験（Lab）での応力と結晶粒径，典型的なマントル（Earth）での変形に対応する応力と結晶粒径を灰色で示した．（Karato （2010b）による）

したり，変形中に結晶粒径が変化した場合の流動特性の変化を考察するときに役立つ．これらの応用については後に詳しく議論しよう．

1.5　圧力の効果

地球内部では圧力が高いので鉱物の塑性変形への圧力効果も大きい．しかし，塑性変形への圧力効果を測定するのは困難で，信頼できる実験結果が求まり始めたのはつい最近のことであるし，圧力効果についてはその理論的な面でもいろいろと混乱があったので詳しく説明していこう．

よく，岩石の脆性破壊強度は圧力で大きく変わるが，塑性変形が起こる場合の強度は圧力にあまり依存しないという議論が見られる．これは圧力の小さな場合でだけ正しい．以下に見るように，マントルの深部（数十 km 以深）になると圧力の効果は非常に大きなものになる．場合によっては圧力効果で粘性率が 10 桁以上変化することがある．そこで，圧力効果をどのようにして測定するのか，その結果をどのようにして解釈するのかをよく理解しておく必要がある．

1.5.1 理論的背景

簡単のためにここでの議論をべき乗則クリープ（拡散クリープを含む）の場合に限っておこう．まず，拡散クリープや転位クリープに対する流動則を規格化したかたちに書き改め，

$$\dot{\varepsilon} = A\left(\frac{\sigma}{\mu}\right)^n \left(\frac{L}{b}\right)^{-m} \exp\left(-\frac{E^* + PV^*}{RT}\right) \tag{1.44}$$

としておこう．ここで各項の物理的意味を考えると，まず，A は周波数の次元をもった量で，熱活性化過程での原子（または原子の集合体）の振動数に対応する．この振動数は物質の弾性定数と密度で決まっており，温度や圧力ではあまり変化しない．同様に第二項 $\left(\frac{\sigma}{\mu}\right)^n$ も，温度・圧力依存性は弾性定数 μ の温度・圧力依存性からくるもので，マントル全体でもせいぜい数倍変わるだけである．第三項，$\left(\frac{L}{b}\right)^{-m}$ は，粒径 L が一定である場合は，ほとんど温度と圧力によらない．そこで，最も重要なのは最後の項 $\exp\left(-\frac{E^* + PV^*}{RT}\right)$ であり，そこに含まれる活性化体積 V^* が最も重要なパラメータである．すでに図 1.6 で示したように，もっともらしい活性化体積の値を入れると，マントル内部において粘性率は圧力の効果で 10 桁以上変化しうる．

では，**活性化体積**（activation volume）とは物理的にどのようなものなのだろうか？　以前に述べたように，流動則に $\exp\left(-\frac{E^* + PV^*}{RT}\right)$ の項が入ってくるのは，固体の塑性変形が熱活性化過程によって起こるからである．熱活性化によって原子が移動するとき，移動の確率は $\exp\left(-\frac{E^* + PV^*}{RT}\right)$ に比例し，ここに，$E^* + PV^* (= H^*)$ は活性化エンタルピーであり，活性化状態にある原子（または原子の集合体）と安定位置にある原子（または原子の集合体）とのエンタルピーの差である．変形が点欠陥の濃度に比例する場合（拡散係数は点欠陥の濃度に比例する），この活性化エンタルピーは欠陥の生成に必要なエンタルピーをも含んでいる．なぜなら，原子（または原子の集団）が動きうる状態とは，すでに必要な欠陥が形成されている状態だからである．そこで，活性化体積には 2 つの違った寄与があることになる．1 つは活性化状態と安定状態との結晶の体積の違いであり，これは欠陥形成に伴う体積変化も含んでいる．と

くに後者の場合，この「活性化体積」は単純にある種の原子（またはその集団）の体積（のある分率）である．2 つめは活性化状態をつくるのに必要なエネルギーが（体積増加の分を除いても）圧力によって変化するために出てくる項である．たとえば，活性化状態をつくるのに結晶を弾性変形しなければならない場合を考える．今，この変形が純粋なずり変形であれば，結晶の体積変化はないが，ずり変形に必要なエネルギーは圧力で変化する．そこで，活性化エネルギーを圧力の関数として書くと，体積増加分に加えて，活性化エネルギーの圧力微分からくる項を追加しなければならない．

前者，つまり，欠陥形成に伴う体積変化は簡単に求まるが，これについてもちょっとした注意が必要である．というのは，たとえば，鉱物中の酸素の拡散の場合の活性化体積を酸素イオンの体積と考えた論文が発表されたりしているからである（たとえば Kohlstedt *et al.*（1980））．これは以前に示したように明らかに誤りである．このことは式（1.11）とその解説を思い出せばすぐにわかる．酸素の（空孔機構による）拡散が律速の場合でも，電荷の中性という条件を満たさねばならないので結晶の中で酸素空孔だけを単独でつくることはできず，他のイオンの空孔もつくらねばならないからである．

後者に関してはいくつかのモデルが提出されている．その 1 つは，活性化過程をつくるのに必要なエネルギーが結晶の弾性変形のエネルギーで近似できるというモデルである（Keyes, 1963）．原子が峠点にある結晶ではエネルギーが原子が安定位置にある場合に比べて高くなっている．この余分なエネルギーを弾性歪みのエネルギーで表せると考えると，活性化エネルギーは

$$G^* \propto C\Omega \tag{1.45}$$

と書けるであろう．ここに C はこの変形に関連した弾性定数，Ω は峠点にある欠陥の体積（大きく歪んでいる部分の体積）である．欠陥の体積が結晶のモル体積に比例しているとして，この式の圧力微分をとり，$V^* = \left(\dfrac{\partial G^*}{\partial P}\right)$ であることに注意すると，

$$V^* = \frac{E^*}{K}\left[K\left(\frac{\partial \log C}{\partial P}\right)_0 - 1\right] = \frac{2E^*}{K}\left(\gamma - \frac{1}{3}\right) \tag{1.46}$$

を得る．ここに γ は**グリュナイゼン定数**（Grüneisen parameter，コラム 7 参

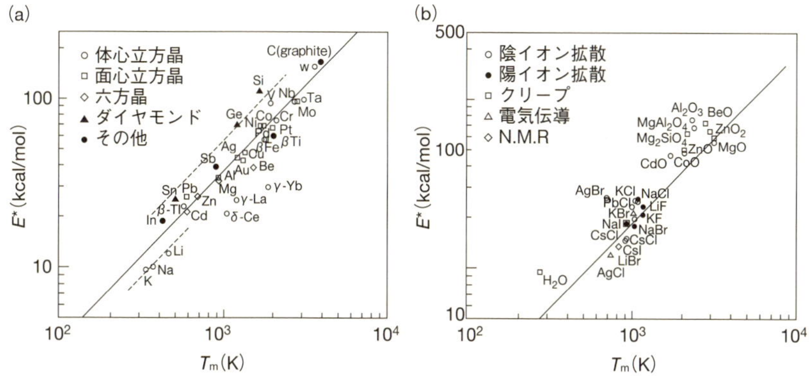

図 1.21　拡散や塑性変形の活性化エネルギー (E^*) と融点 ($T_{\rm m}$) との相関
（a）金属，（b）非金属．（Sammis *et al.*（1981）による）

照）であり，**デバイ・モデル**（Debye model）から導ける $\dfrac{\partial \log C}{\partial P} = \dfrac{2\gamma + 1/3}{K}$ という関係を使った（K は体積弾性率）．このようなモデルは Keyes（1963）らによって提案された．

この式の右辺には体積弾性率やグリュナイゼン定数が入っているが圧力とともに体積弾性率は増加し，グリュナイゼン定数は減少する．そのため，高圧では活性化体積自身も減少してくる．この効果は超地球（super Earth，第 11 章参照）のような大きな惑星のマントルのような超高圧の条件下では重要になってくる．

そのほかによく使われるモデルとして，活性化エネルギーと融点とを結びつけた，**相応温度モデル**（homologous temperature model）がある．このモデルでは，「活性化エネルギーは，固体中に液体のように乱れた原子配置を生じさせるためのエネルギーだから，固体が液体へと変化するときのエネルギーに近く，活性化エネルギーが融点に比例している」と考える．そうすると，

$$G^*(P) \propto T_{\rm m}(P) \tag{1.47}$$

と書けるが，ここに $T_{\rm m}(P)$ は圧力 P での融点である．このモデルは多くの実験的データと矛盾しない（図 1.21）．いろいろな物質の拡散などの活性化エネルギーや活性化体積を融点や融点の圧力微分と比較すると，よく合うのである．融点が圧力によって下がる氷や ε-鉛などのような異常な物質も含めてよく一致

する（Sherby *et al.*, 1970）．そこで，このモデルの成り立つ背景を考察した研究がなされた．そのなかでは（Poirier and Liebermann, 1984）が最もすっきりとした説明を与えている．彼らは融解についてのリンデマン（Lindemann）の融解モデルと上記のキース（Keyes）らの弾性エネルギーモデルを組み合わせて

コラム7　デバイ・モデルとグリュナイゼン定数

鉱物などの結晶は原子からできているが，その原子は有限温度では常に平均位置のまわりを振動している．これを格子振動とよぶ．デバイ（Debye）は格子振動を弾性振動で近似するというモデルを提出した．このモデルでは，すべての格子振動は弾性波なので，格子振動の振動数と弾性波速度に

$$v_{\mathrm{P,S}} = \omega\lambda \tag{C7.1}$$

（$v_{\mathrm{P,S}}$：縦（P）波あるいは横（S）波の弾性波速度，ω：振動の周波数，λ：波長）という関係がある．波長は格子間隔（a）に比例しているから，

$$v_{\mathrm{P,S}} \propto \omega a \propto \omega V^{1/3} \tag{C7.2}$$

（V：格子体積）という関係が成り立つ．ここで，弾性波速度と弾性定数，密度の関係式，$v_{\mathrm{P,S}} = \sqrt{\dfrac{C}{\rho}}$（$C$：弾性定数，$\rho$：密度）を使うと，

$$\log C = 2\log\omega + \frac{1}{3}\log\rho \tag{C7.3}$$

となり，この式を $\log\rho$ で偏微分すれば，

$$\frac{\partial\log C}{\partial\log\rho} = 2\frac{\partial\log\omega}{\partial\log\rho} + \frac{1}{3} \tag{C7.4}$$

を得る．ここで，$\gamma = \dfrac{\partial\log\omega}{\partial\log\rho}$ でグリュナイゼン定数を定義し，体積弾性率の定義式，$K d\log\rho = dP$ を使うと

$$\frac{\partial\log C}{\partial P} = \frac{2\gamma + 1/3}{K} \tag{C7.5}$$

を得る．固体の弾性的性質の温度，圧力変化の大部分は，固体の体積（密度）変化によって生じるので（これをバーチ（Birch）の対応状態の法則とよぶ（コラム13）），固体の弾性的性質の温度・圧力変化はグリュナイゼン定数を使って表されることが多い．

式（1.47）を説明した．リンデマンの融解モデルでは融点は結晶の弾性的性質で決まっていると考えるので，融点と弾性定数が結びつく．キースのモデルでは活性化エネルギーが弾性エネルギーで表現できると考えられている．そこで活性化エネルギーが融点と結びつくのである（コラム 8 参照）．

このように，相応温度モデルは実験的にはよく成り立つことが示されており，ある程度の理論的説明もあるので，拡散や変形への圧力効果がよく知られていない場合には有効な近似として使える．変形に対する圧力効果の測定は難しいが，それに比べ融点への圧力効果の測定は容易だから，高圧での融点のデータ

コラム 8

相応温度モデル（homologous temperature model）

Keyes によれば，拡散などの原子の移動に必要な活性化エネルギーは結晶の弾性変形のエネルギーで表すことができる（式（1.45））．物質の融点に関しても，融解は格子振動の振幅がある程度大きくなると起こるというリンデマン（Lindemann）のモデルがある．熱振動をしている結晶のポテンシャルエネルギーは，k をバネ定数，$\langle x \rangle$ を格子振動の振幅として，

$$E = \frac{1}{2}k\langle x \rangle^2 \quad \text{(C8.1)}$$

で与えられる．Lindemann によれば，融点では格子振動の振幅が平均格子間隔 a のある割合になっている（$x = \delta a$）はずなので，エネルギー等分配則から，

$$\frac{1}{2}k\delta^2 a^2 = \frac{1}{2}k_{\mathrm{B}}T_{\mathrm{m}} \quad \text{(C8.2)}$$

が満たされる（k_{B} はボルツマン定数（$R = k_{\mathrm{B}}N_{\mathrm{A}}$，$N_{\mathrm{A}}$：アボガドロ数））．ここでバネ定数と格子振動の周波数との関係，$\omega = \sqrt{k/m}$（m は原子の質量）を使うと，

$$m\omega^2\delta^2 a^2 = k_{\mathrm{B}}T_{\mathrm{m}} \quad \text{(C8.3)}$$

となる．デバイ・モデルから導ける関係，$\omega = \sqrt{C/\rho}/a = C^{1/2}m^{-1/2}V^{1/6}$（$V$ は原子の体積）を代入し，

$$\frac{k_{\mathrm{B}}T_{\mathrm{m}}}{\delta^2} = CV \quad \text{(C8.4)}$$

を得る．原子の体積 V と欠陥の体積 Ω が比例すると考えれば，式（1.45）を使って，式（1.47）が導ける．

は多い．そこで，この近似を使うといろいろな場合に高い圧力での粘性率を推定することもできる．しかし，ここで融点というが，実際の多成分系である岩石ではどのような融点を使うべきだろうか？　岩石は多成分系なので，融点といっても 1 つではなく，ある温度で融解が始まり，ある温度で岩石のすべてが融解する．融解の始まる温度を**ソリダス**（solidus），岩石が全部融ける温度を**リキダス**（liquidus）とよんでいる．たとえば上部マントルの岩石では（低圧では）この両者には大きな違いがあるので，どの融点を使うかで結果は大きく違ってくる．

Borch and Green（1987）は相応温度モデルで使うべき融点はソリダスであると主張した．彼らの議論は以下のようなものである．彼らは高圧下での変形実験を行いオリビンの変形での活性化体積を求めた．この値はおよそ $2.7\times10^{-5}\ \mathrm{m^3/mol}$ という非常に大きな値で，もしこの活性化体積が圧力で変化しなければ，上部マントル深部での粘性率はとても大きな値になり対流が起こりえなくなる．ところが，この結果を相応温度モデルを使って解釈し，融点としてソリダスを採用すると，上部マントルの岩石のソリダスの圧力変化率は圧力とともに小さくなるので，上部マントル深部でも都合のよい粘性率が得られる．そこで彼らは融点としてソリダスを使うのがよいと主張したのである．この主張は以下の 2 つの理由で正しくない．まず，もし，この関係式で融点としてソリダスを使うべきであれば，純粋のオリビンと他の成分を加えた現実的な上部マントルの岩石とでは塑性変形の様子が大きく違うはずである．この 2 つの物質ではソリダスは数百度違うからである．ところが，実験結果をみると，オリビンと上部マントルの岩石の塑性流動特性はほとんど同じである（Zimmerman and Kohlstedt, 2004）．そこで，この議論は実験結果と矛盾する．さらに，理論的にもこのモデルは妥当ではない．岩石でソリダスとリキダスが大きく違っているのは液体の性質のためである．液体ではいろいろな成分がよく混ざるが固体では混ざらないことが多い．そこで多成分系では混合によって液体の自由エネルギーが下がり，融解の温度が低下することが多い．しかし，今考えているのは固体である結晶の集合体の塑性変形だから，液体の性質とは直接の関係はない．そこでソリダスを融点として採用するのは理論的にもおかしい．多成分系に相応温度モデルを使う場合は個々の鉱物の融点を用い，それぞれの鉱物の粘性率を適当に平均するのがより正しい方法である．

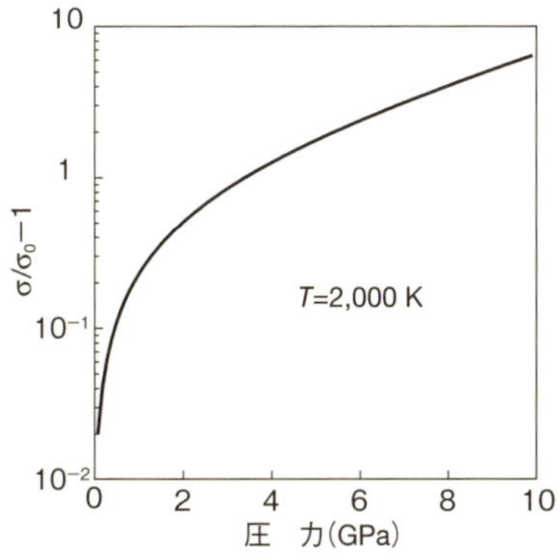

図 1.22 塑性変形に必要な応力の圧力変化（$V^* = 1.0 \times 10^{-5} \mathrm{m}^3/\mathrm{mol}$）
温度は 2,000K とし，歪み速度は一定で，変形に必要な応力を圧力の関数としてプロットした．σ は圧力下で変形に必要な応力，σ_0 は圧力 $= 0$ での変形に必要な応力．

1.5.2 圧力効果の実験的研究

塑性変形への圧力の効果を測定するのは原理的には簡単である．他の条件を一定に保ったときに試料を塑性変形させるのに必要な応力が圧力の変化とともにどう変わるかを測定するか，一定の応力を違った圧力で加え，歪み速度が圧力でどう変わるかを測定すればよい．しかし，実際に圧力効果を決めるのは至難の業で，典型的な鉱物であるオリビンについても，つい最近まで活性化体積としてほぼゼロという値から約 2.7×10^{-5} $\mathrm{m}^3/\mathrm{mol}$ という値までが報告されていた．これらの値を入れると上部マントル深部の粘性率として，ほとんど 10 桁もの違いになる．

圧力効果を測定するには高圧下での定量的な変形実験をする必要がある．式 (1.44) からわかるように圧力効果は指数関数として入っているので，その効果は高圧で大きいが低圧では小さい．たとえば，典型的な活性化体積として $1.0 \times 10^{-5}\,\mathrm{m}^3/\mathrm{mol}$ を仮定し，温度として，1,600 K を考えると，0.5 GPa の圧力変化では変形に必要な応力は 10% 程度変化するだけであるが，10 GPa の圧力変化があると応力は 10 倍程度変化する（図 1.22）．ガス圧の試験機では測定精度はよいが 0.5 GPa 程度の圧力しか出せない．上記の精度は，このような機械での実験の限界に近く，そのほかの誤差の因子も考えれば，圧力効果の測定

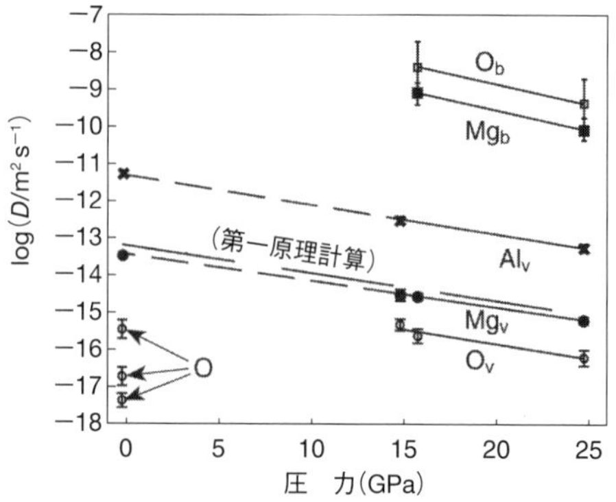

図 1.23　MgO 中の拡散係数（D）への圧力効果
（Van Orman *et al.*（2003）による）

結果には大きな誤差がある（さらに水の効果を圧力を変化させて調べようという場合，0.5 GPa 以下の圧力では定性的にも地球深部に外挿できない結果しか得られない（これについては 1.6.3 項で後述））．10 GPa 程度の圧力の出せる機械では応力測定精度はガス圧装置より劣るが，応力は典型的な応力値の場合，10～20% 程度の誤差で測れる．そこで，応力の 10 倍程度の変化は，高い相対精度で測定できる．第一，10 GPa, 2,000 K 程度の条件で流動則が測定できれば，温度，圧力に関しては約 300 km の深さ（上部マントル深部）に対応するので，この辺りの粘性率を計算するかぎり温度圧力については外挿の必要はないのである（しかし歪み速度についての外挿は必要）．そこで，やや精度は落ちるが，実際の高圧での実験結果のほうが地球科学的意義が大きい．ただし，このような実験法は最近開発されたばかりであって，ようやく実験結果が得られ始めたところである（Karato and Weidner, 2008; Kawazoe *et al.*, 2009）．

塑性変形の関係している拡散係数に関しては多くの実験結果が得られている（図 1.23）．しかし，塑性変形への圧力効果についての実験は少ない．例外はオリビンで，オリビンについては多くの研究がなされたが，結果のばらつきは大きい．実験結果が一致しない原因はいろいろと考えられるが，その 1 つは，試料中の水の量が実験によって違っており，よく決められていないことが挙げられる（Karato, 2010b）．最近の注意深い実験でようやく信頼のおける結果が得られた（Karato and Jung, 2003; Kawazoe *et al.*, 2009）．Kawazoe *et al.*（2009）

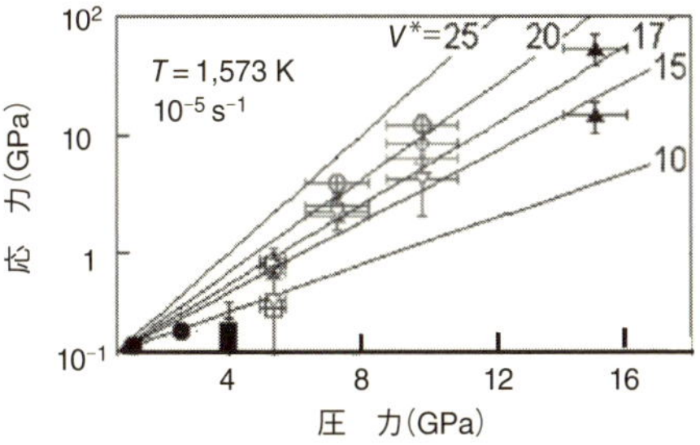

図 1.24 オリビンの塑性変形への圧力効果（無水の場合）
V^* は活性化体積 ($\times 10^{-6}$ m^3/mol)
（Kawazoe *et al.*（2009）による）

の結果によると，水のほとんど溶けていないオリビンでは転位クリープの活性化体積は 1.5〜2.0×10^{-5} m^3/mol となる（図 1.24）.

1.6 水の効果

鉱物の塑性変形は水の添加で大きな影響を受ける．この現象は 1960 年代の半ばに石英（quartz）について最初に見いだされた（Griggs and Blacic, 1965）．水の完全にない石英は融点直下の温度でもほとんど塑性変形をしない．しかし，ほんの少量でも水を添加すると石英の塑性変形は格段に起こりやすくなる．石英ほど顕著ではないが，オリビンや長石，ガーネット（garnet）などの鉱物でも水を加えると塑性変形が促進されることが見いだされた．しかし，初期の実験は精度の悪い，固体圧媒体を使ったグリッグス式の変形試験機を使って行われたものだったので，この現象を定量化することは困難であった．

水の効果の理解を定量的なものに改善していくうえで，(1) よく制御された条件下での，より精度の高い実験結果を得ること（これは普通，低圧に限られている），(2) 水の効果を定式化するための理論的（熱力学的）なモデルを展開していくことが重要である．水の効果がはじめて定量的に研究されたのは 1980 年代の半ばである（Karato *et al.*, 1986）．図 1.25, 1.26 に石英とオリビンについての代表的な実験結果を示した．いずれの場合も変形強度または歪み速度が水のフュガシティーの関数としてプロットしてある．鉱物中に溶け込む水の量は（次節で説明するように）水のフュガシティーとともに増加するので，この

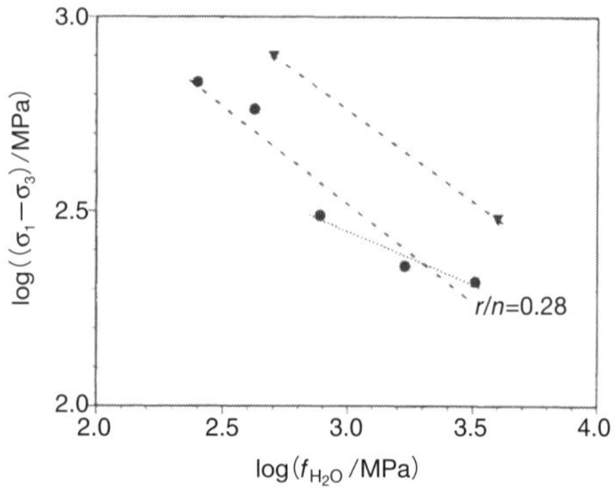

図 1.25　石英の塑性変形への水の効果

変形に必要な応力 $(\sigma_1 - \sigma_3)$ と水のフュガシティー (f_{H_2O}) との関係．（Post *et al.*（1996）による）

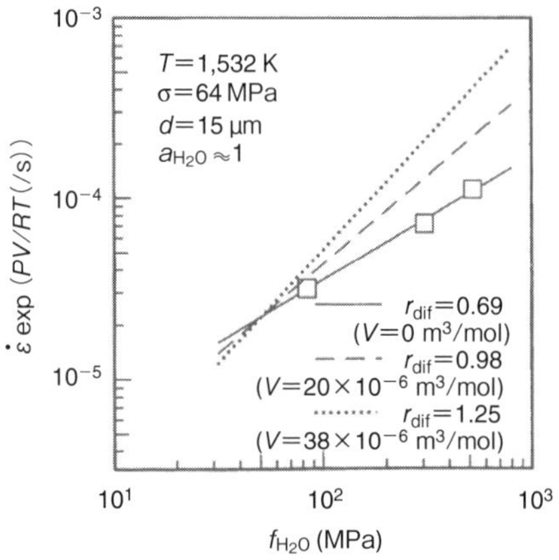

図 1.26　オリビンの塑性変形への水の効果

変形に必要な応力と水のフュガシティーとの関係．（Mei and Kohlstedt（2000b）による）

グラフの横軸は鉱物に溶けた水の量と考えてもよい．このような図から，鉱物に水が溶け込むと塑性変形がしやすくなることがわかる．

後に解説するように，これらの研究の結果，低圧（<0.5 GPa）の実験だけでは地球（下部地殻やマントル）に応用できる結果は得られないこともわかってきた．そこで水の効果を定量化し，地球に外挿できるような結果が得られるよ

うにするには，少し精度は下がっても，より高圧での，よく制御された条件下でのデータを妥当なモデルにあてはめて解析することが重要である．以下ではこれらの発展を理解するための基礎的な概念を解説しよう．

1.6.1 鉱物への水の溶解

鉱物を水が豊富な環境下で変形させると，水のない環境下と比べて変形しやすいことが多く，変形のしやすさは鉱物に溶け込んだ水の量に依存していることもわかった．そこで，水の効果は鉱物に溶け込んだ水によるものであると考えられる．水素は鉱物中の酸素などと弱い化学結合を形成するので，溶け込んだ水の水素が化学結合を弱くし，変形を促進しているのであろうと推定される．そこで，まず，鉱物へどのように水が溶解するのかを解説しよう．

鉱物と水が反応すると含水鉱物ができることがある．オリビンと水が反応してできる蛇紋石がその例である．しかし，たいていの含水鉱物は高温（高圧）で不安定になり，水と無水の鉱物に分解してしまう．マントルの大部分は高温なので，いわゆる含水鉱物は存在しない．しかし，**名目上無水の鉱物**（nominally anhydrous minerals）にもかなりの量の水が（点欠陥として）入ることがいままでの研究でわかってきた．原子の拡散など塑性変形の素過程では点欠陥などの格子欠陥が重要な役割を果たすが，このとき，無水の場合では，ppm 程度の極少量の点欠陥がこれらの物性を決めていることが多い．このような場合，数百 ppm ほどの量の水が入っただけでも，もともとあった欠陥に比べはるかに多量の点欠陥を導入することになり，点欠陥に依存する性質を促進することができるのである．

では，石英（SiO_2）やオリビン（$(Mg,Fe)_2SiO_4$）などその化学式に水素（H）の入っていない，名目上無水の鉱物にどのようにして水が入るのだろうか？

高温高圧で水の存在する（水のフュガシティーの大きい）条件下におかれた鉱物の赤外吸収スペクトルの研究から，水がどのようにして鉱物に溶解しているのかの手がかりが得られている．赤外線の光子のエネルギーは OH 双極子の結合エネルギーと同程度なので，OH を含んだ結晶は赤外線をよく吸収する．その吸収ピークの位置は OH の化学結合の様子によって違ってきて，水の分子にある OH 基と鉱物中にある OH 基では違った周波数に吸収ピークがある．そこで，これらの違った形態の水素が区別できるのである．さらに，偏光した赤外

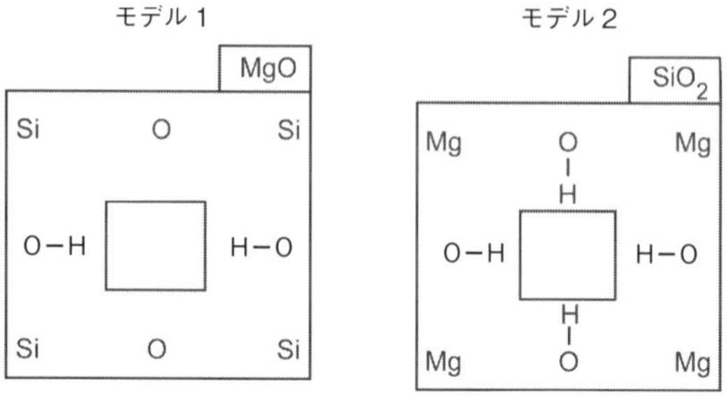

図 1.27　水の鉱物への溶解メカニズム（Mg, Si を含む鉱物の例）
中心付近の四角形は空孔を示す．

線を使った場合は結晶内での OH 双極子の向きも推定できる．これらの研究から石英やオリビンなどの鉱物には水は OH 基として溶け込むが，H_2O として存在する自由な水はほとんど存在しないことがわかった．また，溶け込む水の量が圧力，水のフュガシティー，温度，酸素分圧などでどう変わるのかも研究された（その代表的なものとして，Bolfan-Casanova（2005），Kohlstedt *et al.*（1996），Zhao *et al.*（2004）がある）．

このような研究結果から，水の溶解メカニズムは以下のようなものであると理解されている．まず，水が鉱物と反応するといっても，結局，水の中の水素と酸素がそれぞれ違ったかたちで鉱物に溶け込むのである．酸素はすでに鉱物にあるので，酸素が付け加わったとしてもすでに存在する鉱物を拡張しただけのことである．この酸素のほかに水素も鉱物に入る．水素はプロトンになると正の電荷をもつので，もともと正の電荷をもつイオンが占めている場所（サイト）に行きやすい．これはマントルの鉱物ではマグネシウム（Mg）やケイ素（Si）の占めている場所である（図 1.27）．そこで代表的な水と鉱物との化学反応は，

$$H_2O + Mg_M^{\times} \Longleftrightarrow (2\,H)_M^{\times} + MgO_{surface} \tag{1.48}$$

または

$$2\,H_2O + Si_{Si}^{\times} \Longleftrightarrow (4H)_{Si}^{\times} + SiO_{2\,surface} \tag{1.49}$$

である．ここに，$(2\,H)_M^{\times}$ は M-サイトに2つの水素（プロトン）が入った点欠陥，$(4\,H)_{Si}^{\times}$ は Si-サイトに4つの水素（プロトン）が入った点欠陥，また $MgO_{surface}$，

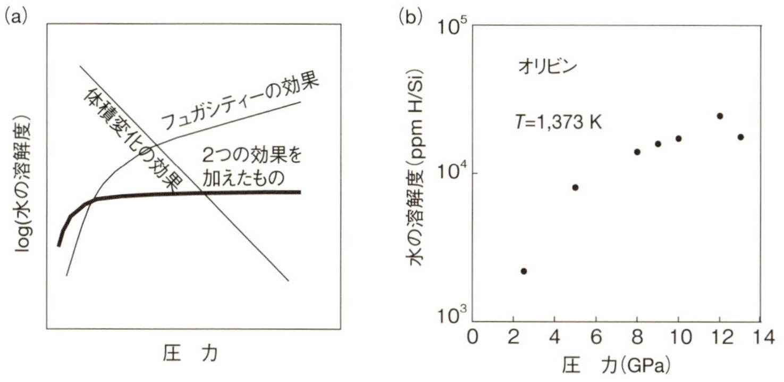

図 1.28 水の溶解度への圧力効果

(a) 水のフュガシティーの効果と体積変化の競合（模式図）

(b) オリビンへの水の溶解度.（水の濃度としては ppm H/Si を使った.）(Kohlstedt *et al.* (1996) に基づく)

$SiO_{2\,surface}$ は結晶表面にできた酸化物である（Mg または Si を水素で置き換えると，Mg や Si は表面に移動し，酸素と結合して酸化物をつくる）. 式 (1.48), (1.49) に質量作用の法則を適用すると，

$$[(2\,H)_{M}^{\times}] \propto f_{H_2O}(P, T) \cdot \exp\left(-\frac{PV_{MgO}}{RT}\right) \tag{1.50}$$

$$[(4\,H)_{Si}^{\times}] \propto f_{H_2O}^{2}(P, T) \cdot \exp\left(-\frac{PV_{SiO_2}}{RT}\right) \tag{1.51}$$

となる. ここに V_{MgO} は MgO のモル体積，V_{SiO_2} は SiO_2 のモル体積である（この反応で結晶の体積がこれらの酸化物の体積分だけ増加する）. この式で，$f_{H_2O}(P, T)$ は水のフュガシティーであるが，水のフュガシティーは圧力と温度に依存している. 圧力が増えると水のフュガシティーは増加する. 一方，指数関数項 $\left(\exp\left(-\frac{PV_{MgO}}{RT}\right), \exp\left(-\frac{PV_{SiO_2}}{RT}\right)\right)$ は圧力とともに減少するから，水の溶け込む量はこれらのバランスで決まっている（図 1.28a）. 低い圧力では指数関数項の効果は小さく，水のフュガシティーは圧力に比例して増加するので，低い圧力では常に水の溶解度は圧力とともに増加する. 高い圧力では 2 つの項が拮抗してきて，水の溶解度はほぼ圧力によらない一定値に近づくことが多い. このほかにも水素と他のイオン（たとえば Al^{3+}）とが組み合わさって Si を置換して溶け込むというメカニズムも考えられる.

どのようなメカニズムで水が溶けるのかを調べるには，いろいろな条件下で鉱物に水を溶け込ませて，溶けた水の量といろいろな変数との関係を測定し，モデルと比較するのが 1 つの方法である．たとえば水が $(2\mathrm{H})_{\mathrm{M}}^{\times}$ として溶けていると，溶けた水の量は水のフュガシティーの 1 乗に比例するが，水が $(4\mathrm{H})_{\mathrm{Si}}^{\times}$ として溶けていると，溶けた水の量は水のフュガシティーの 2 乗に比例する．また，赤外吸収の起こる周波数や吸収スペクトルの形も水の溶け込みかたを推定する助けになる．このような方法によって，オリビンでは，水はおもに $(2\mathrm{H})_{\mathrm{M}}^{\times}$ として溶けることがわかった（図 1.28b）．石英では水はおもに $(4\mathrm{H})_{\mathrm{Si}}^{\times}$ として溶けている．このように水の溶け方を推定できるのであるが，これは水のおもな部分が溶けるメカニズムを議論しているのだという点を注意しておきたい．1 つの鉱物で，一定の条件下でも，水はいろいろな形態で溶け込んでいるはずである．上記のような方法では普通，溶けた水の全量をモデルと比較するのであるが（Bolfan-Casanova, 2005; Kohlstedt *et al.*, 1996），その場合，水のおもな部分の溶解メカニズムがわかるだけであり，そのほかのかたちでも水は溶け込んでいることを忘れてはならない．この点は水がどのように鉱物の性質を変えるのかを考察するときに重要である．赤外吸収のスペクトルをよく見ると，いろいろなピークで吸収が起こっており，それぞれのピークに対応する水の量を計算すると，水の量と熱力学的条件との関係はピークごとに違っている場合も見られる（Nishihara *et al.*, 2008）．これは 1 つの鉱物にいろいろなかたちで水が溶けている証拠である．

水の溶解度は鉱物によって違う．マントルの遷移層にある鉱物（ワズリアイト（wadsleyite）など）には大量の水（2〜3wt%）が溶け込む．オリビンにはそれより少しの水しか溶けないが，それでも高圧では 0.1wt% またはそれ以上溶ける．溶けた水の量がわずかに 0.1wt% の場合でも，水素は約 1〜2% の Mg（Fe）を置き換えていることになる．通常，オリビンでは点欠陥の量は 10〜100 ppm レベルだから，この程度の水でも点欠陥濃度を大きく変えるのである．ちなみに，もし，マントル鉱物に固溶限界まで水が溶け込むとマントルには地表の海の約 10 倍くらいの水が存在しうることになる．

1.6.2　水と鉱物の塑性変形 *

水が鉱物にどのように溶け込むのかに関しては最近 10 年くらいの間に理解が

進んだ．前の節で説明したようなモデルで，水の溶け込み方はおおよそ説明できる．しかし，鉱物に溶け込んだ水がどのようにして鉱物の塑性変形に影響を与えているかはもう少し混みいった問題であり，確定的なモデルはまだできていない．ここでは基本的な点にかぎり，要点だけを解説してみよう．

拡散クリープの場合は水の役割は比較的簡単に理解できる．拡散は点欠陥濃度に比例し，水が溶けると点欠陥濃度が増えるので変形は促進されると考えられる（点欠陥の易動度にも水が影響するかもしれないが，この点はまだわかっていない）．しかし，この場合でも，鉱物のような化合物の場合，どの原子種の拡散が促進されるのかをも考えに入れなければならないので，話は少し複雑になる．オリビンの場合，たいていの条件ではほとんどの水は M–サイト（Mg または Fe が占めている結晶格子の場所）に入っていると考えられている．そこで，Mg や Fe など，M–サイトを占めるイオンの拡散が促進されるのは自明である．ところが，先に説明したように，化合物が拡散によって変形する場合は，いろいろな原子種のうち，最も拡散の遅いものの拡散が律速となっている．ケイ酸塩鉱物の場合，それはたいてい Si である．そこで，M–サイトに水（水素）が入った場合，どのようにして Si の拡散が促進されるのかを説明しなければならない．

まず，オリビンの場合，水は主として $(2\,\mathrm{H})_\mathrm{M}^\times$ という中性の点欠陥として入ることがわかっている．しかし，このほかにもいろいろなタイプの水素（水）に関連した欠陥が存在しうる．たとえば $(2\,\mathrm{H})_\mathrm{M}^\times$ という欠陥が量的に最も多い場合もこれと同時に，他の $(4\,\mathrm{H})_\mathrm{Si}^\times$ のような欠陥も存在している．それだけではなく，$(2\,\mathrm{H})_\mathrm{M}^\times$ のような欠陥が鉱物に存在する場合，水素がこのような欠陥から抜け出て，電荷をもった欠陥になるということがある．たとえば，

$$(2\,\mathrm{H})_\mathrm{M}^\times = \mathrm{H}_\mathrm{M}' + \mathrm{H}^{\cdot} \tag{1.52}$$

のような反応をして，中性である $(2\,\mathrm{H})_\mathrm{M}^\times$ の一部は電荷をもった欠陥に変化する．ここに H_M' は水素が 1 つだけある M–サイトの空孔，$\mathrm{H}^{\cdot}$ はどこにも捕まっていない自由な水素イオン（プロトン）である．この 2 つの欠陥は有効電荷をもっているので，他の電荷をもった欠陥の濃度に影響する．そこで，このような点欠陥のイオン化反応が起こると他のサイトにも電荷をもった格子欠陥が余分に生成されたり，消滅したりして，電荷の中性の条件を満たす．このように

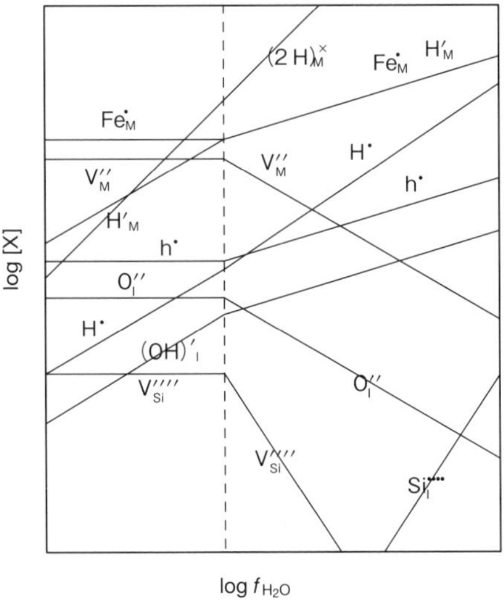

図 1.29　点欠陥濃度の水のフュガシティー依存性（オリビン）

y 軸は点欠陥濃度の対数である．それぞれの記号は点欠陥を示す．$h^\bullet$ は電子正孔である．（Karato（2008a）による）

して，連鎖反応的に，M–サイトにできた欠陥が他の欠陥の量を変えることも考えられる．このようなモデルの 1 つを図 1.29 に示してある（図 1.27 のモデル 1 に対応する）．このモデルでは，水が入ると電荷の中性の条件は $[H'_M] = [Fe^\bullet_M]$ で決められると仮定してある（詳しくは Karato（2008a）の第 10 章を参考にしてほしい）．

このようなモデルで，点欠陥に直接関連した拡散クリープがなぜ水の溶解によって促進されるのかが説明される．では，転位の運動によるクリープは水の溶解によってどのようにして促進されるのだろうか？　この問題には明確な答えはない．転位クリープのモデル自身が確立されていないからである．ここでは 2 つのモデルを解説しておこう．1.3.4 項で，転位の運動がすべり面内でのすべり運動とすべり面に垂直な運動に分類できることを解説した．水の効果もこの 2 つの転位の運動様式で違っている可能性が高い．

転位クリープがすべりによって律速されている場合は，次のようなモデルで水が変形を促進することが説明できる．先に，転位すべりは転位線上のキンクが移動していくことによって起こると解説した．そこで，キンクの濃度またはキンクの易動度が水の添加で増加することが説明できればよい．このメカニズムについての水の効果は以下のようなモデルで理解できる．転位線上にキンクをつくるには余分のエネルギーが必要である．このエネルギーは共有結合のような強い化学結合をした物質で大きい．そこでこのような物質では転位は動きにくく塑性変形は困難なのである．このような物質に水（水素）が添加されると，水素は転位と相互作用し，キンクのエネルギーを下げる．実際，Heggie and Jones（1986）は石英についての計算を行い，水が溶解すると転位線付近にきた水素のために転位のエネルギーが下がることを示した．このような水と転位との反応は

$$\frac{n_\mathrm{k}}{2}\mathrm{H_2O} + (\text{キンク}) \Longleftrightarrow (\text{水和したキンク}) \tag{1.53}$$

と書くことができる．ここに水和したキンクと書いたのは水素と結合して弱くなったキンクのことである．また，n_k はそのようなキンクにある水素イオンの数である．この式に質量作用の法則を適用すると，

$$c_\mathrm{hk} \propto f_{\mathrm{H_2O}}^{n_\mathrm{k}/2} \cdot c_\mathrm{k} \tag{1.54}$$

ここに c_hk は水和したキンクの濃度，c_k は水素のないキンクの濃度である．水和したキンクの濃度が高く動きやすいと考えると，歪み速度は

$$\dot{\varepsilon} \propto f_{\mathrm{H_2O}}^{n_\mathrm{k}/2} \tag{1.55}$$

という関係を満たして水のフュガシティーとともに増加するであろう．

転位の上昇運動でクリープが律速されている場合も同様な議論ができる．この場合，ジョグについては上のキンクと同様の議論から，水和したジョグの濃度が水のフュガシティーのべき乗に比例することが示される．さらに，上昇運動の場合はジョグの移動速度は拡散係数に比例しているので，拡散係数（D）が水によって変化することも考慮しなければならない．そこで，この場合は，

$$\dot{\varepsilon} \propto f_{\mathrm{H_2O}}^{n_\mathrm{j}/2} \cdot D \propto f_{\mathrm{H_2O}}^{n_\mathrm{j}/2+r_\mathrm{d}} \tag{1.56}$$

となる．ここに n_j は水和したジョグのもつ水素イオンの数であり，$D \propto f_{\mathrm{H_2O}}^{r_\mathrm{d}}$ とした．（これが r_d の定義である．）

そこで，これらの場合をまとめると，一般的に，水によって変形が促進される場合の歪み速度は

$$\dot{\varepsilon}_{\mathrm{wet}} \propto f^{r}_{\mathrm{H_2O}}(P, T) \cdot \exp\left(-\frac{H^*_{\mathrm{wet}}}{RT}\right) = f^{r}_{\mathrm{H_2O}}(P, T) \cdot \exp\left(-\frac{E^*_{\mathrm{wet}} + PV^*_{\mathrm{wet}}}{RT}\right) \tag{1.57}$$

と書くことができる．ここに r はすべり律速モデルでは $r = \frac{n_{\mathrm{k}}}{2}$，上昇運動律速の場合，$r = \frac{n_{\mathrm{j}}}{2} + r_{\mathrm{d}}$ で与えられる．また H^*_{wet} は水のある場合の活性化エンタルピーである（E^*_{wet}：活性化エネルギー，V^*_{wet}：活性化体積）．その値は水のない場合の活性化エンタルピーより低いが，普通は，この値は水の量にほとんど依存しない．そこで，水の効果をも含めた一般的な流動則は

$$\begin{aligned}\dot{\varepsilon} &= \dot{\varepsilon}_{\mathrm{wet}} + \dot{\varepsilon}_{\mathrm{dry}} \\ &= A_{\mathrm{wet}} \cdot f^{r}_{\mathrm{H_2O}}(P, T) \cdot \exp\left(-\frac{H^*_{\mathrm{wet}}}{RT}\right) \cdot \sigma^{n_{\mathrm{wet}}} \\ &\quad + A_{\mathrm{dry}} \cdot \exp\left(-\frac{H^*_{\mathrm{dry}}}{RT}\right) \cdot \sigma^{n_{\mathrm{dry}}}\end{aligned} \tag{1.58}$$

で与えられる．この式からわかるように，完全に水のない物質でも変形する．もし，第 2 項を加えなければ完全に水のない物質では変形しないことになる．この第 2 項を忘れた議論がときどきなされているので注意しておく（たとえば，Hirth and Kohlstedt, 1996）．

1.6.3　水の効果と圧力効果の競合 *

式 (1.57)，(1.58) は水の効果を定式化するときに使う基本的な式である．式 (1.57) を見てわかるように，水が存在するときには歪み速度は水のフュガシティー ($f_{\mathrm{H_2O}}(P, T)$) と指数関数項 $\left(\exp\left(-\frac{E^*_{\mathrm{wet}} + PV^*_{\mathrm{wet}}}{RT}\right)\right)$ を通して温度と圧力に依存する．このうち，水のフュガシティーは圧力とともに増加し，指数関数項のほうは普通，圧力とともに減少する．そこで実際の歪み速度はこれらの項の競合で決められている．この式に出てくるパラメータを実験で決定すれば，地球内部の水の量（フュガシティー）の大きな場所にも適用できる流動則が求められる．

これらの式から明らかなように，水が存在する場合の歪み速度は，応力，温度，圧力と水のフュガシティーに依存する．したがって歪み速度がこれらの変

数へどう依存するかを決めるパラメータを，すべて実験的に決めねばならない．そのうち，応力，温度依存性の測定は比較的簡単であるが，圧力依存性と水のフュガシティーへの依存性の測定は注意して行わねばならない．というのは，普通，水のフュガシティーを変化させるのに圧力を変化させるので，圧力の効果と水の効果が同時に効いてくる．そこで，実験条件をうまく選定し，注意深く実験結果を解釈しないと，意味のある結果が得られない．水の効果と圧力の効果をはっきりと分離して決定しなければならないからである．このことを理解するには，水のフュガシティーが圧力とともにどう変化するのかを理解しておく必要がある．

コラム 9 で説明するように，高温での水は低圧では理想気体に近く，$f_{\mathrm{H_2O}} \approx P$ という関係を満たすが，高圧では水分子の相互作用が重要になり，非理想気体的な振舞いになる．この状態では水は圧縮しにくくなり，フュガシティーは $f_{\mathrm{H_2O}} \propto \exp\left(\dfrac{PV_{\mathrm{H_2O}}}{RT}\right)$ というかたちで圧力に依存する．このことからわかるように，高圧では水のフュガシティーの項は $f^r_{\mathrm{H_2O}}(P,T) \propto \exp\left(\dfrac{rPV^*_{\mathrm{H_2O}}}{RT}\right)$ というかたちで圧力に依存するので， 指数関数項 $\left(\exp\left(-\dfrac{PV^*_{\mathrm{wet}}}{RT}\right)\right)$ と同じかたちの式に従う（式 (1.57)）．そこで，高圧の実験だけでは鍵になるパラメータ，V^*_{wet}，r など，を一意的には決定できない．一方，低い圧力の領域では，歪み速度は $\dot{\varepsilon}_{\mathrm{wet}} \propto P^r \cdot \exp\left(-\dfrac{PV^*_{\mathrm{wet}}}{RT}\right)$ というかたちで圧力に依存する．この式では圧力依存性が 2 つのパラメータで表されているが，このうち，V^*_{wet} のほうは低圧の実験では精度よく求まらない．しかし，V^*_{wet} の値によって実験から決まる r の値も影響されるので，結局 V^*_{wet} も r もどちらも確定できない．2 つのパラメータ，r，V^*_{wet}，を十分な精度で測定するには，低圧と高圧のどちらの領域にもまたがる圧力範囲で精度の良い測定を行わねばならない．水の場合，この低圧領域と高圧領域の境目（水の振舞いが非理想気体になる圧力）は約 0.5 GPa である．そこで，水の効果を定量的に決定するには，0.5 GPa 以下から 1～2 GPa 以上の圧力範囲にわたった実験が必要である．図 1.30 には，このような圧力での実験によって 2 つのパラメータ，r，V^*_{wet}，を決めた結果を示した．ガス圧試験機を使った低圧の実験だけでは，水の効果を地球内部（20～30 km 以深）に応用するに足る精度で定量的に決定することはできない．このような低

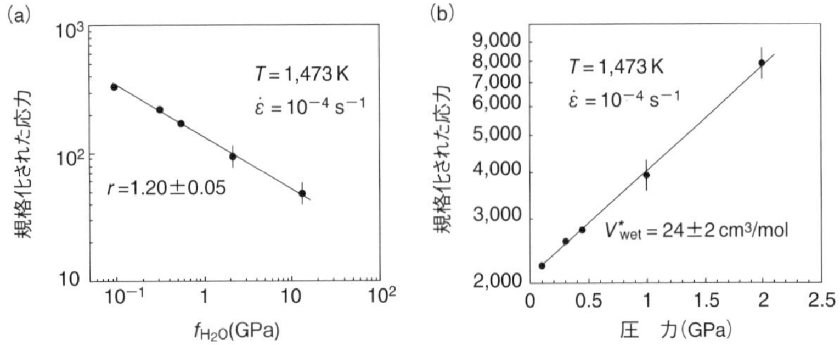

図 1.30　変形への水のフュガシティー (f_{H_2O}) の効果と圧力の効果（オリビンの例）
$\dot{\varepsilon} = A\sigma^n f^r_{H_2O}(P, T) \cdot \exp\left(-\frac{E^*_{wet}+PV^*_{wet}}{RT}\right)$ という流動則を使い，圧力の効果を r（a）と V^*_{wet}（b）という 2 つのパラメータで表して，実験からこれらの値を決めた．（Karato and Jung（2003）による）

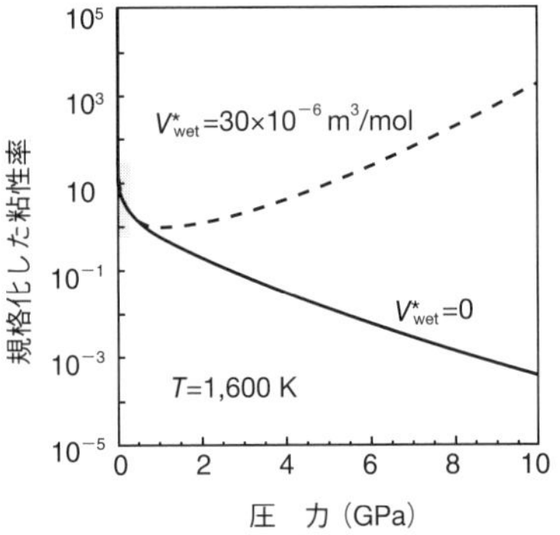

図 1.31　水に飽和している場合の粘性率の圧力変化（オリビンの例）
この場合の圧力効果にはフュガシティーの効果と活性化体積の効果の 2 つがあり，低圧では前者が卓越するが後者の効果もある．低圧だけの実験結果ではこの 2 つの効果を分離できない．

圧でのデータをマントルに適用したときにどのようにして大きな誤差が生じるかを図 1.31 に示した．

この方法は高圧（$P > 1$ GPa）でだけ安定な物質には適用できない．低圧でのデータが取れないからである．このような場合は，水のフュガシティーを圧力を一定にして変化させ，その影響を測定する必要がある．最近，いろいろな含水鉱物と無水鉱物の組合せを使って，水のフュガシティーを制御する方法が開発

流動則：$\dot{\varepsilon} = A \cdot f_{H_2O}^{r} \cdot \sigma^{n} \cdot L^{-m} \cdot \exp\left(-\frac{E^{*}+PV^{*}}{RT}\right)$

単位：$A(\mathrm{s}^{-1}(\mathrm{MPa})^{-r-n}(\mu\mathrm{m})^{m})$，$E^{*}$(kJ/mol)，$V^{*}(10^{-6}\ \mathrm{m}^{3}/\mathrm{mol})$

鉱物（岩石）	$\log_{10} A$	r	n	m	E^*	V^*	P	T	L	変形試験機	水，メルトなど	文献
石英 *1	−4.0	1	4	-	223	-	1.5	1173～1373	100	liquid-Griggs*19	メルトなし	(1)
石英 *1	-	2*18	-	-	-	-	0.71～1.72	1173	100	liquid-Griggs	f_{O_2} の効果なし	(2)
長石 *2	2.6	-	3	-	356	-	0.3	1270～1480	2.7～3.4	Paterson	“wet”（～11,500 ppm H/Si）	(3)
長石 *2	13	-	3	-	648	-	0.3	1370～1480	2.7～3.4	Paterson	“dry”（～640 ppm H/Si）	(3)
長石 *2	1.7	-	1	3	170	-	0.3	1180～1480	2.7～3.4	Paterson	“wet”（～11,500 ppm H/Si）	(3)
長石 *2	2.6	-	1	3	467	-	0.3	1370～1480	2.7～3.4	Paterson	“dry”（～640 ppm H/Si）	(3)
単斜輝石 *3	9.8	-	4.7	-	760	-	0.3～0.43	1373～1523	5.2～330	Paterson	“dry”（<10 ppm H/Si）	(4)
単斜輝石 *3	15	-	1	3	560	-	0.3～0.43	1373～1523	5.2～330	Paterson	“dry”（<10 ppm H/Si）	(4)
単斜輝石 *4	0.09	1.4	1	3	340	14	0.1～0.3	1321～1421	6.6～10.5	Paterson	“wet”（98～216 ppm H/Si）	(5)
斜方輝石 *5	−2.2	-	2.8	-	270	-	1	1273～1673	～1,000	solid-Griggs	“wet”（滑石からの水）	(6)
斜方輝石 *6	8.8	-	2.9	-	600	-	0.45	1473～1523	～10	Paterson	“dry”（see note 10）	(7)
ガーネット *7	13	-	3.2	-	270	-	4.3～6.8	1113～1573	2～10	D-DIA*20	“dry”（<5 ppm H/Si）	(8)
ガーネット *8	7.1	-	2.7	-	530	-	0.0001	1370～1430	-	MTS*21	dry	(9)
ガーネット *9	5.1	-	1.1	2.5	347	-	0.0001	1373～1543	2～6	dead weight	“dry”（～100 ppm H/Si）	(10)
オリビン *10	3.2*17	1*17	3	-	470	20*17	0.1～0.45	1393～1573	12～17	Paterson	“wet”（水飽和）	(17)
オリビン *10	4.7*17	1*17	1.1	3	295	20*17	0.1～0.45	1473～1573	12～17	Paterson	“wet”（水飽和）	(11)
オリビン *10	6.8	-	1	3	315	-	0.3	1473～1523	10～14	Paterson	“dry”（<50 ppm H/Si）	(12)
オリビン *10	5.8	-	3	-	510	-	0.3	1473～1573	14～18	Paterson	“dry”（<50 ppm H/Si）	(13)
オリビン *10	5.0	-	3.5	-	530	15～20	4.9～9.6	1300～1870	～10	RDA*22	“dry”（<100 ppm H/Si）	(14)
オリビン *10	2.9	1.2	3	-	470	24	0.1～2.0	1473	12～40	solid-Griggs	“wet”（水飽和）	(15)
ダイアベース *11	−1.2	-	3.1		276	-	0.35～0.45	1073～1273	～50	gas apparatus	“wet”（飽和）	(16)
ダイアベース *11	0.92	-	4.7	-	485	-	0.4～0.5	1213～1345	～50	Paterson	“dry”（<10 ppm H/Si）	(17)
エクロジャイト *12	3.3	-	3.4	-	480	-	3	1450～1600	30～100	liquid-Griggs	～1,000 ppm H/Si	(18)
かんらん岩 *13	7.6	-	3.5	-	600	-	0.45	1473～1523	～10	Paterson	“dry”	(7)
かんらん岩 *14	6.1	-	2.2	-	338	-	0.6	1173～1275	1～2	gas-apparatus	“wet”（～0.5 wt%）	(19)
かんらん岩 *15	8.8	-	1.7	3	538	-	0.0001	1473～1558	8～25	dead weight	dry	(20)
かんらん岩 *16	9.1	-	1	3	370	-	0.3	1373～1573	8～34	Paterson	“dry”（<30 ppm H/Si）	(21)
かんらん岩 *16	4.8	-	4.3	-	550	-	0.3	1373～1573	8～34	Paterson	“dry”（<30 ppm H/Si）	(21)

(1)：Gleason and Tullis (1995), (2)：Post *et al.* (1996), (3)：Rybacki and Dresen (2000), (4)：Bystricky and Mackwell (2001), (5)：Hier-Majumder *et al.* (2005), (6)：Ross and Nielsen (1978), (7)：Lawlis (1998), (8)：Li *et al.* (2006), (9) Karato *et al.* (1995a), (10)：Wang and Ji (2000), (11)：Mei and Kohlstedt (2000b), (12)：Mei and Kohlstedt (2000a), (13)：Hirth and Kohlstedt (1995), (14)：Kawazoe *et al.* (2009), (15)：Karato and Jung (2003), (16)：Caristan (1982), (17)：Mackwell *et al.* (1998), (18)：Jin *et al.* (2001), (19)：McDonnell *et al.* (2000), (20)：Ji and Wilth. (2001), (21)：Zimmerman and Kohlstedt (2004).

*1 Balck Hills quartzite, β-石英，*2 合成試料（$CaAl_2Si_2O_8$），*3 合成試料（$Ca(Mg_{0.8}Fe_{0.2})Si_2O_6$），*4 合成試料（$Ca_{0.97}(Mg_{0.8}Fe_{0.2})Si_{1.99}O_6$），*5 $(Mg_{0.89}Fe_{0.8}Ca_{0.3})SiO_3$，*6 合成試料($(Mg_{0.94}Fe_{0.04}Ca_{0.02})_2Si_2O_6$, $(Mg_{0.906}Fe_{0.091}Ni_{0.003})_2Si_2O_6$). 水の量は不明，*7 合成試料(Py, $Py_{70}Alm_{16}Gr_{14}$)，*8 8 個の違ったガーネットについての変形試験結果から共通する流動則を導いた，*9 合成試料（$Py_{88}Alm_{10}Gr_2$），*10 合成試料，*11 Maryland ダイアベース，*12 合成試料（～50% ガーネット，～40% オンファス輝石，～10% 石英），*13 合成試料 San Carlos オリビン ＋ 斜方輝石の混合物（60：40），水の量は不明，*14 合成試料 フォレストライトと Mg-斜方輝石（97：03～80：20），*15 合成試料 フォレストライト ＋ Mg-斜方輝石（60：40），*16 レーゾライト（62% オリビン，26% 斜方輝石，10% 単斜輝石，2% スピネル），*17 A, r, V^* は独立には決められていない．$V^* = 20\ \mathrm{cm}^3/\mathrm{mol}$ を仮定して A と r の値が計算された，*18 $r/n = 0.5$ で測定．$n = 4$ であれば $r = 2$，*19 Griggs の設計した固体圧での機械を使った実験であるが，試料は液体で囲まれており，応力の測定精度は固体圧媒体の場合より高い，*20 高圧での変形実験の可能な機械の 1 つ（～10 GPa），*21 室圧でのサーボ機構で動く変形試験機，*22 高圧での変形実験の可能な機械の 1 つ（～23 GPa）．

されている（たとえば，$Mg(OH)_2 \Leftrightarrow MgO+H_2O$ という反応を使う）．

いろいろな鉱物（および岩石）について，実験的に決められた流動則を表 1.2 にまとめておいた．とくに，水と圧力の効果については信頼のできる実験結果が少ないので，これらの結果を使うときは注意してほしい．

コラム 9　高温，高圧下での水の挙動とフュガシティー

高温，低圧での水（蒸気）の振舞いは理想気体のそれに近い．水分子間の距離が大きく，相互作用は重要ではないからである．ところが，圧力が高くなり，分子間距離が近くなると分子間相互作用が強くなり，非理想気体となる．理想気体から非理想気体まで含めた気体の熱力学的性質を表すのにフュガシティーを使うことが多い．フュガシティーは気体の（モルあたりの）自由エネルギーと関連した量である．まず，$d\mu = v\,dP - s\,dT$（μ：化学ポテンシャル，s：（モル）エントロピー，v：モル体積）という熱力学の式から，$v = \dfrac{\partial\mu}{\partial P}$ であるから，$\mu = \mu_0 + \int_{P_0}^{P} v\,dP$ を得る．ここで理想気体を考えると，その状態方程式は $Pv = RT$ であるから，これを上の式に代入して積分し，

$$\mu = \mu_0 + RT\int_{P_0}^{P}\frac{1}{P}\,dP = \mu_0 + RT\log\frac{P}{P_0} \tag{C9.1}$$

となる．非理想気体では状態方程式が違うので違う結果が得られる．たとえば，高圧下で密度の大きくなった気体の場合，分子が密接しているから圧縮は困難である．極端な例として，体積が一定になったまったく圧縮しない気体を考えると，

$$\mu = \mu_0 + \int_{P_0}^{P} v\,dP = \mu_0 + v(P - P_0) \tag{C9.2}$$

となる．理想気体にならって，$\mu = \mu_0 + RT\log\dfrac{f}{P_0}$ によってフュガシティー f を定義すると，

$$\frac{f}{P_0} = \exp\left(\frac{v(P - P_0)}{RT}\right) \tag{C9.3}$$

を得る（定義からわかるように理想気体では $f = P$ である）．理想気体から非理想気体への変化は，分子間距離が分子の大きさと同じくらいになったところで起こる．水の場合，それは（高温，1,500 K）では約 0.5 GPa である．高温での水の平均分子間距離の圧力変化とフュガシティーの圧力変化を図1.32に示す．

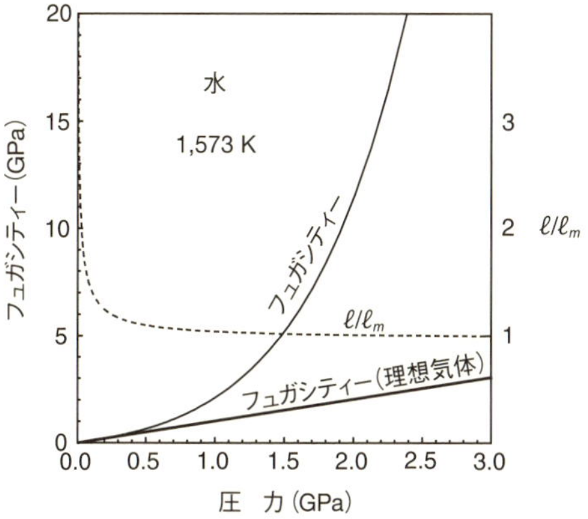

図 1.32　水のフュガシティーと平均分子間距離の圧力変化

分子間距離が分子の大きさに比べて十分大きいとき，水は理想気体として振る舞い，フュガシティーは圧力に等しい．分子間距離がそれより小さくなると，非理想気体となり，フュガシティーは圧力とともに急激に増加する．l は平均分子間距離，l_m は分子の大きさ．

1.7　部分溶融の影響

地球に火山が存在するのは地球物質が部分溶融し，できたメルトが地表に運ばれるからである．そこで，地球内部には部分溶融をしている場所があるはずである．硬いリソスフェアの下には柔らかいアセノスフェアがある．アセノスフェアの存在はアイソスタシーの原理（つまり，ある程度深い場所では差応力が小さくなるという原理）や，地震波の低速度層の発見などから推定されている．アセノスフェアが柔らかいのは，そこで物質が部分溶融をしているからだと考えられることが多かった（ただし，この考えが正しいか否かは疑問である．それについては 9.2 節で解説する）．このような考えを理解するために，この節では部分溶融が塑性変形にどのように影響するのかを解説しよう．

ほんの少量でも液体が存在すると，物質の変形が容易になることがある．液体があると，液体は剛性率がゼロであること，液体中での原子の拡散が速いことなどから，物質は変形しやすくなる．また，液体が固体を溶かしうる場合，融解-析出過程を通して物質が変形しうる．しかし，実際に部分溶融した物体中の

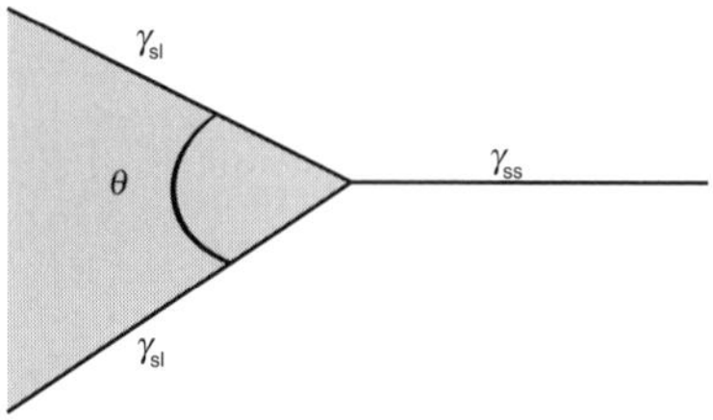

図 1.33　メルトと結晶が共存するときの二面角（θ）
γ_{sl}：固体とメルト（液体）の界面エネルギー，γ_{ss}：固体と固体の界面エネルギー．

液体がどう力学的性質に影響するかには，いろいろな場合がある．部分溶融が力学的性質をどう変えるかについては，部分溶融の影響は液（メルト）の幾何学によって大きく変わること，また部分溶融の影響は考えている性質によること，とくに弾性的性質と塑性流動では違いが大きいことに注意しておこう．

1.7.1　部分溶融した物質でのメルトの形状

まず，部分溶融した物質での液（メルト）の幾何学について解説しよう．先に 1.3.2 項の Ⓒ で，結晶粒界では力学的平衡が成り立っている状態では，交わっている界面の間で界面張力が釣り合っていなければならないことを述べた．これを粒界に液体がある場合に拡張すると，図 1.33 に示したように，

$$\cos\frac{\theta}{2} = \frac{\gamma_{ss}}{2\gamma_{sl}} \tag{1.59}$$

という関係が成り立つことがわかる．ここに，θ は図 1.33 で定義された角度で**二面角**（dihedral angle）とよばれる．また γ_{ss} と γ_{sl} は固体–固体，固体–液体の界面エネルギーである（一般にこのエネルギーは界面の結晶学的方位によっている）．液の量が小さい場合を考えると，この角度の値によって，多結晶体での液体の形状は 3 つに分類できることがわかる（図 1.34）．θ の値はメルト（液）や結晶によって違ってくる．簡単のため，メルトが少量の場合を考える．$\theta = 0°$ の場合，メルトは界面を完全に濡らす．$0° < \theta < 60°$ の場合は，メルトは連続した管状の形態をもつ．$60° < \theta$ になるとメルトは閉じたかたちになり，それぞれのメルトポケットに孤立して存在するようになる．メルト（液）が完全に界面を濡らす場合（$\theta = 0°$）というのは特殊な場合のようにも思えるが，そう

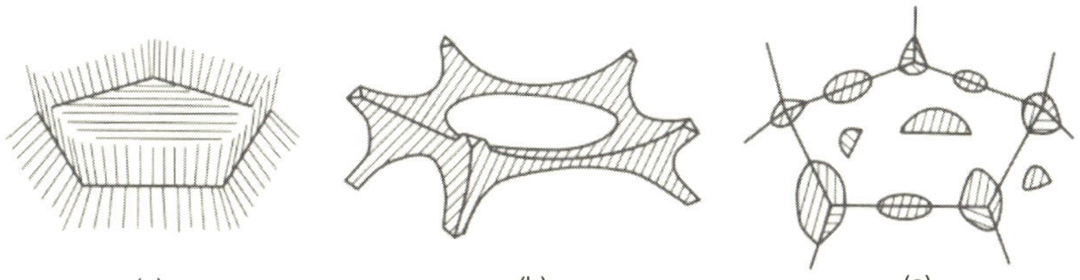

図 1.34　多結晶体でのメルトの形状

メルトの形状は二面角（θ）によって異なる．メルトの存在する部分を斜線で示す．
（a）$\theta = 0°$ の場合，メルトは粒界を濡らす．
（b）$60° > \theta > 0°$ の場合，メルトは 3 つの結晶の交わる交線に管線状になって存在する．
（c）$\theta > 60°$ の場合，メルトは孤立したポケットに存在する．

ではない．これは $\dfrac{\gamma_{ss}}{2\gamma_{sl}} > 1$ という条件さえ満たされていれば起こることで，実際，多くの金属–メルト系でメルトは界面を全面的に濡らす．

また，同じメルトや結晶でも温度や圧力によって θ の値は変化する．たとえば，Yoshino *et al.*（2007）はオリビン–（含水）メルトの場合の二面角を圧力を変化させて測定した．この角度は低圧では 60° より大きく，（含水）メルトは孤立したレンズ状の形で存在している（この場合，水の長距離の移動は困難である）．しかし，この角度は圧力とともに減少し，約 3 GPa で 60° 以下になる（温度が増加した場合にも二面角は減少する）．そこでこの圧力以上であれば，水は連続した管状の形で存在するので，大きな距離を動きうる（Mibe *et al.*, 1999）．約 8 GPa になるとこの角度はゼロになる（つまり，この圧力では液は完全に結晶の界面を濡らす）（図 1.35）．この系で二面角の圧力変化が起こるのはおもに，鉱物と共存するメルトの組成が圧力や温度で変化するためだと解釈されている．高い圧力（+ 温度）ではメルト中に多量のケイ酸塩が溶け込み，その結果としてメルトと鉱物の組成が近くなり，γ_{sl} が減少し，二面角が減少する．ただし，全面的に界面が濡れるのは例外的な場合で，玄武岩（basalt）メルトとオリビンなどの鉱物では低圧では二面角は 20～50° 程度になっている（この場合，メルトは連続した管状になっている）．

以上では力学的平衡状態（差応力の加わっていない場合）の液体の形状を議論した．差応力が加わると液体の形状は静水圧平衡の場合と違ってくるだろうが，その詳細はわかっていない．静水圧下ではメルトが界面を濡らさない場合

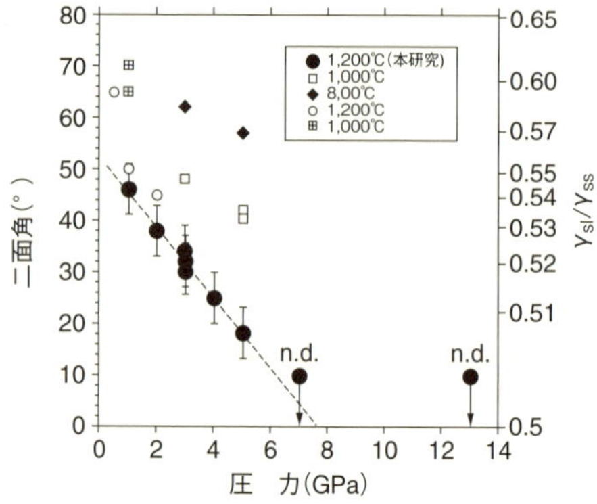

図 1.35　二面角の圧力・温度変化（オリビンの例）

圧力と温度が増加すると二面角は減少する.（Yoshino *et al.*（2007）による）

でも，差応力が加わるとメルトが粒界を濡らすようになるという現象も報告されている（Jin *et al.*, 1994; Urai, 1987）（1.7.2 項の**B**を参照）. このような現象を説明する理論を提案した論文として Hier-Majumder *et al.*（2004）や Takei（2001），Takei（2005）などがある. しかし，Kohlstedt らは，変形実験の結果を力学的平衡状態のメルトの形状を基にして解釈している（Kohlstedt, 2002）.

1.7.2　部分溶融した物質の力学的性質

A 弾性的性質

部分溶融した物質の弾性的性質は理論的，実験的に詳しく研究されている. メルト（液）は剛性率がゼロなので，部分溶融によって物質の剛性率は大きく減少する. また，一般にメルトは固体に比べて，**体積弾性率**（bulk modulus）も小さい. そこで，部分溶融は体積弾性率にも影響を与える.

部分溶融物体の弾性的性質については Biot（1956），O'Connell and Budianski（1977）らが理論的な解析を行った. その結果によると部分溶融の効果はメルトの体積分率（ϕ）だけでなく，メルトの形とメルトの体積弾性率にもよっている. 同じメルトの体積分率であってもメルトが平たく，界面をよく濡らしている場合に効果は大きい. 地震波速度についての式，$v_{\mathrm{P}} = \sqrt{\dfrac{K + \frac{4}{3}\mu}{\rho}}$，$v_S = \sqrt{\dfrac{\mu}{\rho}}$ を使えば，その結果は，低周波の極限で以下の式でまとめられる.

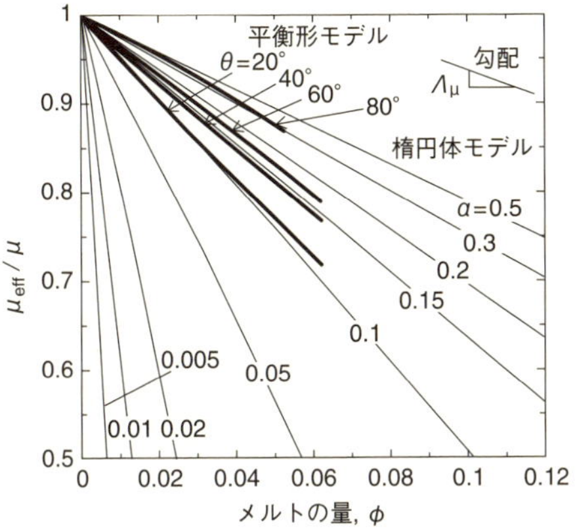

図 1.36 部分溶融をした物質の弾性定数（剛性率，$\mu_{\rm eff}$）へのメルト量とメルトの幾何学の影響

メルトの幾何学は二面角（θ）と楕円体モデルでのアスペクト比（α）で表されている．アスペクト比は楕円体の短軸と長軸の長さの比．（Takei（2002）による）

$$\frac{v_{\rm S}}{v_{\rm S}^0} = \frac{\sqrt{\mu_{\rm eff}/\mu}}{\sqrt{\bar{\rho}/\rho}} \tag{1.60}$$

$$\frac{v_{\rm P}}{v_{\rm P}^0} = \frac{\sqrt{(K_{\rm eff}/k) + (4\xi/3)(\mu_{\rm eff}/\mu)}}{\sqrt{1 + (4\xi/3)}\sqrt{\bar{\rho}/\rho}}. \tag{1.61}$$

ここに，$V_{\rm S,P}$ は部分溶融物体の横（S）波，縦（P）波速度，$v_{\rm S,P}^0$ はメルトのない物質の横波，縦波速度，k, μ, ρ は固体の体積弾性率，剛性率，密度，$K_{\rm eff}, \mu_{\rm eff}, \bar{\rho}$ は部分溶融物体の体積弾性率，剛性率，密度，そして $\xi = \dfrac{\mu}{k}$ である．部分溶融物体の密度は簡単に $\bar{\rho} = (1-\phi)\rho + \phi\rho_{\rm m}$（$\rho_{\rm m}$ はメルトの密度）であるが，$K_{\rm eff}, \mu_{\rm eff}$ はメルトの量と幾何学，メルトの体積弾性率と固体部分の体積弾性率に依存する．Takei（2002）はメルトの形の効果を二面角を使って取り入れ，これらの量を計算した．その結果によると，近似的にこれらの量は

$$\frac{\mu_{\rm eff}}{\mu} \approx 1 - \phi\Lambda_{\rm \mu} \tag{1.62}$$

$$\frac{K_{\rm eff}}{k} \approx 1 - \phi\Lambda_{\rm k} \tag{1.63}$$

という関係式で表せる．ここに $\Lambda_{\rm \mu,k}$ はメルトの幾何学と体積弾性率による量である．図 1.36 には剛性率についての結果を示してある．体積弾性率についても同様の結果が得られる．二面角の小さい場合，つまりメルトが界面をよく濡ら

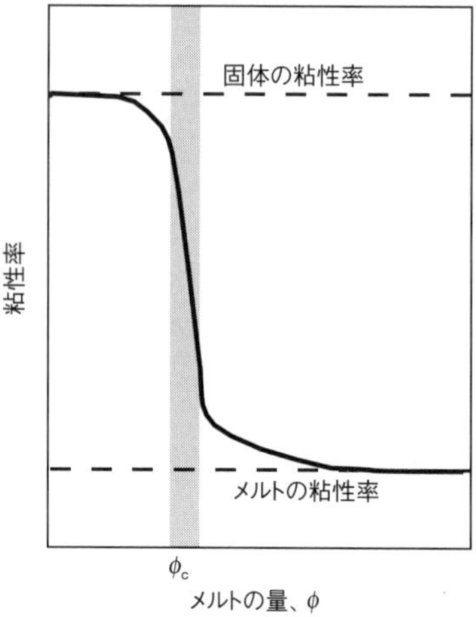

図 1.37　レオロジー的臨界メルト量

メルト（液）の量がある値を超えるとメルトと結晶の集まりは液のように振る舞う．この値以下では集合体は固体のように振る舞う．この臨界値をレオロジー的臨界メルト量（ϕ_c）とよぶ．

す場合は弾性定数が効果的に減少するのでメルトの存在で地震波速度は大きく低下する．このような理論的関係式は部分溶融による地震波速度の低下を計算するときに利用されている．

Ⓑ 塑性変形

塑性変形についての部分溶融の影響も実験的，理論的に調べられている．まず，メルトの量によって，部分溶融物質が固体的に振る舞う場合と液体的に振る舞う場合に分かれる．この臨界メルト量を，**レオロジー的臨界メルト量**（rheologically critical melt fraction）とよんでおり，その値はおよそ 20% 程度である（Arzi, 1978; Renner *et al.*, 2000）．固体と液体とでは粘性率が大きく違うので，このあたりのメルト量で，メルト＋固体の集合体の粘性率は大きく（10 桁以上）変化する（図 1.37）．それ以上のメルト量の場合，その物質は基本的に粘性流体であり，固体の存在のために粘性率がやや大きくなっている．しかし，メルトの量がそれ以下の場合，物質は基本的に固体として振る舞う．この領域では固体の粘性率がメルトの存在でいくらか減少しているのである．ここでは後者の場合を考えよう．

少量のメルトが多結晶体に存在しているとき，どのようにして変形は促進さ

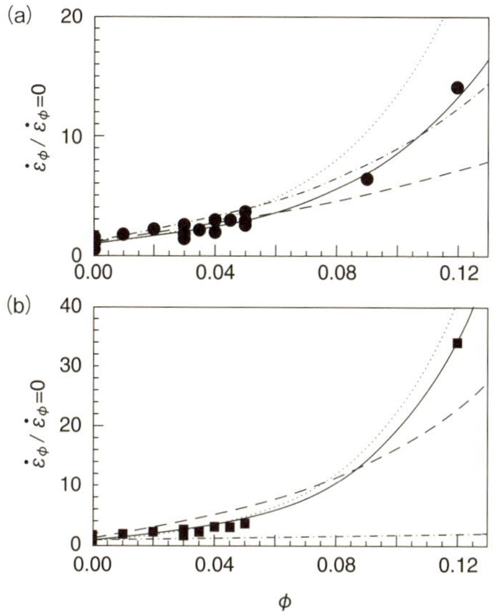

図 1.38 オリビン多結晶体の変形へのメルトの量（ϕ）の効果
（a）拡散クリープ，（b）転位クリープ．（Kohlstedt（2002）による）．
$\dot{\varepsilon}_\phi$ はメルトのある試料の歪み速度

れるだろうか？　まず，メルトは差応力を伝えないから，メルトが存在するとその近傍で応力集中が起こる．また，メルト中では物質の拡散が速い．さらに，メルトと固体は応力が加わると化学反応を起こす．普通，物質の融点は圧力とともに増加するので，引張応力が加わるところでは固体が溶け，圧縮応力が加わるところでは固体が析出する．これは先に述べた，圧力溶解クリープと同じである．

部分溶融をした地球物質（玄武岩 + オリビン（ペリドタイト；peridotite））の塑性変形の研究は Kohlstedt（2002）によってまとめられている．その結果を図 1.38 に示した．メルトが加わると変形は促進されているが，4〜7% のメルトでは変形はたかだか 2〜3 倍促進されるだけである（海嶺から離れた典型的なアセノスフェアではメルトの量は約 0.1% 以下と考えられているので変形の促進も数% 以下のはずである）．彼らはその結果を，「メルトが存在すると粒界にはたらく応力が増加する，メルト中では物質の拡散が速い」，という 2 点で説明した．彼らは，メルトの存在による変形の促進を記述する経験的な関係式として，

$$\frac{\dot{\varepsilon}}{\dot{\varepsilon}_0} = \exp(\beta\phi) \tag{1.64}$$

という式を提案している．これは，物理的な意味づけのなされていない，単に便宜的な式であるが，限られた範囲内での実験結果を説明するのには使える（ただし，この式は $\phi \to 1$ の極限では意味をもたない．この極限では部分溶融物体は流体的に振る舞うからである．また，$\phi \to 0$ での漸近的振舞いも理論的には正しくない結果を与える（Karato, 2008a））．ここで β は二面角などによる無次元数で，オリビンと玄武岩の場合は実験結果から β =20〜30 程度と見積もられている．

これとはかなり異なった結果が Jin *et al.*（1994）によって報告されている．彼らは，Kohlstedt（2002）らと同じ実験を，よりやや高い圧力で行ったが，彼らの報告によると 4〜7% のメルトの存在でペリドタイトは通常の 1/10 程度の応力で変形（歪み速度に換算すると約 1,000 倍の増加）した．Jin *et al.*（1994）はこの違いは，彼らの実験では変形中，メルトは粒界をよく濡らしていたからだと説明した．しかし，なぜ，彼らの実験ではメルトが変形中，粒界を濡らし，なぜ Kohlstedt（2002）らの実験では濡らさないかは説明されていない．

部分溶融が塑性変形にどう影響するかは，メルトの幾何学に依存する．今までの研究の多くはオリビンと玄武岩のような場合で，二面角が 30〜50° でメルトが（静水圧平衡では）管状になっている場合である．Yoshino *et al.*（2007）の研究によると，高圧下ではオリビンの結晶粒界が完全に濡らされる場合（二面角 = 0°）がありそうである．このような場合，粒界拡散の効果は大きくなるので，拡散クリープは大きく促進されるであろう．

1.7.3　重力場での部分溶融物質の振舞い

地球の内部でメルトと固体が共存する場合，メルトと固体の密度が違っていれば，メルトと固体は重力的に分離しようとする．この重力分離の程度を評価するパラメータとして**圧密長さ**（compaction length）というものがある．重力によってメルトが抜きとられた場合，メルトの量は深さによるようになるが，メルト量の変化する深さのスケールを表すのがこのパラメータである．圧密長さはメルトの浸透率と固体の粘性率によるが，マントル物質の値を入れると圧密長さは約 10〜100 m になる（Schubert *et al.*, 2001）．これから，メルトは重力場では固体から分離しやすく，メルトが生産されていない場所ではメルトを広範な場所で保持することは困難であろうと結論される．

最近，Hernlund and Jellinek（2010）は部分溶融層の上（または下）で対流によって圧力変化が起こっているとメルトがその圧力変化で流動し，メルトが連続的に生産されなくても重力による分離を免れうる場合があると議論している．つまり，対流による圧力変化（$\Delta P \approx \dot{\varepsilon}\eta = \frac{v_0}{L}\eta$，$\dot{\varepsilon}$：対流の歪み速度，$\eta$：粘性率，$v_0$：対流の速度，$L$：対流の速度の変化する空間スケール）が重力による駆動力（$\Delta P \approx \Delta\rho g H$，$H$：層の厚さ）より大きいと対流の影響が勝り，メルトが重力場があっても広い範囲で存在しうる．この条件は

$$R = \frac{\Delta\rho g H}{\varepsilon\eta} = \frac{\Delta\rho g H L}{v_0\eta} < 1 \tag{1.65}$$

となる．典型的な数値として，$\Delta\rho$ =300 kg/m^3, g =10 m/s^2, H =30 km, L =100 km，$v_0 = 10^{-9}$ m/s とすると，この条件は $\eta > 10^{22}$ Pa s に対応する．下部マントルの平均的な粘性率がおおよそこの値であり（7.1 節），最下部マントルでは温度が高く粘性率も低いはずだから，最下部マントルではこの条件を満たすのは困難であろう．

第2章 塑性変形と岩石の微細構造

2.1 結晶粒径

塑性変形のしやすさが岩石の結晶粒径に依存している場合があることを 1.3 節で解説した．これは，拡散クリープなど結晶粒界が積極的な役割を果たす変形の場合で，結晶粒径の変化で地球内部の粘性率は数桁以上も変化することがありうる．そこで，結晶の粒径がどのようなメカニズムで決まっているのかを理解することは，地球科学でも重要である．この節では結晶粒径を決めている物理過程について解説しよう．

2.1.1 結晶粒成長

結晶内のエネルギーが均質な多結晶体では，結晶粒界移動の原動力は結晶粒界のエネルギーであり，結晶粒径は時間とともに大きくなる．この現象はいかにも簡単に見えるが，その詳細は意外に複雑である．まず，どの結晶も同じ大きさをもった，完全な多結晶体を考えると，粒界が交わったところですべての力は釣り合っており，結晶粒界は動きえず，粒成長は起こらない（図 2.1a）．そこで，実際の結晶で粒界が動き，結晶粒成長が起こるのは，実際の多結晶体では結晶粒径は不均質であるためである（図 2.1b）．図 2.1b に示されているように，結晶粒界の交差する場所での界面張力の釣り合いを考えると，平均より大きな結晶は平均より小さな結晶を消費しながら大きくなることがわかる．そうすると，多結晶体全体で小さな結晶は少なくなり，大きな結晶が多くなって平

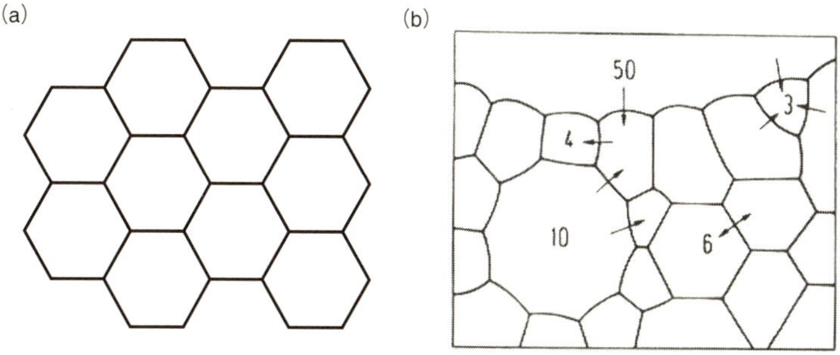

図 2.1　多結晶体の構造と結晶粒成長

(a) 完全な多結晶体では結晶粒成長は起こらない．
(b) 多結晶体中の結晶の形の分布に乱れがあると結晶粒成長が起こる．数字は結晶のもつ稜の数．矢印は粒界の動く方向．完全な結晶では（二次元モデルでは），稜の数は 6 であるが，それからのずれによって結晶粒界が移動を始め，粒成長が起こる．

均結晶粒径は大きくなる．このように，実際の多結晶体の結晶粒成長は粒径の分布を考慮に入れねばならず，比較的最近まで，いろいろなモデルが提出されてきた（Atkinson, 1988）．

このような現象の駆動力は界面張力であるが，界面張力がどのように粒界を移動させるのかを考えよう．粒界の移動という現象は原子的な観点から見れば次のように理解できる．結晶粒界の近くにある原子について考える．この原子は有限温度ではその位置がいろいろの場所に揺れ動くので，あるときは 1 つの結晶に，あるときは隣の結晶にあるであろう．もし，この隣接する結晶にエネルギー差があると，この原子はエネルギーの低い結晶にいる確率が大きくなる．そこでエネルギーの低い結晶の占める部分が増える方向に結晶粒界が動く．そこで結晶粒界の移動の駆動力は相い接する結晶のエネルギー差であることになる．結晶の内部に格子欠陥などのない結晶が接しているときには，このようなエネルギー差は結晶粒径の差によっている．有限の大きさをもった結晶は普通の化学結合に関連したエネルギーのほかに，表面エネルギー γ と粒径 L に依存した体積あたりの余剰エネルギー（つまり余剰圧力），

$$\Delta P = \frac{2\gamma}{L} \tag{2.1}$$

をもつ．相い接する結晶のこの余剰エネルギーの差が粒界の移動の駆動力であるから，粒界は

$$\frac{dL}{dt} = AM\gamma\left(\frac{1}{\bar{L}} - \frac{1}{L}\right) \tag{2.2}$$

の速度で動く．ここで，A は定数，M は粒界の易動度である．結晶粒界が移動して平均粒径（$\bar{L}$）が変化しても結晶粒径分布は一定のかたちをもつとすれば，$\bar{L} \propto L$ としてよい．そこで，式（2.2）は，

$$\frac{d\bar{L}}{dt} = A'M\gamma\frac{1}{\bar{L}} \tag{2.3}$$

となり（A' は定数），この式を積分して，

$$\bar{L}^2 - \bar{L}_0^2 = k_2 t \tag{2.4}$$

を得る．ここに L_0 は初期の粒径，$k_2 = \frac{1}{2}A'M\gamma$ である．この式は近似的に実験結果を説明する．しかし，もっと一般的には，

$$\bar{L}^n - \bar{L}_0^n = k_n t \tag{2.5}$$

と書ける．n =2〜4 の値がよく見いだされている．このような式に出てきた定数 k_n は，界面エネルギーと界面の易動度に依存するので，温度，圧力，水の量，不純物の量などに敏感である．石英，長石，斜方輝石（orthopyroxene），オリビン，ワズリアイトなどの鉱物で粒成長の実験的研究がなされた．その結果を表 2.1 にまとめてある．とくにワズリアイトの結晶粒成長は詳しく研究され，水が大きな効果をもつことが示された（図 2.2）（Nishihara *et al.*, 2006）．

結晶粒成長は，粒径の分布が同じかたちを保ちながら行われる場合（**正常結晶粒成長**（normal grain growth））と，ある特定の粒が暴走的に大きくなる場合（**異常結晶粒成長**（abnormal grain growth））がある．異常結晶粒成長の原因はよくわかっていないが，初期の粒径分布が不均質であったり，不純物の存在などで粒界の移動が困難なときに起こるようである．式（2.5）を使った解析は正常結晶粒成長のときにだけ適用できる．

結晶粒成長でとくに重要なのは不純物の効果である．これには原子レベルでの不純物の効果と，他の相の結晶粒というマクロなレベルでの「不純物」の効果がある．粒界が移動するとき，不純物原子も一緒に移動（拡散）しなければならない．そこで，結晶粒界に拡散係数の低い不純物原子が存在すると，結晶粒界の易動度は下がる．この例として，斜方輝石の結晶粒界に入った Al, Ca の例がある（Skemer and Karato, 2007）．マクロなレベルでの他の相の影響は次

表 2.1 結晶粒成長についての実験結果

式 $L^n - L_0^n = k_n t$ を使い，水があり水の量が測定されていた場合，$k_n = k_{n0} C_{\mathrm{OH}}^r \exp\left(-\frac{H^*}{RT}\right)$ (C_{OH}：水の量，ppm H/Si)，水がない場合，水の量が測定されてない場合，$k_n = k_{n0} \exp\left(-\frac{H^*}{RT}\right)$ を使った．

単位：T (K)，P (GPa)，k_{no} ((μm)^n/s)，H^* (kJ/mol)．

鉱物（岩石）	T	P	n	r	$\log_{10} k_{\mathrm{no}}$	H^*	コメント	文献
石英	1073～1273	0.5～1.5	～2	-	2	80	"wet"	(1)
アノーサイト（斜長石）(anorthite)	1373～1623	0.0001	2.6	-	11	365	"dry"	(2)
オリビン	1473～1573	0.3	～2	-	4.2	160	"wet"	(3)
オリビン	1573	2	～2	-	4.2	200	"dry"	(3)
ワズリアイト	1450～1673	15	～2	1.7	−6	120	"wet"	(4)
ワズリアイト	1773～2173	15	～2	-	7.5	410	"dry"	(4)
リングウッダイト	1473～2023	21	4.5	-	−8	414	"damp"*1	(5)
ペロブスカイト（+MgO）	1573～2173	25	10.6		−45	320	-	(6)
オリビン + 斜方輝石 (diopside)	1473	1.2	4	-	-	-	"dry"	(7)
レーゾライト (lherzolite)	1373～1523	0.3	3	-	5.4	700	"dry"	(8)*2

(1)：Tullis and Yund (1982), (2)：Dresen *et al.* (1996), (3)：Karato (1989a), (4)：(Nishihara *et al.* (2006), (5)：Yamazaki *et al.* (2005), (6)：Yamazaki *et al.* (1996), (7)：Ohuchi and Nakamura (2006), (8)：Zimmerman and Kohlstedt (2004),

*1 試料の水の量は以下の範囲（約 200～450 ppm H/Si）．

*2 62% オリビン，26% 斜方輝石，10% 単斜輝石，2% スピネル．

のように説明できる．移動している結晶粒界が不純物相に出合った場合を想定しよう．この不純物相は動きえないと仮定する．結晶粒界がこの不純物粒子を通過するときには粒界が変形しなければならない（図 2.3）．粒界が変形するとき余分の界面ができるので，界面エネルギーが増える．そこで，不純物相の存在によって粒界の移動には抵抗力が生じる．この効果を**ゼーナー効果**（Zener effect）とよぶ．この抵抗力が駆動力と一致すれば，粒界移動は止み，結晶粒は成長しなくなる．この効果による抵抗力を計算するのに次のように考えよう．1 つの不純物粒子を粒界が横切っていくときには，図 2.3 に示してあるように，界面の面積は πa^2 だけ増加する．そこで，$\pi a^2 \gamma$ だけエネルギーが増加する．簡単のため，不純物粒子が均質に分布しているとし，その平均間隔を H とすると，この効果による単位体積あたりの余剰のエネルギーは，

$$F_{\mathrm{Zener}} = \frac{\pi a^2 \gamma}{H^3} = \frac{3}{4} \phi \frac{\gamma}{a}. \tag{2.6}$$

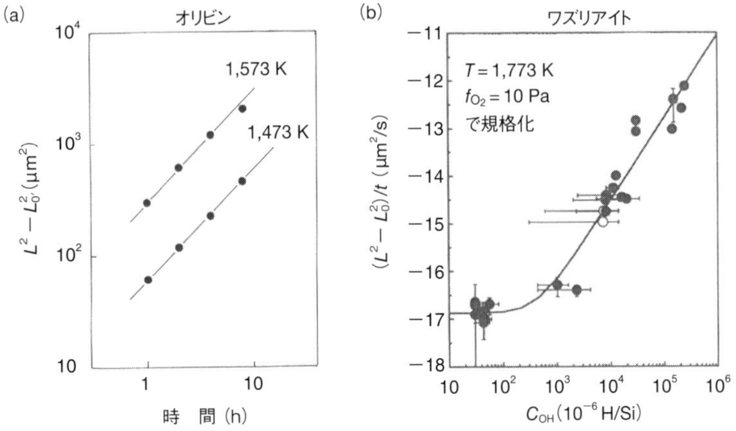

図 2.2　結晶粒成長の実験結果

(a) オリビンの例（結晶粒径の時間変化，Karato (1989a) による）．
(b) ワズリアイトの例（水の効果，Nishihara *et al.* (2006) による）．
L：時刻 t での粒径，L_0：初期粒径．

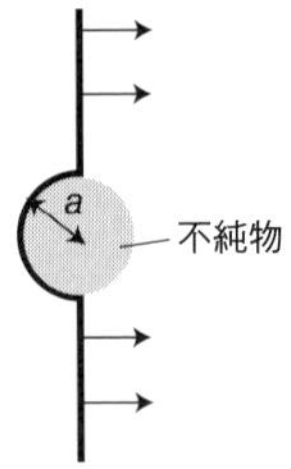

図 2.3　移動する結晶粒界と不純物の相互作用（ゼーナー効果）

結晶粒界が不純物のある物質中を移動するとき，粒界の形が変形するため，粒界の移動には余分なエネルギーが必要になる．

ここに ϕ は不純物相の体積分率で，$\phi = \dfrac{\frac{4}{3}\pi a^3}{H^3}$ という関係を使った．粒成長が続くにつれて，駆動力である（単位体積あたりの）結晶粒界のエネルギー $\left(F_{\mathrm{driving}} = \dfrac{\gamma}{L}\right)$ は減少する．そこで，ついに結晶粒径が $F_{\mathrm{driving}} = F_{\mathrm{Zener}}$ を満たすと粒成長は止まる．そのときの粒径は，

$$L_{\mathrm{Zener}} = \frac{4a}{3\phi} \tag{2.7}$$

で与えられる．不純物相の体積分率 (ϕ) が大きいほど，そのサイズ (a) が小

さいほど，この臨界サイズは小さい（つまり，有効に粒成長を妨げる）．

では，不純物相をもった多結晶体の結晶粒径は式（2.7）で決まっており，成長は完全に止まっているのだろうか？　実際，多相系では一般にこのような理由で結晶粒径の小さいことが多いが，このサイズで粒成長が止まってしまうわけではない．式（2.7）からわかるように，もし，不純物相のサイズ（a）が増加するメカニズムがあれば，（主成分の）結晶粒径も増加しうる．今，不純物相の結晶粒子は孤立して存在している場合を考えているから，不純物相粒子の大きさが変化しうるためには，不純物相粒子の間で原子が交換できなければならない．それは，不純物成分が主成分に溶け込み，その中を拡散する場合である．この条件が満たされれば，エネルギーの高い，小さな不純物相粒子からエネルギーの低い，大きな不純物相粒子へと物質が移動し，粒径は変化する．このようにして孤立した結晶が成長する過程を**オストワルド成長**（Ostwald ripening）とよんでいる．その速さは不純物相の主成分相への溶解度と拡散係数に依存しており，一般に純粋な相の結晶成長より格段に遅い．このような多成分系の粒成長は Ohuchi and Nakamura（2006），Yamazaki *et al*.（1996）らによって調べられた（図 2.4）．このほかに変形によって粒子の交換が起こる場合，不純物粒子が合体して成長する．これを動的結晶粒成長とよぶ．

2.1.2 動的再結晶

先に（1.3.2 項の❸）転位は余剰のエネルギーをもっていると述べたが，転位クリープで変形する物質には多量の転位が発生し，かつ，転位の分布は不均質であることが多い（もし転位密度が均質で，結晶の向きによっていないなら，隣り合う結晶中の転位密度は同じであり，粒界移動の駆動力にはならない）．この不均質性の空間スケールは転位の平均間隔で決まっているので，転位密度（つまり応力）が高いほど小さくなる．隣り合う結晶粒にこのような転位密度の不均質があると，両側の結晶のエネルギーが違うので結晶粒界は移動する（図 2.5a）．この移動は転位の密度の不均質性に対応して，不均質な速度で起こるから，粒界の形は大きく変形し，新しい結晶粒ができることもある（図 2.5b）．これを**動的再結晶**（dynamic recrystallization，コラム 10 参照）とよぶ．動的再結晶はこのような**核形成**（nucleation）から出発するが，核形成には他のメカニズムもある（たとえば変形によって亜結晶粒ができ，その方位のずれが変形とともに

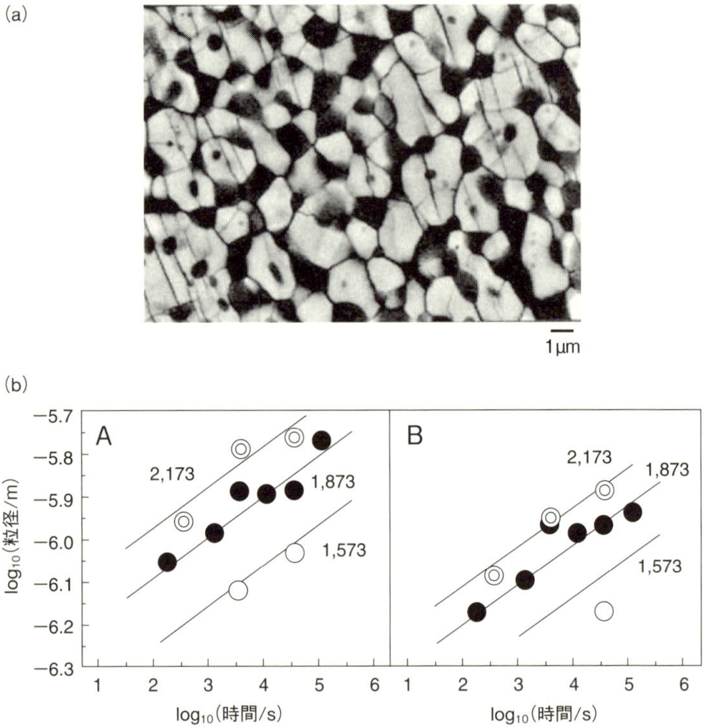

図 2.4　二相系での結晶粒成長（ペロブスカイト +MgO の例）
（a）走査電子顕微鏡で見た微細構造（明るい部分がペロブスカイト，暗い部分が MgO）.
（b）結晶粒径の時間変化．A：ペロブスカイトの粒径，B：ペリクレース（MgO）の粒径.
（Yamazaki *et al.*, 1996）による）

増加し，再結晶粒となる場合もある）．結晶の変形は粒界の近くでは不均質になりやすいので，転位密度の不均質性も結晶粒界の近くで大きい．そこでこのような核形成はすでに存在する結晶粒界の近くで起こり始めることが多い．

こうしてできた新しい結晶が**成長**（growth）するにつれてお互いに衝突する（図 2.5c）．衝突した粒界の背後の結晶はほとんど転位をもたないので，衝突した粒界は動かない．そこで，この新しい結晶の形成と衝突のバランスで結晶粒径が決められていると考えられる．Derby and Ashby（1987）は，動的再結晶の定常状態では核形成と粒成長がバランスしているのだから，粒成長によって粒子が衝突する時間内に 1 つの核が形成されるはずであると考え，

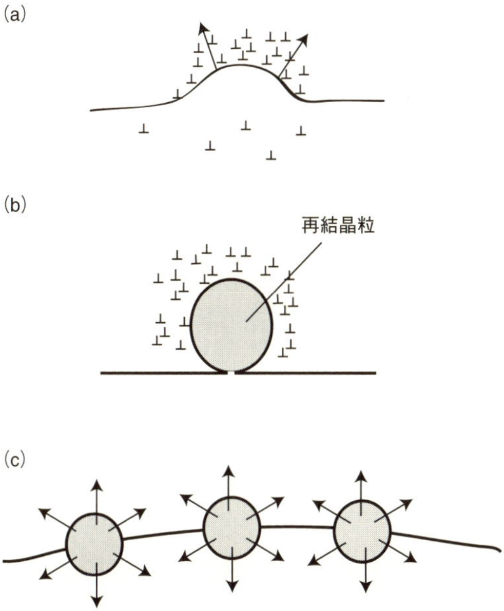

図 2.5 転位密度の不均質性による結晶粒界の移動

（a）相い接する結晶の転位密度が違うと，結晶粒界は移動して転位のエネルギーを減らそうとする．
（b）結晶粒界がある程度動くと新しい結晶（再結晶粒）となる．
（c）こうしてできた再結晶粒が成長し，衝突する．成長と衝突のバランスで再結晶粒径が決まる．

$$t_N \approx t_G \tag{2.8}$$

という関係式から出発した．ここに，t_N は核形成の時間スケールで，今，核が粒界で形成されるとすれば，

$$t_N = \frac{1}{\pi\left(\frac{L}{2}\right)^2 \dot{N}} \tag{2.9}$$

ここに L は結晶粒径，$\dot{N}$ は結晶粒界での核形成率（単位時間あたり，単位面積あたりに形成される核の数）である．また，t_G は粒成長の時間スケールで

$$t_G = \frac{L}{2v} \tag{2.10}$$

で与えられる．ここに v は結晶粒界の移動速度である．そこで，式（2.8）～

(2.10) から，

$$L = \left(\frac{8v}{\pi \dot{N}}\right)^{\frac{1}{3}} \tag{2.11}$$

となる．そこで，このモデルでは，もし，結晶粒界の移動速度と核形成率が温度，応力などの関数としてわかっていると，結晶粒径がそれらの変数の関数として表現できる．核形成や粒界移動に関してはいろいろなモデルがあり，モデルによって結果は違ってくる．しかし，核形成は変形によって起こるので，一般に，$\dot{N} \propto \dot{\varepsilon} \propto \sigma^n$ である．また，結晶粒界の移動速度も応力とともに増加する．そこで，$v \propto \sigma^q$ とすると，

$$L \propto \sigma^{-\frac{n-q}{3}} \tag{2.12}$$

という関係を導ける．このような関係は実験結果（図 2.6）とよく一致している（$n > q$）（ただし，上の式の指数はモデルの詳細に依存する）．この関係は，結晶粒径から応力を求めるのに使える．このような関係を**古応力計**（paleo-piezometer）とよぶことがある．

また，式 (2.11) からわかるように，もし，結晶粒界移動が変形速度よりも促進されることがあれば，動的再結晶で形成される結晶粒径は大きくなる．Jung

コラム 10　**再結晶**

再結晶（recrystallization）とは，固体の内部で新しい結晶粒界が発生したり，移動したりする現象一般のことをさす．とくに相変化や化学反応の起こらない場合を考えると，これらの現象は粒界エネルギーや転位のエネルギーによって起こっている．静的再結晶とは，差応力が加わっていない状態での再結晶のことで，動的再結晶とは差応力のもとで変形が進行しつつあるときに起こる再結晶のことである．金属学では，よく，一度変形させた物質を応力のない状態で高温におき，再結晶をさせることがある．この場合，まず最初に個々の結晶内の転位密度の不均質性のために粒界が動き，転位密度の低い結晶粒がつくられる．これを一次再結晶とよぶことがある．その後では，ほとんどの結晶には転位はない．この段階では，結晶粒界エネルギーを駆動力にした再結晶，つまり，結晶粒成長が起こる．結晶粒成長には正常結晶粒成長と異常結晶粒成長とがあって，後者が起こった場合，結晶粒径分布などが一次再結晶の場合と似ているので，これを二次再結晶とよぶことがある．

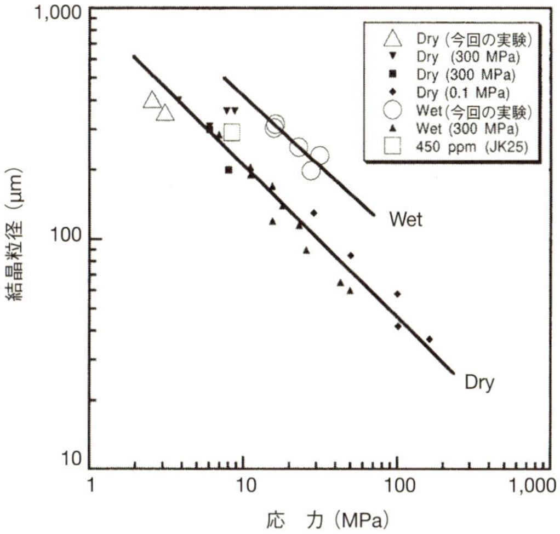

図 2.6　再結晶粒径と応力の関係（オリビン）

動的再結晶でできた結晶粒の大きさは応力とともに小さくなる．高圧で水が多量に入ると動的再結晶でできた粒径は大きくなる．（Jung and Karato, 2001a）

and Karato（2001a）はオリビンでは水を添加すると動的再結晶でできた結晶粒径が同じ応力でも水のない場合に比べ大きくなることを見いだし，その結果を水によって粒界移動が変形速度よりも促進されたためであると解釈した．

2.1.3　相転移，化学反応と結晶粒径

物質が相転移を起こす場合，新しい相が核形成によって物質のどこかにつくられ，それが成長していくという現象が起こる．この場合，核形成と成長速度の兼ね合いによって，新しくできた相の結晶粒径が決まる．基本的な物理は動的再結晶の場合と同様である．新しい結晶の核がすでにある結晶粒界でできる場合は，2.1.2 項の議論と同様な議論から，

$$L \approx \left(\frac{\dot{G}}{\dot{N}}\right)^{\frac{1}{3}} \tag{2.13}$$

を得る．ここに $\dot{G}$ は新しくできた相の成長速度，$\dot{N}$ は新しい相の核形成率である．この式から，核形成率が高く，成長率の遅いときは小さな結晶粒が，逆のときには大きな結晶ができることがわかる．相境界の近くでゆっくりと相転移

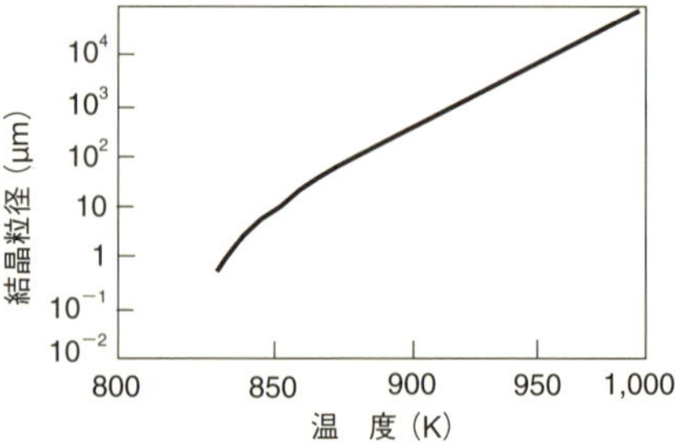

図 2.7　相転移によってできた結晶粒の大きさと温度の関係
オリビン→ワズリアイトの相転移の場合．（Riedel and Karato（1997）による）

が起こる場合は後者であり，結晶粒径は大きい．逆に，核形成率が大きく，成長率が低い場合はできた結晶は小さい．Riedel and Karato（1997）は沈み込んだスラブの中でのオリビンからワズリアイト（またはリングウッダイト）への相転移の様子を研究し，冷たいスラブの場合，相転移は相平衡条件から大きくずれたところで起こるので，低温であっても核形成率は大きいが，低温なので成長率は低く，そのため，できた結晶粒径は小さくなることを示した（図 2.7）．このため，冷たいスラブは低温にもかかわらず柔らかく，暖かいスラブが硬いという現象も起こりうる（Karato *et al.*, 2001）（9.3 節参照）．このほかに，地殻での変成作用によっても結晶粒径は変化し，塑性流動へ影響を与えるであろう（Rubie, 1983）．

2.2　格子選択配向

転位クリープによって変形した岩石の微細構造の 1 つに鉱物の**格子選択配向**（lattice-preferred orientation）があることはすでに述べた．鉱物の格子選択配向は天然で変形した岩石についても測定できるし，地震波伝播の異方性からも推定できる．そこで，鉱物の格子選択配向がどのようなメカニズムでできるのかを理解することは地球科学で重要である．この節では変形によってどのように格子選択配向が発達するのかについて解説しておこう．

2.2.1　格子選択配向の測定法とその表し方

格子選択配向を測るにはいろいろな方法がある．古くは光学顕微鏡や X 線回折が用いられたが，現在最もよく使われている方法は電子線回折を使ったものである．この方法では，電子線を個々の結晶表面に当て，散乱されてきた電子線の強度パターンを測定する．このパターンは結晶の方位によっており，散乱の起こる特定な結晶面に対応した線が見られる（**菊池線**（Kikuchi line））．この**菊池パターン**（Kikuchi pattern）から結晶の方位が決定できる（この現象を発見した菊池正士はノーベル賞の候補に挙がっていた）．この方法は **EBSD**(electron back scattered diffraction) **法**とよばれる．電子線を十分絞っておけば 1 μm 程度の空間解像力で結晶方位を 1° 以下の分解能で測定できる．EBSD 検出装置セットには検出器だけでなく，菊池パターンから結晶方位を決めるソフトウェアも含まれており，このような装置を走査電子顕微鏡に取り付ければ，結晶方位の測定は容易にできる．対称性の低い結晶で選択配向の強いときは 200～300 個ほどの結晶の方位を測ればよい（Skemer *et al.*, 2005）．しかし，選択配向が弱い場合や，対称性の高い結晶（立方晶など）では数百～1 千個くらいの結晶の方位を測定する必要がある．

ではそのようにして測定された多結晶体での結晶の方位を，どのように表示するかを考えよう．これには 3 つの方法がある．一番，多く用いられているのは**極図**（pole figure）とよばれるもので，この図では試料に固定した座標系（ずりの方向，ずりの面に垂直な方向などで決まる座標系）をとり，その座標系のどの方向に特定の結晶軸が分布しているのかを示す（図 2.8）．このような座標系は実際は三次元のものであるが，表示には二次元のほうが便利なので，普通は三次元の空間を二次元に投影したものを用いる．試料に固定した座標軸を使うと変形の幾何学が直感的に理解しやすいので，この方法は鉱物のいろいろな結晶学的方位の集中する向きが変形の幾何学とどう関係しているのかを示すのに便利である．ただし，この方法では，結晶の向きとしては限られたものしか表示できない．

第 2 の方法は，試料に固定されたある方向（ずりの方向，ずりの面に垂直な方向など）が結晶のどの方向に多く分布しているのかを図示する方法である（図 2.9）．これは前記の方法とは逆なので**逆極図**（inverse pole figure）とよばれる．

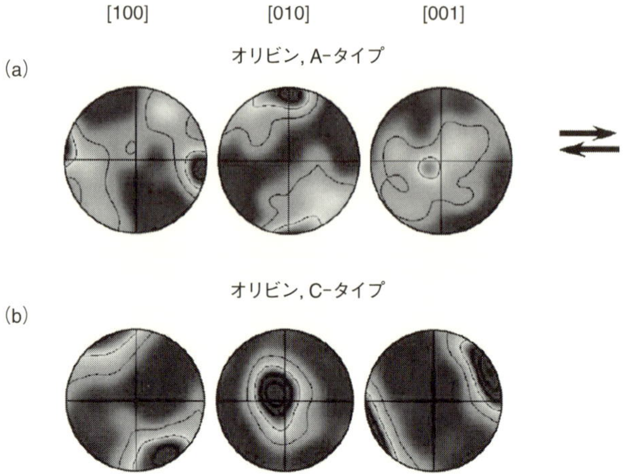

図 2.8　極図の例

ずり変形をしたオリビンの例．結晶方位の向き（[100],[010],[001]）が試料の中でどのように分布しているかが試料座標系を使って表示されている．試料の方位は二次元等積投影法で示してある．左右がずりの方向，上下がずり面に垂直な方向．　　（カラー図は口絵 2 を参照）

この図では結晶の方位はすべて記載されているが，試料の方位としては特定のものしか示せない．この表示法は結晶学的な情報を多く含んでいるので，卓越するすべり系を推定するのに適している．とくに，単純ずりの変形実験をした場合，ずり方向とずりの面に垂直な方向（あるいは最大伸び，最大圧縮の向き）を逆極図で表示すれば，卓越するすべり系が容易に推定できる．上記の 2 つの方法は相補的である．この両方を使うと結晶方位の様子やその選択配向のメカニズムを理解する助けになる．

第 3 の方法は**方位分布関数**（orientation distribution function, ODF）とよばれるもので，個々の結晶の向きをその**オイラー角**（コラム 11 参照）で記載し，オイラー角空間にどのように結晶が分布するかを示すものである．オイラー角を使うと結晶の方位が完全に記載できるので，この方法（ODF）は結晶方位の分布の表示法として最も豊富な情報を含んでいる．しかし，この図の解釈は直感的ではないので地球科学ではあまり使われていない（詳しくは Mainprice and Nicolas, 1989; Wenk, 1985 などを参照）．これらの表示プログラムは，電子線回折を使った最近の結晶方位決定用のソフトウェアに入っており，容易に作図す

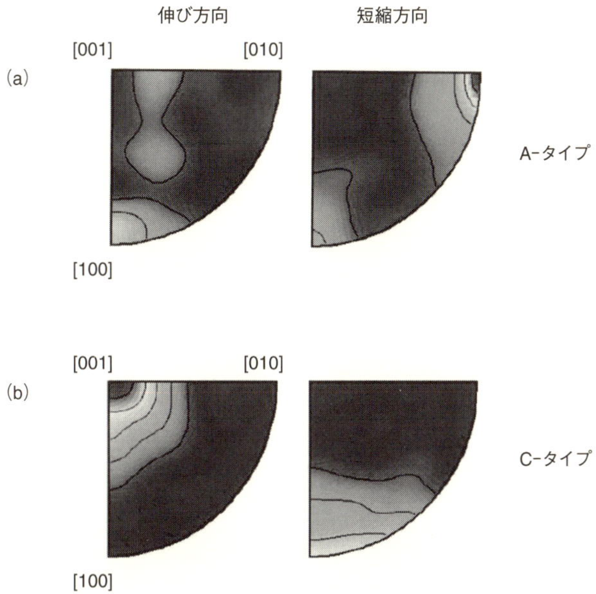

図 2.9　逆極図の例

ずり変形をしたオリビンの例．試料の伸びと縮みの方向が結晶の中でどのように分布しているかが結晶座標系を使って表示してある．　（カラー図は口絵 3 を参照）

コラム11　オイラー角

ある岩石の中にある結晶の方位を記述するにはある結晶面の方位と，その結晶面内でのある結晶軸の方位を定めて，試料に固定した座標系に対して指定すればよい．そこで，3 つの角度を指定すれば，結晶の向きが完全に決まる．この 3 つの角度のことをオイラー角（Euler angle）とよぶ．たとえば，最初，結晶と試料の座標系が同一の場合から出発して，結晶に 3 つの違った回転をさせて，新しい向きに向かせる．この回転に対応した 3 つの角度がオイラー角である．定義の仕方にはいろいろのものがあるから，実際に使うときはどの定義なのかに注意しなければならない．

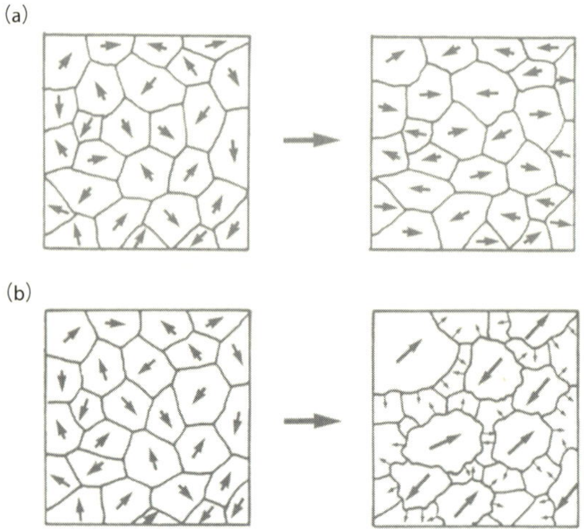

図 2.10　格子選択配向の 2 つのメカニズム

(a) 変形による結晶方位の回転.
(b) 結晶粒界の移動による，ある方位をもった結晶の選別.

ることができる.

2.2.2　格子選択配向のメカニズム

格子選択配向には 2 つのメカニズムが考えられる (図 2.10). 第 1 は，個々の結晶の結晶学的方位が変形によって回転することによる格子選択配向である. この回転がある特定方向に向かって起こったり，ある特定方向を向いた結晶の回転速度が遅いとそのような向きの結晶の数が増え，格子選択配向が形成される (図 2.10a). 第 2 は，ある特定方向を向いた結晶が他の方向を向いた結晶を消費してしまう場合である (図 2.10b). 前者では変形に伴う結晶方位の回転という, 変形の幾何学的側面が重要であるが, 後者では変形した結晶のエネルギーが結晶方位にどのように依存するのかというエネルギー的側面が重要である.

まず，最初の幾何学的メカニズムについて解説しよう. 変形している多結晶体を考える. 多結晶体に含まれる結晶はいろいろなメカニズムで変形するが，個々の結晶の変形はまわりの物質の変形と辻褄が合っていなければならない. 今, 結晶がすべりによって変形するとしよう (転位クリープ). 簡単のため，1 つ

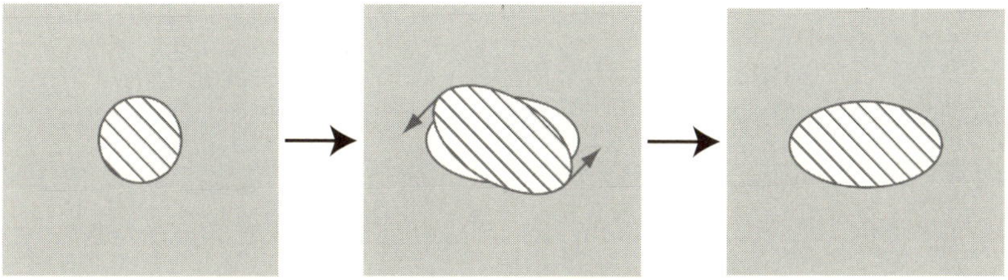

図 2.11 結晶の回転による格子選択配向の形成
結晶が媒質中で変形するとき，境界条件を満たすために結晶方位は媒質に対して回転する．斜線部はすべり面を表す．（Karato（2008a）による）

のすべり系だけを考える．この場合，この結晶がその方位を変えずに変形すれば，その形はある一定のものにしか変化しえない．そこで変形後の結晶の形はまわりの物質の変形と辻褄が合わなくなる（変位が連続でなくなる）．そこで，結晶はその方位を回転させて，変位の連続条件を満たそうとする．これが，変形によって結晶がその方位を回転していく基本的なメカニズムである（図 2.11）．結晶の回転にとっては変形のうちで剛体回転成分が重要である．ここで，一般に変形は

$$d_{ij} = \frac{\partial u_i}{\partial x_j} = \varepsilon_{ij} + \omega_{ij} \tag{2.14}$$

のように歪みと剛体回転に分離できることに注意しよう（コラム 1 および本シリーズ第 10 巻を参照）．ここに u は変位，x は空間座標，$\varepsilon_{ij}\left(=\frac{1}{2}\left(\frac{\partial u_i}{\partial x_j}+\frac{\partial u_j}{\partial x_i}\right)\right)$ は歪み，$\omega_{ij}\left(=\frac{1}{2}\left(\frac{\partial u_i}{\partial x_j}-\frac{\partial u_j}{\partial x_i}\right)\right)$ は剛体回転である．剛体回転というとき，何が何に対して回転するのかを示さねばならない．結晶の物質が外部座標に対して行う回転 $(\omega_{ij}^{\mathrm{MX}})$ を，物質が結晶格子に対して行う回転 $(\omega_{ij}^{\mathrm{ML}})$ と，結晶格子が外部座標に対して行う回転 $(\omega_{ij}^{\mathrm{LX}})$ に分けて，

$$\omega_{ij}^{\mathrm{MX}} = \omega_{ij}^{\mathrm{ML}} + \omega_{ij}^{\mathrm{LX}} \tag{2.15a}$$

と書ける．これから，結晶方位が外部座標に対して行う回転は，

$$\omega_{ij}^{\mathrm{LX}} = \omega_{ij}^{\mathrm{MX}} - \omega_{ij}^{\mathrm{ML}} \tag{2.15b}$$

という形で書き表すことができる．これは格子選択配向の本質を示す最も重

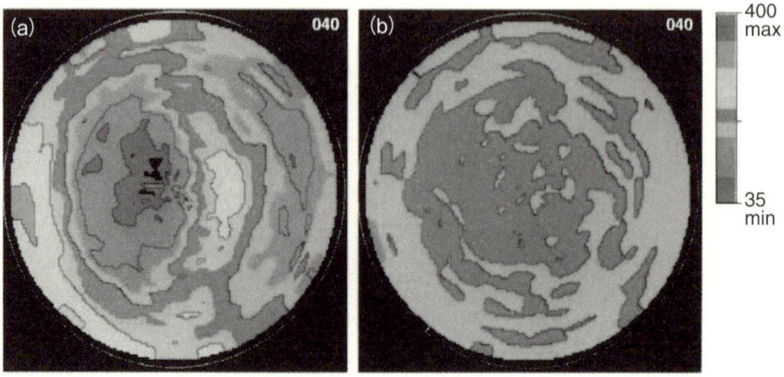

図 2.12　ずり変形をした $CaTiO_3$（ペロブスカイト）の格子選択配向

（a）転位クリープでは選択配向を生じ，（b）拡散クリープ（超塑性）では生じていないことが見てとれる．（Karato *et al.*（1995b）による）

要な式である．ここに，ω_{ij}^{LX} は結晶格子（L）が試料の座標系（X）に対して行う回転で，これが格子選択配向を引き起こす．ω_{ij}^{MX} は物質（M）が試料座標系（X）に対して行う回転であり，変形の幾何学としてマクロに与えられているものである．そして ω_{ij}^{ML} は物質（M）が結晶格子（L）に対して行う回転であり，変形のミクロなメカニズムに依存している．そこで，格子選択配向はマクロな変形の幾何学（流れのパターン）とミクロな変形の物理（最も容易なすべり系）とで決まっていることがわかる．このミクロな回転 ω_{ij}^{ML} は，転位すべり（や双晶）による変形では存在するが，拡散による変形では存在しない．そこで，拡散によるクリープでは格子選択配向は生じないのが普通である（Karato *et al.*, 1995b）（図 2.12）．したがって，格子選択配向の有無から変形メカニズムを推定することができる．ただし，これには例外もあるので注意が必要である（2.2.4 項のⒶ）．

この式はミクロな回転 $\left(\omega_{ij}^{ML}\right)$ とマクロな回転 $\left(\omega_{ij}^{MX}\right)$ の差，$\omega_{ij}^{LX} = \omega_{ij}^{MX} - \omega_{ij}^{ML}$ が，結晶の方位を外部座標系に対して回転させるのだということを示している．したがって，$\omega_{ij}^{LX} = \omega_{ij}^{MX} - \omega_{ij}^{ML}$ がゼロに近い方位をもつ結晶はあまり回転をせず，そのような方位をもった結晶の数がだんだんと統計的に増えてくる．そこで，最終的にできる格子選択配向は $\omega_{ij}^{MX} - \omega_{ij}^{ML} \approx 0$ を満たすような結晶方位をもったもので卓越してくる．つまり，結晶のミクロな回転と試料（岩石）のマクロな回転が一致するような向きの結晶方位が多くなってくるのである．回転はずりと直接関係しているから，ミクロなずりがマクロなずりと一致するような結晶方位が卓越してくるといってもよい．

ただし，上記の議論には少し補足が必要である．一般に多結晶体の変形を個々の結晶のすべりで達成しようとすれば，1個のすべり系だけでは不可能である．結晶が粒界での変位の連続条件を満たして多結晶体で変形するには，数個のすべり系が必要である．そこで，変形の結果として形成される格子選択配向もいろいろなすべり系からの寄与を集めたものができるので，すべり系と格子選択配向の関係はそれほど簡単ではない．しかし，もしある1個のすべり系が他のすべり系に比べてはるかに柔らかい場合，形成される格子選択配向はその1個のすべり系と簡単な関係にある．すぐ上で述べたことを考えれば，このような場合，ずり変形では，マクロなずりの方向に最も容易なすべり系のすべり方向が，また，マクロなずりの面には最も容易なすべり系のすべり面が一致するような結晶の向きが卓越する格子選択配向が見られることがわかる．オリビンなどの対称性の低い結晶（斜方晶系）からできた多結晶体の変形では，このような簡単な格子選択配向が見られることが多い（2.2.4 項の**B**参照）．

以上はすべりの効果だけを考慮した議論である．その基本は Lister and Hobbs（1980），Lister and Paterson（1979），Lister *et al.*（1978）によって築かれたが，その後，すべり系の数の少ない物質（たとえばオリビン）へこのモデルが拡張された（Ribe and Yu, 1991; Wenk *et al.*, 1991）．この範囲では格子選択配向の理論はよく整備されているといってよい．しかし，格子選択配向には，すでに述べたように，もう1つのメカニズム，つまり，粒界移動により，ある特定の向きの結晶が多く存在するようになる，というメカニズムがある．これは動的再結晶の1つの側面であるが，動的再結晶が格子選択配向にどのような効果をもつかはよくわかっていない．動的再結晶が起こると結晶のもつエネルギー，つまり転位密度がどのように結晶の向きに依存してくるのかが格子選択配向を決める重要な因子になるが，この問題は変形している多結晶体でどのように歪みと応力が分布しているかという問題と関連しており，すっきりした理解はなされていない（Karato, 1988; Karato and Lee, 1999）．

2.2.3　格子選択配向転移

転位クリープで変形した岩石には格子選択配向が生じるが，同じ変形の幾何学に対しても，格子選択配向が温度，応力，水の量などで変化してくることがある．これを**格子選択配向転移**（fabric transitions）とよぶ．今，簡単のために 1 つの（最も容易な）すべり系で格子選択配向が決まっている場合を考えよう．この場合，格子選択配向の変化は最も容易なすべり系が変化したときに起こる．そこで，格子選択配向転移，つまり，格子選択配向転移の起こる条件を記述する式は，

$$\dot{\varepsilon}_1(T, P, \sigma, L, C_{\mathrm{W}}) = \dot{\varepsilon}_2(T, P, \sigma, L, C_{\mathrm{W}}) \tag{2.16}$$

で与えられる．ここに T は温度，P は圧力，σ は差応力，L は結晶粒径，C_{W} は水の量である．そこで，変形機構図と同様に，ある変数の組をとって，どの条件でどのような格子選択配向が生じるかを図示したものがあれば便利である．これを**格子選択配向図**（fabric diagram）とよぼう．格子選択配向図では，選ばれた変数（たとえば応力と水の量）で描かれた面の上で，格子選択配向転移の起こる条件（違った格子選択配向の起こる境界）を示す．数学的にいえばこれは式（2.16）を図示することにほかならないのであるが，式（2.16）の解はごく一般的に

$$F(T, P, \sigma, L, C_{\mathrm{W}}) = 0 \tag{2.17}$$

となるから，歪み速度は消去される（F はある関数）．そこで，格子選択配向図は歪み速度には直接的には依存しない．つまり，実験室で決められた格子選択配向図はそのまま，地球にも外挿できることが結論できる．これは変形機構図がそのまま地球に使えるのと同じである．ただし，式（2.17）からわかるように，格子選択配向は多くの変数の関数であるので，このような図を使うときにはすべての重要な変数を考慮することが重要である．たとえばオリビンの場合，高温での結果を使うと，B–タイプの格子選択配向は非常に高応力でのみ重要になるはずで，地球では重要でないように見えるが，格子選択配向への温度効果を調べてみると，低温では低応力でも卓越することがわかり，このタイプの格子選択配向が地球内部の低温（高応力）の地域で重要になることが示唆される（Karato *et al.*, 2008）．

また，格子選択配向図は最も変形のしやすいすべり系について成り立つ式（2.16）に対応するのであるが，変形機構図では多結晶体についての流動則をいろいろなメカニズムで比較するのであり，転位クリープでいえば，最も変形のしやすいすべり系の歪み速度がこの式に表れる歪み速度にほぼ対応している．格子選択配向図の例を次の項で示す．

2.2.4 いくつかの例

Ⓐ 粒径に敏感な変形機構での格子選択配向 *

格子選択配向で最も基本的なことの１つに「格子選択配向は回転成分をもつ変形機構（転位クリープなど）では形成されるが，回転成分をもたない，拡散クリープや粒界すべりによる変形（超塑性）では形成されない」という点がある．この点は自明であって，これを確認する報告も多いが，最近，この予測と見かけ上矛盾する，混乱させられる結果が報告されているので，それについて説明をしておこう．

拡散クリープや粒界すべりによる変形（超塑性）では結晶格子の向きを変える明確なメカニズムが存在しない．そこで，通常，このようなメカニズムで変形した物質には強い格子選択配向は生じないと考えられているが，実験結果のなかにはこの予測を支持するのもあれば，それと見かけ上，矛盾する結果を示しているのもある．まず，Edington *et al.*（1976）は金-銅合金での研究を行い，強い格子選択配向をもった試料を超塑性で変形させると，格子選択配向が弱くなることを示した．同様な事実は方解石について Walker *et al.*（1991）が報告している．しかし，同じ方解石についても，Pieri *et al.*（2001）らは，超塑性領域（$n \sim 1.7$）で変形した試料に強い格子選択配向が発達したことを報告している．どうしてこのように結果が違うのだろうか？　この点を理解するために，これらの実験の行われた条件を吟味してみよう．両者で変形の温度・圧力条件は類似しているが，結晶粒径は大きく違っている．Walker *et al.*（1991）では合成した約 3.5 μm の結晶粒径の試料を使ったが，Pieri *et al.*（2001）の実験では結晶粒が動的再結晶によって細粒化されたので，ほぼ数十 μm であった．方解石の変形機構図をみると，Walker *et al.*（1991）の実験では，ほぼ完全に超塑性の領域で変形していたはずだが，Pieri *et al.*（2001）の実験では超塑性領域ではあるが，転位クリープ領域との境界に近い条件で変形していたことがわかる．

低い対称性をもつ物質が転位クリープと拡散クリープ（または超塑性）の中間領域で変形をすると，強い格子選択配向が生じることがありうる．というのは，このような物質の変形では多くのすべり系がはたらくことが必要だが（フォン・ミーゼスの条件（コラム6）を参照），境界近くでは，拡散クリープなどで歪みの一部がまかなわれ，1つのすべり系だけによる結晶の変形で多結晶体が変形しうる．その場合，強い格子選択配向が生じうる．実際，Pieri *et al.*（2001）は格子選択配向の数値シミュレーションも行って，より粗粒の方解石ではいくつかのすべり系が寄与した格子選択配向がみられるが，動的再結晶をした方解石の場合は格子選択配向が1つのすべり系でおよそ説明できるタイプのものであることを示した．このような例は，ペロブスカイト（$CaTiO_3$）でも見られた．非常に細粒の，完全に拡散クリープで変形したペロブスカイトでは格子選択配向はほぼランダムであったが，おもに拡散クリープで変形したが変形条件が拡散クリープと転位クリープに近い条件で変形した試料には強い格子選択配向が見られた（Karato *et al.* 1995b）．

このような実験事実は変形した岩石の構造を解釈するときに重要になる．まず，上にまとめたことから，大きな変形はしているが格子選択配向の弱い岩石が見つかれば，それは拡散クリープや超塑性など結晶粒径に敏感な変形メカニズムで変形した強い証拠になる．しかし，逆に，格子選択配向が強いからといって，変形が結晶粒径によらないメカニズムであるという結論は導けない．この点は剪断帯の起源に関する古典的な論文で誤解されていたことがある（White *et al.*, 1980）．後に変形の局所化を議論するときにふたたび検討しよう．

これとは違った場合として，Bons and Den Brok（2000）は圧力-溶解で変形する物質で溶解の仕方が結晶の方位によるために，結晶の格子選択配向が生じるかもしれないというモデルを提案している．ただしこのモデルの詳しい実験的検証はまだなされていない．

B 転位クリープでの格子選択配向

格子選択配向は比較的簡単に測定されるので，岩石の変形の研究の始まった初期から測定結果が報告されていた．とくに最近ではEBSDという便利な方法が広まり，豊富なデータが出版されるようになった．ここでは実験的研究を中心に今までに得られた結果をまとめておこう．

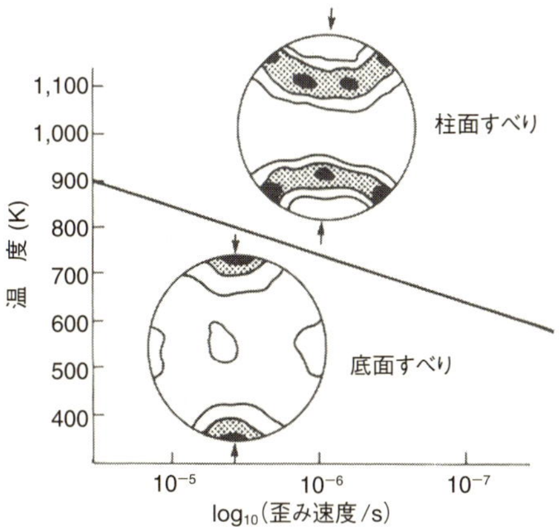

図 2.13　石英の圧縮変形での格子選択配向機構図
（Tullis *et al.*（1973）による）

地殻の代表的な鉱物である石英に関しては古くから研究が進められており，Hobbs（1985）などの総説がある．この総説の後では Dell'Angelo and Tullis（1989）が単純ずりの変形実験を行って新しい結果を得た．石英の場合，すべり系はすべり面で分類され，重要なすべり系は**底面すべり**（basal slip），**柱面すべり**（prism slip），**斜方面すべり**（rhomb slip）の 3 つであるが，そのうち，斜方面すべりはほとんど常に最も困難なすべりで，底面すべりと柱面すべりが容易なすべり系として競合している．Tullis *et al.*（1973）は高圧（1.5 GPa）での三軸圧縮実験によって，石英の格子選択配向は温度の上昇によって底面すべりから柱面すべりへと転移することを示した（図 2.13）．石英での格子選択配向転移については，Lister and Paterson（1979）が理論的な研究を行い，格子選択配向のタイプから変形の起こった条件（温度など）が推定できることを指摘した．

上部マントルの代表的な鉱物であるオリビンの格子選択配向については，1960 年代後期から詳しい研究がなされた．上部マントルの変形はプレートテクトニクスや造山運動の理解で重要になるからである．研究の初期のものでは，Carter and Avé Lallemant （1970）の行った実験的研究と，Nicolas *et al.*（1971）らの行った天然の上部マントルの岩石の変形組織の研究がとくに重要である（後

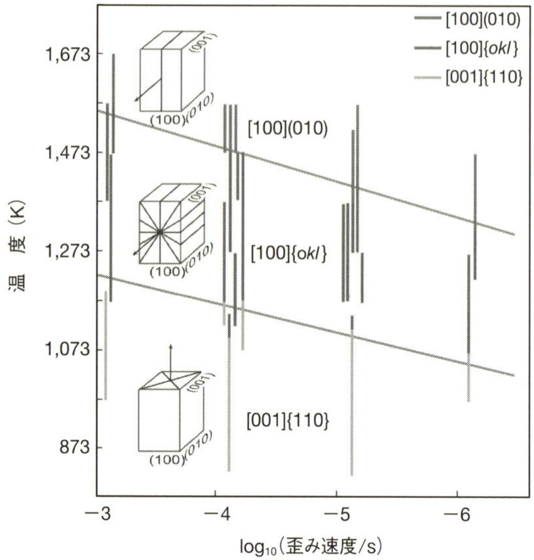

図 2.14　オリビンの卓越するすべり系の温度，歪み速度依存性
[100](010) は A–タイプ，[100]{0*kl*} は D–タイプ，[001]{110} は B–または C–タイプに対応する．（Carter and Avé Lallemant（1970）による）

者については Nicolas and Christensen, 1987 なども参照）．まず，Carter and Avé Lallemant （1970），Phakey *et al.*（1972），Raleigh（1968）などの初期の研究でオリビンのすべり系が調べられた．その結果，オリビンのすべり方向は [100] または [001] であり，すべり面としては (010),(100),(001) や {*okl*} といった多様なものがみられるが，高温，低応力（典型的なマントルの条件）では [100](010) というすべり系が一番容易であることが示された．とくに Carter and Avé Lallemant（1970）は流動則だけでなく格子選択配向も詳しく研究し，変形条件と格子選択配向（容易なすべり系）との関係を明らかにした（図 2.14）．この図からわかるように，典型的なマントル内部（高温，低歪み速度）ではオリビンの場合，[100](010) というすべり系が卓越する．このことは，天然の岩石の研究でも確認され，高温であるマントルではこのすべり系に対応する格子選択配向（これを A–タイプ格子選択配向（コラム 12 参照）とよぶ）が発達するというパラダイムがつくられた（Nicolas and Christensen, 1987）．その後ほぼ 30 年間にわたって，上部マントルでの流動によって形成される地震波異方性

はこのオリビンの格子選択配向で説明されてきた（Savage, 1999; Silver *et al.*, 1999）.

ところが，Karato（1995）はオリビン単結晶の変形についての水の効果を調べた Mackwell *et al.*（1985）の実験結果を検討し，上記のパラダイムには適用限界があり，水を加えることによってオリビンの格子選択配向が変化するかもしれないと指摘した．Karato（1995）は Mackwell *et al.*（1985）の結果が，オリビンの変形は水によって促進されるがその促進の程度は [001] 方向のすべりに対しては [100] の方向のすべりより著しいことを示していることに着目し，水の量の多い条件下では高温，低い歪み速度であっても [001] 方向のすべりが卓越し，格子選択配向も今までの考えと違ったものになるであろうと予測した．もしそうならリソスフェアより深い，水の多い領域での地震波異方性の解釈には大きな変更が必要である．この仮説を検証するために，詳細な単純すべりでの変形実験が行われた．この仮説の要点はすべり方向の変化という点であったので，すべり方向のはっきりと指定されている単純すべりの実験が，広い範囲の水を含む試料を使って行われたのである．とくに多量の水を含む試料を使うことが大事であり，そのために広く使われている高精度のガス圧変形試験機ではなく，より高圧下での実験のできる古典的なグリッグスの変形試験機が使用された．応力を精度よく推定するために，転位密度の高精度での測定法が開発され，転位密度から応力が推定された．その結果，水の量によって，オリビンの

コラム 12

オリビンの格子選択配向

オリビンにはいろいろなすべり系があり，それぞれのすべり系での変形の容易さは温度，応力，水の量などで変化するので，物理的化学的条件が変われば，格子選択配向が変わってくるはずである．その代表的なものが図2.14である．それぞれの格子選択配向に対応するすべり系は以下のようである．

A–タイプ	[100](010)
B–タイプ	[001](010)
C–タイプ	[001](100)
D–タイプ	[100]{*okl*}
E–タイプ	[100](001)

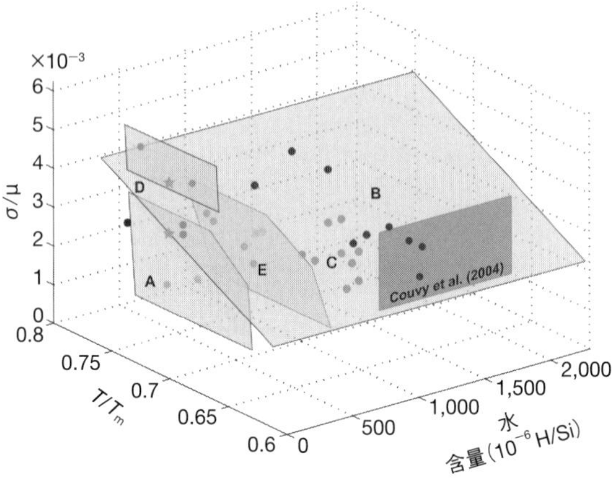

図 2.15　オリビンのずり変形での格子選択配向の温度（T：温度，T_{m}：融点），水の量，応力依存性（σ：応力，μ：剛性率）

点は個々の実験結果．Couvey *et al.*（2004）は高圧，水の豊富な条件での実験の条件．（Karato *et al.*（2008）による）

格子選択配向が変化することが確認され，水の量という新しい変数を使った格子選択配向図が作成された（図 2.15，総説としては Karato *et al.*（2008）を参照）．この一連の研究で，オリビンの格子選択配向には今まで考えられたもの以外にももっと多様なものがあることがわかってきた．たとえば，いままで，上部マントルの異方性の解釈に使われてきた [100](010) というすべり系に対応する格子選択配向（A–タイプ格子選択配向）は高温，低応力でかつ水の少ない条件でだけ発達するもので，リソスフェアでの変形（これはアセノスフェアの浅い部分で水が抜け去った後に起こる）には適用できるが，水のもっと多いアセノスフェアや沈み込み帯，上部マントル深部などでは，別の格子選択配向が卓越する可能性が示された．この新しい，格子選択配向図を使うと地震波異方性についての謎のいくつかを解くことができる（10.2 節参照）．

深部マントル（遷移層，下部マントル）の物質に関しては，格子選択配向の研究は限られている．ここでは，強い異方性が観測されている下部マントル（最深部）での異方性に関する研究について解説しよう．下部マントル（最深部）の異方性を格子選択配向で説明するとすれば，このあたりにある可能性のある鉱物，ペロブスカイト，ポスト-ペロブスカイト，(Mg,Fe)O の格子選択配向を知らね

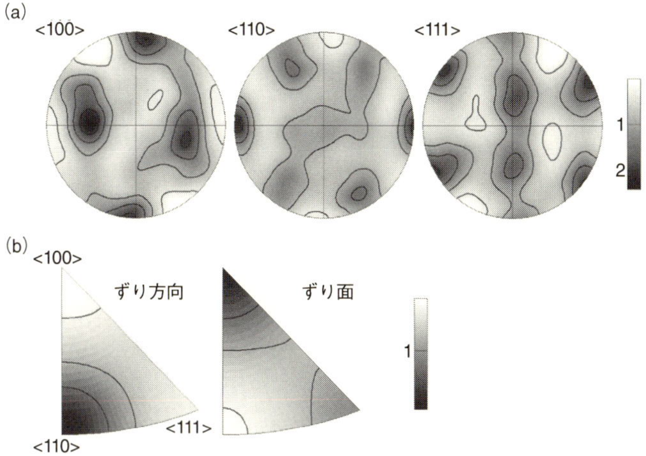

図 2.16 MgO の格子選択配向

（a）極図，（b）逆極図．（Yamazaki and Karato（2002））

ばならない．このいずれの鉱物も大きな弾性的異方性をもっているので，格子選択配向を知れば，異方性を説明する助けになる．しかし，これらの鉱物のうち，(Mg,Fe)O を除けば，すべては高圧下でだけ安定であるが，直接，高温，高圧での変形実験で格子選択配向を調べた研究はまだなされていない．(Mg,Fe)O に関しては低圧ではあるが相応温度（T/T_{m}）は下部マントルのものに近い条件で格子選択配向が調べられた（図 2.16）（Yamazaki and Karato, 2002）．ペロブスカイト，ポスト-ペロブスカイトの格子選択配向に関しては，高温，低圧でのアナログ物質についての実験（Karato *et al.*, 1995b; Yamazaki *et al.*, 2006）と，高圧，低温での実際のケイ酸塩ペロブスカイト，ポスト-ペロブスカイトについての実験がある（Merkel *et al.*, 2007; Merkel *et al.*, 2003）．このどちらも，地球への応用については問題があるが，低温での実験結果が地球に適用できないことはほとんど確実である．オリビンなどでよく知られているように，一般に，結晶の容易なすべり系は温度（T/T_{m}）によって変化するからである（たとえば，低温でのオリビンの格子選択配向ではマントルの主要部分の地震波異方性は説明できない）．この点はあまりにも自明なのであるが，いまだに，低温，高応力での実験結果を使ってマントルでの異方性を議論するという無意味な論文が大量に出版されているので注意しておきたい．アナログ物質の格子選択配向の結果が実際のマントルに適用できるかどうかも確実ではない．後の 3.1 節で解説するように，同じ結晶構造（化学結合）をもつ物質は共通した塑性変形の性質をもっていることが多い．そこで，同じ結晶構造をもつ物質は同じすべり系をもつことが多い．ただし，すべり面の選択は微妙なことが多く，化学結合などの微妙な違いで同じ結晶構造をもつ物質でも，違ったすべり面が卓越する場合があるからである（たとえば，NaCl と MgO では格子選択配向が多少違っている）．しかし，いろいろなアナログ物質の格子選択配向を調べ，化学結合の影響などを検討すれば，この方法から有意義な結果の得られる可能性は高い．今のところこの種の研究も限られているので，ペロブスカイト，ポスト-ペロブスカイトの格子選択配向については不確かさが多いといえる．しかし，D″ 層の異方性の大部分を (Mg,Fe)O の格子選択配向で説明することは可能である（Yamazaki and Karato, 2007）．(Mg,Fe)O は最下部マントルくらいの圧力で，非常に強い弾性異方性をもつので，量的には少ない鉱物であるが最下部マントルの異方性に寄与している可能性が強い．

第3章　相転移の効果

地球内部では物質はいろいろな温度・圧力の領域を運動しているので，運動とともに今まで存在していた鉱物（または鉱物組合せ）が安定ではなくなり，別のものに変化することがある．地殻で起こる変成作用や，マントル深部に潜り込むプレート内で起こるオリビンから高圧鉱物（ワズリアイト，ペロブスカイトなど）への相転移がその例である．相転移が起こるといろいろな性質が変化する．よく知られているのは黒鉛（グラファイト）からダイヤモンドへの相転移であり，この相転移によって黒鉛は非常に変形のしにくいダイヤモンドへと変化する．この場合は化学結合の様式が相転移によって大きく変わったため，塑性変形強度が変わったのである．

相転移が起こると，他の原因で塑性変形強度が変わることもある．相転移が進行するときに体積変化のため，物質内に内部応力が発生する．この内部応力によって変形が促進された例がいろいろな物質で見いだされている．また，相転移が起こると結晶粒径が変化し，変形のしやすさが変化することもある．水を冷却して氷をつくる場合を考えよう．ゆっくり冷却すると粒径の大きな氷の多結晶体ができるが，急冷すると粒径は小さい．このような粒径の小さい岩石（氷）は変形しやすいであろう．同様のことはマントル内部でも起こるかもしれない．この章では，相転移によって岩石の塑性変形がどのように影響されるかを解説しよう．

3.1　結晶構造の影響

地球の内部では石英がコーサイト（coesite）に変わったり，オリビンがワズリアイトに変わるという結晶構造の変化が起こる．同じ物質の結晶構造が変わった場合，その物質の塑性流動特性はどう変わるのだろうか？　このような問題を考えるとき，塑性変形と結晶構造の関係についての一般的理解があれば参考になる．これに似たような研究は弾性的性質について Liebermann が 1970 年代に精力的に行った（総合報告として Liebermann, 1982）．その結果によると，物質の結晶構造が変わった場合，弾性的性質は変化するが，その変化は密度変化によるものとしておおよそが説明できる（本シリーズの第 13 巻を参照）．同じ物質が密度の大きな構造に変化すると弾性定数が増加する．密度と弾性的性質との関係は**バーチの法則**＊（コラム 13 参照）とよばれており，相転移が起こる場合も，若干の補正が必要であるが，バーチの法則は弾性的性質についてはおおよそ成り立っている．

塑性変形については Ashby and Brown（1982）が多くの物質について，塑性変形強度と結晶構造との関係を調べた．彼らは，いろいろな物質の塑性変形強度は，それらの物質が同じ結晶構造，似たような化学結合をもっている場合，適当な**規格化**（normalization）をすると 1 つの関係式にまとめられることを示

コラム 13　バーチの法則

米国の地球物理学者であったバーチ（Birch）は超音波を使った，弾性波速度の測定を多量の岩石，鉱物について行い，その結果をまとめ，いろいろな物質の弾性波速度はその物質の化学組成（平均原子量）と密度で決まることを示した．とくに，ある組成をもつ鉱物の弾性的性質は温度と圧力とともに変化するが，その変化は温度や圧力によって密度が変化したためだとしておおよそ説明できる．つまり，ある物質の弾性的性質は密度を決めれば決まる．同じ密度であれば，温度や圧力が違ってもほぼ同じ弾性的性質をもつ．これを**バーチの対応状態の法則**（Birch's law of correspondent state）とよぶ．高圧で密度の高い結晶構造に変わったときは，弾性定数はほとんどの場合，増加する．高圧で原子の配列（配位数）に変化がある場合など，この傾向から少しずれるが，やはり，高密度の物質ほど弾性定数が大きいという傾向は変わらない．

した．同じ結晶構造をもつ物質にはいろいろな化学組成のものがある．それぞれの物質の塑性変形強度を同じ温度・圧力で比較すると大きく違う．ところが，このように違う物質のデータも，応力は σ/μ（μ は剛性率），温度は $T/T_{\rm m}$（$T_{\rm m}$ は融点）で規格化して比べると，多くのデータが 1 つの関係式で近似的に表せる場合が多い．この規格化については近似的であるが，一応，理論的説明がある．たとえば，応力といっても，それが大きいか否かは物質のもっている弾性的性質によっている．たとえば転位のまわりの応力場は $\sigma \approx \dfrac{b\mu}{r}$ で表されるが，これからわかるように剛性率に比例している．そこで応力は σ/μ と規格化しておくとよい．同じように，活性化エネルギーについては融点とよい関係があった．そこで，$\exp\left(-\dfrac{H^*}{RT}\right) \approx \exp\left(-\dfrac{\beta T_{\rm m}}{T}\right)$ という関係式を思い出せば，温度に関しては，$T/T_{\rm m}$ で規格化すればよいことがわかる．また，結晶粒径については単位胞の大きさ（つまりバーガースベクトルの長さ）で規格化するのがよいであろう．実は歪み速度も規格化しなければならない．これは格子振動の周波数で規格化すればよいのだが，格子振動の周波数の値は物質によってあまり変わらないので，この規格化はそれほど重要ではない．これらの規格化のうちでは応力と温度の規格化が一番重要である．これらの量は物質によって大きく変わるからである．たとえば，べき乗則クリープでは，このような規格化によって

$$\frac{\dot{\varepsilon}}{\nu_{\rm D}} = A\left(\frac{\sigma}{\mu}\right)^n \left(\frac{b}{L}\right)^m \exp\left(-\frac{\beta T_{\rm m}}{T}\right) \tag{3.1}$$

と書ける．ここで $\nu_{\rm D}$ は格子振動の代表的な周波数である．もし，このような，ある結晶構造をもつ物質に共通の，規格化された塑性変形の構成方程式が求まっていれば，この結晶構造をもつ物質のなかでまだ塑性変形は調べられていないが，剛性率や融点がわかっているものがある場合，その物質の塑性変形強度を予測することができる．Ashby and Brown（1982）は広範囲の物質の塑性変形強度を調べ，物質をいろいろなグループに分類した．

Ashby and Brown（1982）の分類ではすべての酸化物は 1 つのグループに分類されていたが，Karato（1989b）は同様な研究を酸化物，ケイ酸塩鉱物についてより詳しく行った．その結果，いろいろな酸化物，ケイ酸塩で，結晶構造によって，規格化された流動則が大きく違うことが見いだされた（図 3.1）．たとえば，食塩型の構造をもつ物質はガーネット構造をもつ物質より，同じ $T/T_{\rm m}$ で比べてはるかに小さな強度 (σ/μ) をもっている．これらの研究によって，塑

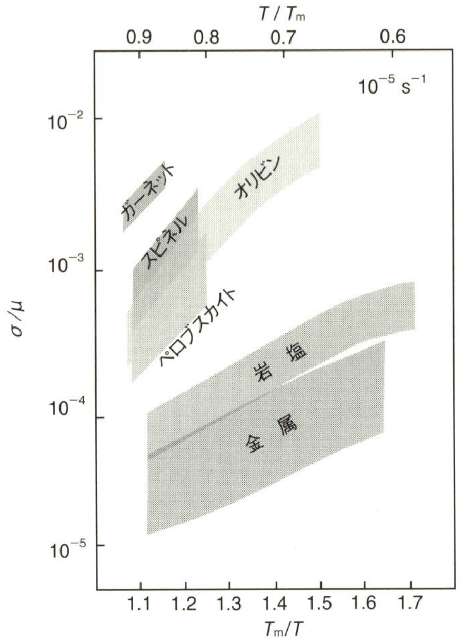

図 3.1　塑性変形に必要な応力と結晶構造，化学結合の関係
（Karato（2011a）による）

性変形強度に関しては，結晶構造が非常に大きな影響をもっており，密度は重要な役を果たさない，つまり，バーチの法則が成り立たないことが示された．そこで，地球深部で鉱物が密度の大きな構造に変化しても，塑性強度（粘性率）が増加するとは限らないのである．

もちろん，このような方法でわかるのは，いまだに直接の研究がなされていない物質の塑性流動についての大雑把な傾向だけであり，その適用範囲は限られている．地球深部での塑性変形についての仮説をつくる助けにはなるが，決定的な結果は直接の高温・高圧下での変形実験で調べるほかはない．

3.2　内部応力（内部歪み）の効果

鉱物で起こる相転移の大部分は一次の相転移とよばれるもので，相転移によって体積が変化する（例外としては石英の α–β 転移があり，この場合，体積変化はゼロに近い．このような相転移は二次の相転移とよばれる）．この場合，相転移が進行すると物質内部には応力（と歪み）が発生する．この内部応力（または内部歪み）が変形を促進する場合がある．このような現象は Greenwood and Johnson（1965）によって最初に解析され，後に Poirier（1982）がこれとはやや異なったメカニズムを提案した．Greenwood and Johnson（1965）は，物質の塑性変形は外部から加えた応力だけでなく内部で発生する応力によっても起こると考え，相転移の際に発生する内部応力が変形を促進すると提案した．相転移での体積変化の割合を $\Delta V/V$ とし，相転移の起こる時間を τ とすれば，相転移に対応する体積歪み速度はおよそ $\dfrac{\Delta V/V}{\tau}$ である．相転移が多結晶体の一部で進行すると，隣接した結晶もこれに近い歪み速度で変形しなければならない．そこで，相転移が進行中の物質では通常以上の歪み速度で変形する場合があり，大きな内部応力が発生する．Poirier（1982）は，相転移によって発生した応力が緩和した後での変形の促進の可能性を考えた．彼は，相転移による応力が緩和した後には多結晶内に有限の内部歪みが発生することに注目し，この内部歪みが転位の生成によって実現されていると考えた．そこで，彼のモデルでは，相転移が完了したところで多結晶体内には以前より大きな転位密度があり，オロワンの式を使って，転位密度が高いのだから歪み速度が大きいのだと議論した．

このようなモデルの地球科学的な妥当性を検討してみよう．まず，Greenwood and Johnson（1965）のモデルであるが，このようなメカニズムで変形が促進されるのは相転移による（体積）歪み速度が通常のずりの歪み速度に比べて大きい場合だけである．今，物質が毎年 1 cm の速さで相転移境界を通して運動しているとしよう．相転移は 20 km の深さの範囲で完結するとし（これはオリビン–ワズリアイト転移に対応する）相転移に伴う体積変化率として代表的な値，5% を仮定すると，相転移に伴う体積歪み速度はほぼ 10^{-15} s となる．これはマントル対流に伴う歪み速度と同程度である．そこでこの効果は普通のマントルではそれほど大きなものではないと結論できる．また，Poirier（1982）のモデルの妥当性は疑わしい．まず，このモデルでは転位密度が増加するために変形が促進されると考えているが，その根拠は薄い．転位密度が増えると加工硬化を起こし，変形がしにくくなることもある．高温では加工硬化は起こらない場合もあるが，高温では余分にできた転位はアニールされてすぐに消滅してしまう．

そこで，このモデルが成り立つ条件は非常に限られていると考えられる．

3.3　結晶粒径の変化による影響

第 2 章で解説したように，相転移に伴って結晶粒径が変化することがある．とくに，相転移が低温で起こる場合，結晶粒径が小さくなることがある．このような場合，塑性変形は大きく促進される．2.1.3 項で解説したように，相転移によってできる多結晶体の結晶粒径は，相転移の核形成速度（$\dot{N}$）と結晶成長速度（$\dot{G}$）との兼ね合いで決まっている $\left(L \approx \left(\frac{\dot{G}}{\dot{N}}\right)^{\frac{1}{3}}\right)$．また，地球内部での普通の粒径，応力などの条件は，転位クリープと拡散クリープの境界の値に近い．そこで，何かの要因で粒径が小さくなると，物質は変形しやすくなる．この考えは Vaughan and Coe（1981）が初めて提案し，その後，Ito and Sato（1990），Rubie（1984）らが同じようなモデルを発表した．彼らは，相転移の後で結晶の粒径が小さくなるという，実験室での研究でよく見られる事実から，地球のマントルでも，相転移による細粒化で岩石が柔らかくなると示唆したのである．しかし，実験室での 1 時間くらいで起こる相転移で粒径が小さくなったからといって，百万年くらいの時間でゆっくり起こる地球内での相転移でも結晶粒径が小さくなるかどうかはまったく不明である．逆に粒径が相転移で大きくなることもありうる．実験室での結果を直接，地球に適用するのでなく，実験室の結果から鍵になる物性定数を決め，より長い時間スケールで相転移が起こったときにどのような結晶粒径になるのかというモデルを構築することが肝心である．このような研究は Riedel and Karato（1997）によってなされ，相転移が低温で起こるときには結晶粒径は小さくなるが，高温で起こるときは逆に大きくなることが示された．低温のスラブ内で相転移が起こるときは，物質が相平衡境界から大きくずれた条件で核形成が起こるので，低温にもかかわらず核形成率はそれほど小さくはならない．しかし，温度が低いので結晶成長速度は遅い．そこで，結晶粒径が小さくなるのである．高温の場合は相転移が平衡境界に近い条件で起こるので，温度が高い割には核形成速度は速くない．しかし，結晶粒成長速度は速い．そこで結晶粒径が大きくなるのである．

低温のスラブでは温度が 900 K くらいの条件で相転移が起こる．このような場合，このモデルによれば結晶粒径は数 mm くらいから 1 μm 程度になり，粘性率は 10 桁程度も減少すると考えられる．このため，低温のスラブも変形することが可能なのであろう（Karato *et al.*, 2001）．このようなスケーリングの考察は，いろいろな地質現象を物質科学的観点から議論するときに重要である．

第4章 変形の局所化

4.1 一般的考察

今までの議論では，変形は一様に起こっていると暗に仮定してきた．そのような場合，変形は時間的にも一定の状態で起こりえて，定常クリープでの流動則を議論することができる．これは議論を簡単にするために有用な仮定であった．ところが，実際の地球では変形が局所化していることがある．とくに，リソスフェアでの変形が局所化していることは地質学的観察（剪断帯の存在）やプレート境界での変形などから推定できる．実際，9.1 節で解説するように，変形が一様であるとすると，海洋プレートの強度があまりにも大きなものになり，プレートが変形してマントルに沈み込むことはできないことになってしまう．プレートテクトニクスを説明するには変形がどのように局所化するのかを理解する必要がある．

変形が局所化するための基本的な原理は，歪みや歪み速度が増加したときに変形がしやすくなるという，正のフィードバックがあることである．このような条件が満たされると，もし物質のある部分が他の部分より大きく変形するとそこがもっと変形しやすくなり，変形が局所化することがある．今まで学習してきた流動則を思い出すと，すべての流動則で，歪み速度が大きくなると変形に必要な応力は増加するのだから，このような物質では変形の局所化は起こらないことがわかる．この事情は歪みに関しても同様である．変形が定常状態になる前にはたいていの場合，加工硬化（歪み硬化）という現象，つまり，歪みとともに変形がしにくくなるという現象が起こる（1.3.4 項）．この場合も，変形は安定になる．したがって，塑性流動をする物質で変形の局所化が起こるためには，今まで無視してきた何かが重要な役割を果たしていることになる．

ではどのような条件が満たされるとき，変形が局所化するのだろうか？ 何を今までの議論で忘れてきたのだろうか？ まず，局所化の条件として，変形の局所化が起こるのは，より多く変形した部分での歪み速度がそのまわりより大きい場合であるという

$$\frac{\delta \log \dot{\varepsilon}}{\delta \log \varepsilon} > 0 \tag{4.1}$$

を採用しよう．この式の意味は直感的に明らかであろう．今,たいていの物質では小さい歪みでは加工硬化（歪み硬化）が起こること,つまり，$\frac{\delta \log \dot{\varepsilon}}{\delta \log \varepsilon} \approx \frac{\partial \log \dot{\varepsilon}}{\partial \log \varepsilon} < 0$ であることを考えると，この式が成り立つときは $\frac{\delta \log \dot{\varepsilon}}{\delta \log \varepsilon}$ の符号は歪みとともに変化し，同じ歪み速度に対して，2 つの歪みが対応することがわかる．通常の物質では $\frac{\delta \log \dot{\varepsilon}}{\delta \log \varepsilon} \leq 0$ であって，歪み速度は歪みとともに減少し，やがて定常状態になる．何らかのメカニズムで $\frac{\delta \log \dot{\varepsilon}}{\delta \log \varepsilon} > 0$ となれば変形が不安定になるのである．次の節で，どのようなメカニズムで $\frac{\delta \log \dot{\varepsilon}}{\delta \log \varepsilon} > 0$ となるのかを検討しよう．

4.2 局所化のメカニズム

4.2.1 断熱不安定

今までの議論では，試料は一定の温度の条件にあると考えてきたが，塑性変形は摩擦などと同様な不可逆過程であって，変形によって物質が加熱されることを思い出そう．変形によって試料のある一部がより多く変形すると，その部分はより多く加熱される．そうすると，その場所はまわりより温度が上昇するから，より変形しやすくなる．そこで，もし，変形によって発生した熱が熱拡散で散逸してしまわなければ，変形による加熱によって変形の局所化が起こる可能性がある．ただし，変形を安定化する要因として加工（歪み）硬化の影響も考えねばならない．加工硬化よりも温度上昇による軟化が卓越するとき，変形の局所化が起こる．このようなメカニズムで起こる変形の集中メカニズムは

断熱不安定（adiabatic instability）とよばれている．このメカニズムは実際の工作機械の運転などで重要になるので，詳しく研究されてきた．

上記のことからわかるように，ここでは変形による発熱による軟化と，歪み硬化による硬化の競合を考える．そこで，

$$\delta \log \dot{\varepsilon} = \left(\frac{\partial \log \dot{\varepsilon}}{\partial \log T}\right)_{\varepsilon} \cdot \delta \log T + \left(\frac{\partial \log \dot{\varepsilon}}{\partial \log \varepsilon}\right)_{T} \cdot \delta \log \varepsilon \tag{4.2}$$

から出発する．ここで右辺の第 1 項は変形による発熱の影響，第 2 項は歪み硬化の影響を表す．第 2 項を簡単のため $\left(\frac{\partial \log \dot{\varepsilon}}{\partial \log \varepsilon}\right)_{T} = -h$ と書き（h は加工硬化係数とよばれる，1 程度の大きさの無次元数），$\dot{\varepsilon} \propto \exp\left(-\frac{H^*}{RT}\right)$ から導ける $\left(\frac{\partial \log \dot{\varepsilon}}{\partial \log T}\right)_{\varepsilon} = \frac{H^*}{RT}$ という関係を使うと，式（4.2）は

$$\delta \log \dot{\varepsilon} = \frac{H^*}{RT} \cdot \delta \log T - h \cdot \delta \log \varepsilon \tag{4.3}$$

となる．ここで，変形による発熱について考え，$\delta \log T$ と $\delta \log \varepsilon$ を関係づけよう．変形による発熱がある場合のエネルギーの保存則は

$$\frac{\partial T}{\partial t} = \kappa \frac{\partial^2 T}{\partial x^2} + \frac{\dot{\varepsilon}\sigma}{\rho C_P} \tag{4.4}$$

である．ここに，右辺の第 1 項は熱拡散の効果を示し（κ は熱拡散率），第 2 項は変形による発熱の効果である（C_P は等圧比熱）．熱伝導の効果を見るために第 2 項をゼロとすると，$\frac{\partial T}{\partial t} = \kappa \frac{\partial^2 T}{\partial x^2}$ から，熱の拡散の時間スケールは $\tau_{\rm th} \approx \frac{L^2}{\pi^2 \kappa}$ となる．一方，変形の時間スケールは $\tau_{\rm def} \approx \frac{\varepsilon}{\dot{\varepsilon}}$ である．そこで，変形による発熱の効率は $\beta \equiv \frac{\tau_{\rm th}}{\tau_{\rm def}} = \frac{L^2 \dot{\varepsilon}}{\pi^2 \kappa \varepsilon}$ というパラメータで表される．$\beta \equiv \frac{\tau_{\rm th}}{\tau_{\rm def}} \ll 1$ なら，熱のほとんどは拡散して試料の温度は変化しない（等温変形，$\delta T = 0$）．逆に $\beta \equiv \frac{\tau_{\rm th}}{\tau_{\rm def}} \gg 1$ なら変形で発生したエネルギーはほとんどが熱になる$\left(\text{断熱変形，} \delta T \approx \frac{\dot{\varepsilon}\sigma}{\rho C_p} \delta t\right)$．そこで，変形による温度変化は近似的に

$$\delta T = [1 - \exp(-\beta)] \frac{\dot{\varepsilon}\sigma}{\rho C_p} \delta t \approx \beta \frac{\dot{\varepsilon}\sigma}{\rho C_p} \delta t \tag{4.5}$$

と書くことができる．ここで，変形が不安定になるギリギリの条件を考えるので，小さい β について成り立つ近似式 $(1 - \exp(-\beta) \approx \beta)$ を用いた．この式を

変形すると，

$$\delta \log T = \frac{\dot{\varepsilon}}{\varepsilon} \frac{L^2}{\pi^2 T\kappa} \frac{\dot{\varepsilon}\sigma}{\rho C_p} \delta t = \frac{L^2}{\pi^2 T\kappa} \frac{\dot{\varepsilon}\sigma}{\rho C_p} \delta \log \varepsilon$$

となるから，これを式 (4.3) に代入し，

$$\delta \log \dot{\varepsilon} = \left(\frac{H^*}{RT^2} \cdot \frac{L^2}{\pi^2 \kappa} \cdot \frac{\dot{\varepsilon}\sigma}{\rho C_p} - h \right) \cdot \delta \log \varepsilon \tag{4.6}$$

を得る．したがって，変形の局所化の条件 $\left(\frac{\delta \log \dot{\varepsilon}}{\delta \log \varepsilon} > 0 \right)$ は，

$$\dot{\varepsilon}\sigma > (\dot{\varepsilon}\sigma)_c \equiv \frac{\pi^2 h \rho C_P \kappa R T^2}{H^* L^2} \tag{4.7}$$

となる．この条件は，熱的不安定による局所化は変形によるエネルギー散逸率がある値 $\left((\dot{\varepsilon}\sigma)_c \equiv \frac{\pi^2 h \rho C_P \kappa R T^2}{H^* L^2} \right)$ を超えたときに起こる，と解釈することができる．この臨界値が変形の空間スケール L によっていることに注意しよう．大きい L であるほど，臨界値は小さい，つまり，局所化が起こりやすいのである．

$h = 1$，$\rho = 3{,}000$ kg/m^3，$C_p = 1{,}200$ J/kg K，$\kappa = 10^{-6}$ m^2/s，および $H^* = 500$ kJ/mol という数値を入れて，この不等式が満たされる変形の条件を計算してみよう（図 4.1）．まず，典型的な室内実験では $L \approx 3$ mm，$\sigma \approx 100$ MPa 程度である．そこで，不等式（4.7）が満たされるためには，$\dot{\varepsilon} > 1$/s，つまり，高速変形でないと発熱による変形の局所化は起こらないことになる（普通の変形実験では $\dot{\varepsilon} \approx 10^{-6} \sim 10^{-3}$/s であるから，熱的不安定による局所化は起こらない）．一方，地球の場合は空間スケールが大きい．たとえば $L \approx 100$ km としてみよう．歪み速度を 10^{-15}/s とすると，応力がおよそ 100 MPa 以上だと局所化の条件が満たされる．$\dot{\varepsilon}\sigma = 2\dot{\varepsilon}^2\eta$ であるから，この条件を（歪み速度を一定として），粘性率（η）に対する条件と解釈することもできる．歪み速度を 10^{-15}/s とした場合，粘性率がおよそ 10^{23} Pa s 以上だと局所化の条件が満たされることになる．マントルの平均粘性率はおよそ 10^{21} Pa s であるから（7.1 節参照），マントルの一般的な部分（高温の部分）ではこのメカニズムでの変形の局所化は起こらない．地球の中では比較的粘性率の大きな低温の部分で，このメカニズムによる変形の局所化が起こりやすいと結論できる．沈み込んだプレートの変形がその例であって，深発地震の発生もこのメカニズムによっているのかもしれない（Karato *et al.*, 2001）．

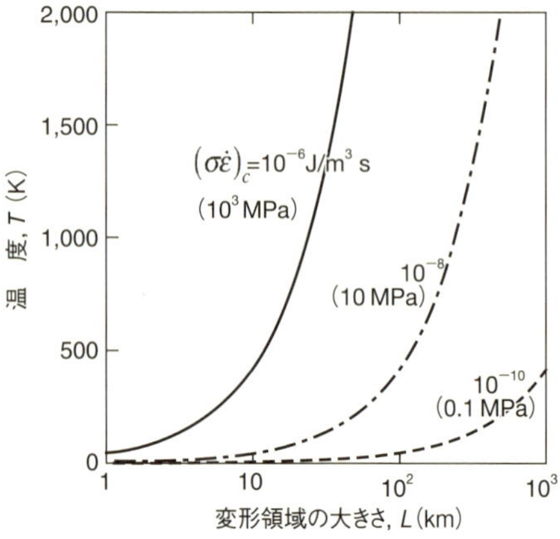

図 4.1　断熱不安定による変形の局所化の起こる条件

断熱不安定を起こすのに必要なエネルギー散逸率を温度（T）と考えている領域の大きさ（L）の関数として示した．温度と大きさが決まっているとき，変形の集中が起こるために必要なエネルギー散逸率（J/m^3s）がこの図からわかる．括弧内の数字はこの臨界エネルギー散逸率を，歪み速度を 10^{-15} s^{-1} として応力に換算したもの．断熱不安定は変形で大きなエネルギーが散逸されるときに起こり，大きな物質（大きな L），低い温度で起こりやすい．

4.2.2　結晶の細粒化による変形の局所化

結晶粒径が小さくなれば変形が促進されることがある．結晶の細粒化が岩石の一部で起こるとそこに変形が集中し，変形が局所化する可能性がある．実際，1.4 節で解説した変形機構図を見てわかるように，普通のマントルでは変形の条件は転位クリープと拡散クリープのちょうど中間くらいであり，何かの原因で結晶粒径が小さくなると，拡散クリープが有力になり，変形が促進されるであろう．結晶粒径が小さくなるメカニズムとしては，相転移や化学反応などが考えられるが，ここでは簡単のため，このような反応は起こらない場合を考えよう．この場合，結晶粒の細粒化は動的再結晶による．

動的再結晶によって変形の局所化がどのように起こるのだろうか？　動的再結晶が起こるとき，再結晶粒が既存の結晶粒界にできる（図 4.2）．この再結晶粒が十分小さいと，この部分は拡散クリープなどのメカニズムで変形し，再結晶以前の物質より柔らかくなる．このような場合，再結晶をしている物質には，小さな粒径で柔らかい部分と残りの大きな粒径で硬い部分が共存している．小

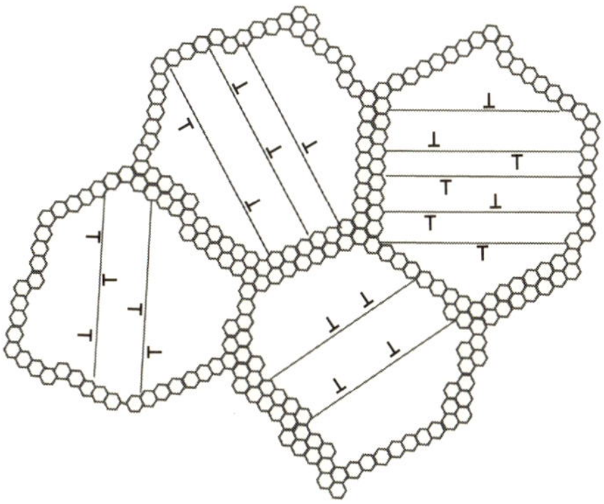

図 4.2　動的再結晶をしている多結晶体の構造

多結晶体が転位クリープで変形すると，既存の結晶粒界付近で動的再結晶が起こることが多い．（Karato（2008a）による）

さな粒径で柔らかい部分に歪みが大きく集中すれば，変形の局所化が起こる．この問題を考えるには，動的再結晶による結晶粒径の変化と，変形メカニズムとの関係を調べなければならない．ここで重要になってくるのが，転位クリープと拡散クリープの境界を決める関係式と，動的再結晶によってできた結晶粒の大きさと応力（温度）の関係である．そのどちらも，$L = A \cdot \sigma^{-r}$（L は粒径，σ は応力）というような関係を満たすが，応力指数 r の値は変形メカニズム境界のほうが，動的再結晶粒径-応力関係のものより大きい．そこで，高応力では動的再結晶でできた結晶の粒径が十分小さくなり，拡散クリープ領域に入る可能性がある．この傾向は，温度によっても変化する．その理由は，変形メカニズム境界は温度で大きく変化するが，動的再結晶粒径-応力関係は温度にあまりよらないからである．高温では，転位クリープ領域が広がるので，動的再結晶による軟化は起こりにくいが，低温では拡散クリープの卓越する領域が広がるので，軟化が起こりやすい．

このメカニズムで変形の局所化が起こる理由は変形機構図を見ると理解できる．図 4.3 を見てみよう．まず，岩石が転位クリープで変形し，変形の定常状態にあるとしよう．その場合，動的再結晶も起こっているだろうから，結晶粒径は応力に対応したある値をもっているであろう（図 4.3 の A に対応）．さて，何かの理由で応力が急増したとする．そうすると新しい応力での動的再結晶に

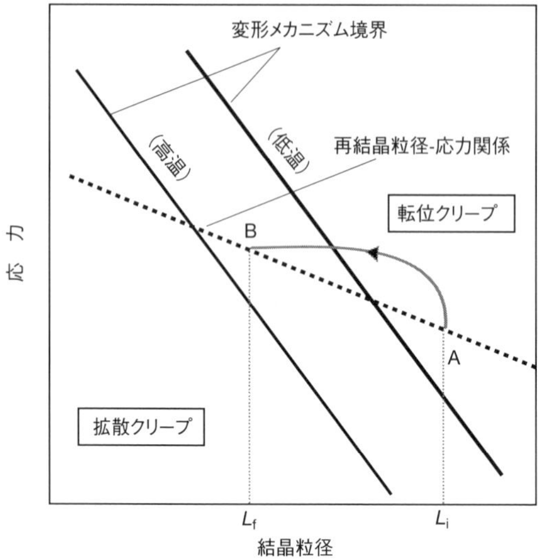

図 4.3　結晶粒径と応力を座標軸にした変形機構図に動的再結晶粒径と応力の関係を重ね合わせたもの（模式図）

応力パルスが加わった場合，結晶粒径は動的再結晶によって初期値（L_i）から L_f へ変化し，既存の結晶粒界に新しい小さな結晶粒ができる．この新しい結晶粒径が十分小さいとその部分は柔らかくなり，変形が集中する．変形機構の境界は温度の低下とともに大きな粒径（高応力）へ移るので，このメカニズムによる変形の局所化は低温ほど起こりやすい．

よって，より小さな結晶粒が形成される（A→B）．このとき，一般に動的再結晶粒径と応力との関係を決める線と，転位クリープと拡散クリープの境界線の傾きが異なっているので，小さな結晶に対応する変形条件が拡散クリープに移行することが起こりうる．

この条件は，次のようにして求められる．まず，一定の応力での変形を考えると，この応力に対して，拡散クリープと転位クリープでの歪み速度が同じになる粒径は，

$$\dot{\varepsilon}_{\mathrm{diff}} = A_{\mathrm{diff}} \frac{\sigma}{\tilde{L}^m} \exp\left(-\frac{H^*_{\mathrm{diff}}}{RT}\right) = \dot{\varepsilon}_{\mathrm{disl}} = A_{\mathrm{disl}} \sigma^n \exp\left(-\frac{H^*_{\mathrm{disl}}}{RT}\right) \tag{4.8}$$

から

$$\tilde{L} = \left(\frac{A_{\mathrm{diff}}}{A_{\mathrm{disl}}}\right)^{\frac{1}{m}} \sigma^{-\frac{n-1}{m}} \exp\left(\frac{H^*_{\mathrm{disl}} - H^*_{\mathrm{diff}}}{mRT}\right) \tag{4.9}$$

である．動的再結晶によってできた結晶粒径がこの結晶粒径より小さければ，

再結晶した部分は再結晶していない部分より柔らかく，変形の局所化が起こりうる．動的再結晶でできた結晶の粒径は応力と $L_0 = A_{\mathrm{recry}}\sigma^{-r}$ の関係にあるから（式（2.12）），変形の局所化に必要な条件は $L_0 < \tilde{L}$ であり，それを温度と応力の関数として表すと

$$A_{\mathrm{recry}}\left(\frac{A_{\mathrm{disl}}}{A_{\mathrm{diff}}}\right)^{\frac{1}{m}} < \sigma^{r-\frac{n-1}{m}} \cdot \exp\left(\frac{H^*_{\mathrm{disl}} - H^*_{\mathrm{diff}}}{mRT}\right) \tag{4.10}$$

となる．$r - \dfrac{n-1}{m} > 0$，$H^*_{\mathrm{disl}} - H^*_{\mathrm{diff}} > 0$ であるから，この条件は高応力，低温で満足される．この条件が満たされたとき，既存の結晶粒界付近で形成された，細かい動的再結晶粒の部分はまわりより柔らかく，そこに変形が集中する．同時にまだ再結晶していない大きな結晶は転位クリープで変形し，動的再結晶粒を形成し続ける．

実際に変形が局所化されるにはもう1つの条件が必要である．上で，再結晶粒が小さいとその部分は拡散クリープなどで変形し柔らかくなると述べたが，その領域では結晶粒成長も起こる．結晶粒成長が速いと，その領域はすぐに硬くなるので顕著な局所化は起こらない．そこで，大きな局所化が起こるには結晶粒成長が遅いという条件も必要である．このためには温度が低いとか，第2の相によって粒成長が妨げられるといったような条件が必要になってくる．また，温度があまりに低いと，そもそも塑性変形が起こらないので，動的再結晶も起こらない．結局，このメカニズムで変形の局所化が起こるのは温度がある範囲で，いくつかの鉱物で細かい再結晶粒ができる場合であると考えられる．このような条件についての簡単な考察は Karato（2008a）で議論されているが，詳しいモデルはまだつくられていない．このモデルの本質は，変形の局所化が比較的低温で起こるという点で，そのためリソスフェアの強度は局所化の影響を受けやすい．そうすると，比較的低温のリソスフェアのほうが高温のリソスフェアより柔らかいという現象も起こりうるだろう．これは後述する，地球と金星でテクトニクスの型が違うことの説明になっているのかもしれない．

De Bresser *et al.*（2001）は，拡散クリープと転位クリープという長時間での釣り合いで決まる結晶粒径のみを考え，動的再結晶による変形の局所化は重要ではないと議論した．しかし，2.1.2 項で述べたように，動的再結晶が進行するときには既存の粒界近傍で核形成と粒成長のミクロな釣り合いが成り立ってい

るはずである．言い換えると，動的再結晶が起こっている多結晶体では 2 つのレベルでの結晶粒径に関する釣り合いがあり，物質は不均質な構造をもつ（図 4.2）のだが，De Bresser *et al.*（2001）は核形成と粒成長のミクロな釣り合いを無視し，不均質構造の影響を考えなかったため，大きな変形の局所化が起こる可能性を見逃したのである．

4.2.3　二相系での変形の局所化

クリープ強度の大きく違う 2 つの相が混ざった物質の塑性変形強度は 2 つの物質の強度のある平均になるが，どのような平均になるかには 2 つの極限がある．1 つは柔らかい相が連続しており，柔らかい相のつながっている面で変形が起こる場合である．その場合，柔らかい相が混合物の強度を決めている．もう 1 つは，柔らかい相が孤立している場合で，この場合，変形強度はおもに，硬い相で決められている．この 2 つの場合は，混合物の変形強度の下限と上限に対応するのであるが，2 つの物質の強度差が大きいとき，上限と下限の違いは大きい．このような場合，変形によって 2 つの相のかたちが変化し，弱い相がつながってくると，上限に近い強度から，下限の強度へと変化する可能性がある．これは**パーコレーション転移**（percolation transition）とよばれる現象で，弱い相の量がある臨界値を超したり，弱い相のかたちが変化して一挙に変形が弱い相に集中するという現象である．このような例は食塩-方解石（Bloomfield and Covey-Crump, 1993）や部分溶融した物質（Holtzman *et al.*, 2003b）でみられている．Yamazaki and Karato（2001）や Ohuchi *et al.*（2010）はこのようなメカニズムでの変形の局所化が，それぞれ下部マントル，上部マントルで起こるのではないかと示唆した．

4.3　実際の地球での変形の局所化メカニズム

実際の地球での変形の局所化については，大陸地殻での変形の局所化が多く研究されている．大陸地殻での局所化した変形を示す構造として**マイロナイト**（コラム 14 参照）とよばれる細粒の岩石がある．これは，大陸地殻での剪断帯によく見られる岩石で，結晶粒径がそのまわりの岩石より小さい．また，剪断帯では岩石が融けた証拠であるガラス状の岩石（これを**シュードタキライト**（コラム 14 参照）とよぶ）が見られることもある．これらは変形の局所化が結晶の細粒化や変形による発熱と関連していることを示している．ただし，これらの観察から，細粒化や変形による発熱が変形の局所化の原因であるという結論には簡単にはいかない．実際，マイロナイトについての代表的論文（White *et al.*, 1980）では，結晶の細粒化による変形の局所化というモデルを否定して，粒界移動による軟化や，格子選択配向による軟化を局所化の原因だと議論した．彼らが，この結論に至った大きな理由は，マイロナイトには強い格子選択配向が見られることが多いという事実であった．強い格子選択配向 → 転位クリープ → 結晶粒径依存性なし，という理屈を使ったのである．しかし，第 2.2.4 項の Ⓐ で解説したように，対称性の低い鉱物ではこの一見もっともらしい論理は成り立たないことが多く，White *et al.*（1980）らの議論は今日の知識から判断すれば正しくない．

一方，Jin *et al.*（1998）は剪断帯での岩石中の結晶粒径の分布を詳細に調べ，細かい結晶の割合と変形の大きさに明瞭な関係があることを示し，結晶の変形による細粒化が変形の局所化の原因である強い証拠であると論じた．彼らの調べた剪断帯ではシュードタキライトも見られるが，結晶粒径の分布から判断して，変形による細粒化が局所化の原因であり，局所化した急速な高応力での変形の結果として融解が起こり，シュードタキライトが形成されたと解釈される．この場合，変形による発熱は変形の局所化の（原因ではなく）結果として起こっ

コラム 14　マイロナイトとシュードタキライト

マイロナイト（mylonite）とは細粒の変形した岩石のことをさす．語源的には“mylo”はギリシャ語の *mylos*（$\mu\upsilon\lambda o\sigma$）からきており，これは粉砕を意味するが，現在では細かい結晶粒は破壊による粉砕ではなく，塑性変形（動的再結晶）によって形成されたと考えられている．“細粒”というが，どれだけの粒径を細粒というかははっきり決められてはいない．普通，数十 μm以下のものをマイロナイトとよぶ．もっと細かい粒径をもつ岩石をウルトラマイロナイトとよぶ．シュードタキライト（pseudotachylyte）はさらに細粒になり，ガラス状になった岩石のことをさす．ほとんどの場合，断層面に沿って見いだされるので，断層運動による摩擦熱で融けた結果できた岩石であると考えられている．

たと考えられる．このようなことはマントルの深部まで潜り込んだスラブでも起こりうるであろう．相転移で形成された細粒の領域に変形が集中し，最後に熱的不安定が起こり，深発地震が起こるのかもしれない（Karato *et al.*, 2001）．

このほかにも Furusho and Kanagawa（1999）は，ガーネットペリドタイトからスピネルペリドタイトへの相転移でできた小さな結晶が変形の局所化を促したという例を挙げている．その他のメカニズムについては Drury *et al.*（1991）の総説がある．ここでは解説しなかった，流体の貫入によって誘起された変形の局所化なども議論されている．

第5章 地震波の減衰と潮汐摩擦——小さい歪みの非弾性変形

●はじめに

以上では比較的大きな歪みでの塑性変形を解説してきたが，地球物理への応用で重要な小さい歪みでの塑性変形が重要な役を果たす地震波減衰のメカニズムについてこの章で解説しておこう．地震波減衰のメカニズムを理解することは減衰だけでなく，地震学のいろいろなデータ，とくに地震トモグラフィーの結果を解釈するのにも重要である．

地震波減衰はミクロな観点からみると，惑星の潮汐摩擦（コラム 15 を参照）とそのメカニズムが共通している部分が多い．惑星の潮汐摩擦は惑星の熱構造や軌道の歴史（orbital evolution）に重要な役割を果たしている．このような現象を理解するのにも，比較的小さな歪みでの塑性変形の様子を理解することが重要になる．小さな歪みの変形がどのようなメカニズムで起こるのか，それが弾性的性質からのずれにどう影響するのか，どのようにして地球物理的な観測にかかるのかを理解することが重要である．この章は少し数学的で混み入っているので，数式に埋もれてしまって本質を見失わないように，まず要点だけをまとめておこう．

- 一般に固体に高温で低い周波数の応力を加えると，弾性変形だけでなく，粘性流動的な変形も起こる．それによって，地震波は減衰し，地震波の伝播速度は低下する．地震波の低速度は必ずしも部分溶融によるものだけではない．この点は低速度＝部分溶融という固定観念が地球科学者の間に根強いのでとくに強調しておきたい．

- 地震波の減衰が起こる場合，地震波の速度は周波数に依存するようになる．高周波数での地震波速度は低周波数の速度より速い．
- このような弾性変形と粘性流動がともに起こるような条件での変形実験が最近 10 年くらいの間になされてきた．この結果，地震波の周波数では減衰は周波数に弱く依存し，温度が上がると減衰が大きくなることがわかった．結晶粒径が小さいと減衰も大きいが，この効果は粒径の変化が小さいため地球の大部分ではそれほど大きくない．まだあまり詳しくは調べられていないが，水は減衰を大きく促進すると予想される．水の量は地球内部で大きく変化するので，水の効果は観測結果の解釈で重要であろう．

コラム 15　潮汐摩擦

地球や月などの惑星（衛星）が他の惑星（衛星，恒星）などのまわりを回っているとき，その惑星と，惑星がそのまわりを回っている中心の惑星または恒星（母天体）との間には重力と遠心力がはたらいている．この 2 つの力は惑星の中心では釣り合っているのであるが，惑星は有限の大きさがあるので中心からずれると重力と遠心力が釣り合わなくなる．そこで惑星は変形する，この変形を**潮汐変形**（tidal deformation）とよぶ．潮汐変形の大きさは惑星とその母天体との距離によって大きく変化する．ところで，一般に惑星の軌道は円形ではなく楕円形であることが多い．そこで惑星と母天体の距離は惑星の公転とともに変化し，潮汐変形の大きさも時間とともに変わる．公転周期に対応するような比較的長時間の変形では，変形には非弾性成分も多いので，変形によってエネルギーが散逸する．これを**潮汐摩擦**（tidal friction）とよぶ．潮汐摩擦では惑星と母天体系のエネルギーが減り，角運動量も変化するので，天体の自転速度や惑星と母天体との距離が変化する．潮汐摩擦ではエネルギーが散逸するので，惑星は加熱される．イオ（Io）やエンセラドウス（Enceladus）のような衛星の火山活動は，潮汐摩擦による加熱によって起こっていると考えられている．また，最近見つかっている系外惑星の多くは母天体の近くの軌道を回っているが，このような惑星は，母天体よりかなり離れたところで形成されたが，その後，軌道が潮汐摩擦によって変化し，母天体に近づいたのだと考えられている．このような軌道進化を考察するにも，潮汐摩擦の大きさがどの程度なのかを知っておく必要がある．

5.1　簡単なモデル

地震波は基本的には弾性波であるが，比較的低周波の弾性波である．これは，典型的な弾性波速度の測定方法である超音波法やブリルアン（Brillouin）散乱法と比較するとよくわかる（図 5.1）．これらの実験では 100 MHz や 1 GHz という周波数で測定が行われるが，地震波の周波数は 1～10^{-3} Hz である．このように低い周波数で波が物質中を伝わるとき，もし物質の温度が高いと，波の伝播は完全に弾性波として起こるのではなく，波のエネルギーの一部が粘性変形で熱に変換されてしまう．そのため，波の振幅はだんだんに減っていく．これを地震波の減衰とよんでいる．このような場合，弾性変形と塑性変形（粘性流動）の 2 つが同時に起こっているのである．

弾性変形と粘性流動が同時に起こる様子をどのように記載すればよいのだろうか？　弾性変形を表すバネと粘性流動を表すダッシュポットの組合せで考えてみよう（ダッシュポットとは自動車のサスペンションなどに使う粘性流動によって動く部品）．このそれぞれの要素では $\sigma = M\varepsilon$，$\sigma = \eta\dot{\varepsilon}$ の関係が成り立つ（M：弾性定数，η：粘性率，ε：歪，σ：応力，$\dot{\varepsilon}$：歪速度）．弾性変形ではエネルギーは保存されているが，粘性流動ではエネルギーは散逸される．地震波の減衰や潮汐摩擦はエネルギー散逸の結果として起こる．

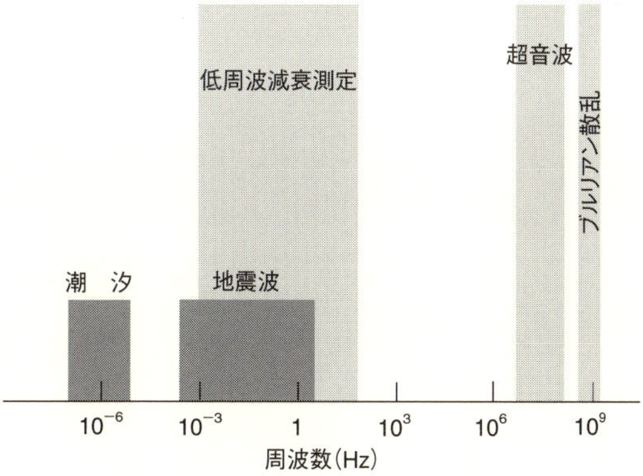

図 5.1　種々の弾性変形の周波数

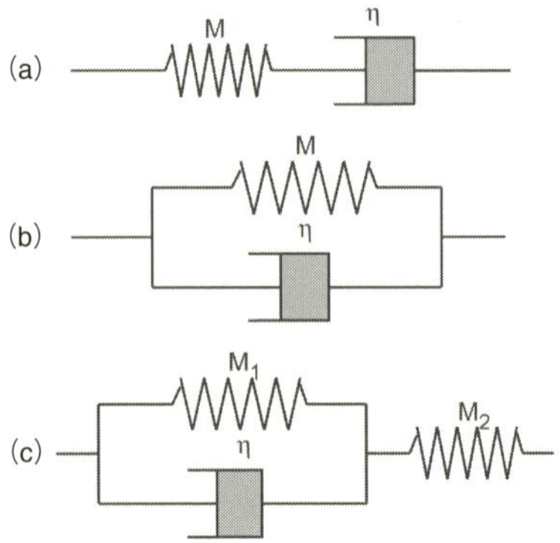

図 5.2　非弾性変形をする物質のモデル
(a) マクスウェル・モデル．
(b) ケルビン–フォークト・モデル．
(c) ゼーナー・モデル．

この 2 つの組合せの最も簡単な例として図 5.2a,b に示した 2 通りの可能性がある．(a) はバネとダッシュポットが直列につながったモデルで，(b) はバネとダッシュポットが並列につながったモデルである．前者は**マクスウェル・モデル**（Maxwell model），後者は**ケルビン–フォークト・モデル**（Kelvin-Voigt model）とよばれる．どちらも，弾性変形をする要素と粘性流動をする要素が含まれているので，これらのモデルの変形は弾性変形の様相と粘性流動の様相のどちらをももっている．これらのモデルの変形について応力と歪みの関係を考察してみよう．マクスウェル・モデルではバネとダッシュポットが直列につながっているから，このどちらにはたらく応力も同じである．歪みはこの 2 つの要素の歪みの和になっている．そこで，マクスウェル・モデルでの歪みと応力の関係は

$$\dot{\varepsilon} = \frac{1}{\eta}\left(\sigma + \frac{\eta}{M}\dot{\sigma}\right) = \frac{1}{\eta}(\sigma + \tau\dot{\sigma}) \tag{5.1}$$

であり，一方，ケルビン–フォークト・モデルでは歪みが共通であり，全体の応力は 2 つの成分に加わる応力の和になるから

$$\sigma = M\left(\varepsilon + \frac{\eta}{M}\dot{\varepsilon}\right) = M(\varepsilon + \tau\dot{\varepsilon}) \tag{5.2}$$

となる．ここに

$$\tau \equiv \frac{\eta}{M} \tag{5.3}$$

で**マクスウェル時間**（Maxwell time）とよばれる．

これらの式を一定の応力（$\dot{\sigma}=0$）について解くと，

$$\varepsilon=\frac{\sigma}{M}\left(1+\frac{t}{\tau}\right) \qquad \text{（マクスウェル・モデル）} \tag{5.4}$$

$$\varepsilon=\frac{\sigma}{M}\left(1-\exp\left(-\frac{t}{\tau}\right)\right) \qquad \text{（ケルビン–フォークト・モデル）} \tag{5.5}$$

を得る．この式からわかるようにケルビン–フォークト・モデルでは，変形は時間が無限になると止まってしまう．このモデルではダッシュポットが粘性流動をしたときバネが伸び，バネの伸びによる応力が外から加えた応力に等しくなると変形が停止するのである．一方，マクスウェル・モデルでは，応力が加わっているかぎり，変形は引き続いて起こる．このモデルでは応力がマクスウェル時間を超すと粘性歪みが弾性歪みより大きくなる．

これらのモデルは実際の物質の変形のメカニズムとどう関係しているのだろうか？　マクスウェル・モデルでは弾性変形と粘性流動がお互いに関係なく独立に起こる．つまり，粘性流動が固体的に振る舞う部分に何の影響も与えずに起こりうる場合に対応している．このような変形を**粘弾性変形**（コラム 16 を参照）とよぶことがある．これとは対照的にケルビン–フォークト・モデルは粘性流動が起こるには，まわりの物体の弾性変形が必要な場合に対応している．このような変形を**擬弾性変形**（コラム 16 を参照）とよぶことがある．後で解説するが，たとえば結晶の格子欠陥がまわりの弾性的な結晶を変形しながら動く場合はケルビン–フォークト・モデルに対応するが，周波数が小さくなったり温度が高くなったりすると，まわりの結晶も粘性的に振る舞うようになり，マクスウェル・モデル的な振舞いに移行する．

この 2 つのモデルは，弾性変形と粘性流動との双方が起こる物体を記述する最も簡単なモデルなのであるが，このどちらも，現実の物質の地震波減衰の様子をうまく記述しない．この点を理解するために，この 2 つのモデルが周期的な外力に対してどのように振る舞うのかを調べてみよう．周期的な応力として複素数を使って $\sigma=\sigma_0\exp(i\omega t)$ を考えよう（$\exp(i\omega t)=\cos\omega t+i\sin\omega t$，$i=\sqrt{-1}$，コラム 17 を参照）．これに対して，歪みも時間的には $\exp(i\omega t)$ というように変化するが，粘性流動の効果で変形に時間遅れが生じるはずである．そこで，$\varepsilon=\varepsilon_0\exp(i\omega t-i\delta)$ という関係式を考えよう．この表示を使い，応力に対応する歪みを，弾性変形の場合の関係式を一般化して以下のように書こう，

$$\sigma = M^* \varepsilon. \tag{5.6}$$

ここに M^* は弾性定数に対応した量であるが，非弾性変形の場合は周波数に依存する複素数になっている，

$$M^*(\omega) = M_1(\omega) + iM_2(\omega). \tag{5.7}$$

歪みに対応する応力の振幅は有効弾性定数 $|M^*|$ に比例する．この定義から，

$$\tan\delta(\omega) = \frac{M_2(\omega)}{M_1(\omega)}. \tag{5.8}$$

後で説明するようにこの位相のずれはエネルギー散逸に対応している．

式（5.7）を式（5.4），（5.5）に代入して，

$$M^*_{\mathrm{Max}}(\omega) = M\frac{\omega\tau(\omega\tau + i)}{1+\omega^2\tau^2} \qquad \text{（マクスウェル）} \tag{5.9}$$

$$M^*_{\mathrm{KV}}(\omega) = M(1 + i\omega\tau) \qquad \text{（ケルビン–フォークト）} \tag{5.10}$$

を得る．これらの式を見ると，この 2 つのモデルは現実の物質の，地震波の周波数での挙動をうまく記述していないことがわかる．たとえば，式（5.9）を見ればマクスウェル・モデルでは，周波数がゼロに近づくと有効弾性定数（$|M^*|$）はゼロになることがわかる．また，式（5.10）からわかるようにケルビン–フォー

コラム 16　**疑弾性変形，非弾性変形，粘弾性変形**

上記の 3 つの用語がいろいろな文献で少し違った意味で使われることがあるので，混乱を避けるために用語の解説をしておこう．「**非弾性変形**（non-elastic（inelastic）defromation）」とは弾性変形でないタイプの変形を総称する言葉である．「**擬弾性変形**（anelastic deformation）」とはこのなかで，歪みが時間遅れをもっているが，応力を除いたとき，歪みが最終的には初期値に戻るタイプの変形のことをいう．応力を取り除いても歪みが元に戻らない変形を「**粘弾性変形**（visco-elastic deformation）」という．ケルビン–フォークト・モデルは擬弾性変形に対応し，マクスウェル・モデルは粘弾性変形を表す．「破壊」も歪みが元に戻らないタイプの変形であるが，これは粘弾性変形とはよばない．変形がほとんど瞬間的に起こるからである．ただし，擬弾性変形と粘弾性変形をまとめて擬弾性変形とよぶこともある．後に解説するように，擬弾性変形から粘弾性変形へと遷移していく場合もあり，両者の区別は必ずしも明確ではない．

クト・モデルでは周波数が無限に近づくと，有効弾性定数は無限大になる．実験室での測定によると高周波数での弾性定数は有限であり，地震学での観測や測地学的な観測によれば，低周波数で弾性定数は小さくなるがゼロではない．

そこで，もう少し，現実的なモデルとしてケルビン–フォークト・モデルにバネをもう1つ付け加えた，図5.2cのようなモデルを考えよう（**ゼーナー・モデル**（Zener model））．前と同じように応力と歪みの関係を調べると，このモデルの構成式は

$$\sigma + \tau_\varepsilon \dot{\sigma} = M_{\mathrm{R}}(\varepsilon + \tau_\sigma \dot{\varepsilon}) \tag{5.11}$$

ここに，$\tau_\varepsilon = \dfrac{\eta}{M_1 + M_2}$，$\tau_\sigma = \dfrac{\eta}{M_1}$，$M_{\mathrm{R}} = \dfrac{M_1 M_2}{M_1 + M_2}$ であることがわかる $\left(\dfrac{\tau_\sigma - \tau_\varepsilon}{\tau_\sigma} = \dfrac{M_2}{M_1 + M_2} > 0\right)$．このモデルの構成式に先のような複素表示の関係式を代入すると，

$$M^*(\omega) = M_{\mathrm{R}} \frac{1 + i\omega\tau_\sigma}{1 + i\omega\tau_\varepsilon} \tag{5.12}$$

を得る．この式から，

$$M^*(0) = M_{\mathrm{R}} \tag{5.13}$$

$$M^*(\infty) = M_{\mathrm{R}} \frac{\tau_\sigma}{\tau_\varepsilon} > M_{\mathrm{R}} \tag{5.14}$$

コラム17

複素数表示と非弾性変形

非弾性変形を取り扱うときに複素数を使うと便利である．そこで，たとえば応力を $\sigma = \sigma_0 \exp(i\omega t)$ と書くことがある．この場合，応力は実数であるから，実際の応力は $\sigma = \mathrm{Re}\{\sigma_0 \exp(i\omega t)\} = \sigma_0 \cos \omega t$ である（$\mathrm{Re}\{\exp(i\omega t)\}$ は $\exp(i\omega t)$ の実数部）．複素数表示が便利なのは，非弾性変形の構成式には応力や歪みの時間微分が入っているが，この表示を使うと微分計算が簡単になるからである．正弦関数の微分は $(\cos \omega t)' = -\omega \sin \omega t$，$(\sin \omega t)' = \omega \cos \omega t$ だから，計算を正弦関数を使って行うと $\sin \leftrightarrow \cos$ の変換をしなければならないが，指数関数を使うと $(\exp(i\omega t))' = i\omega \exp(i\omega t)$ と簡単になる．ただし，常に，複素数表示は便宜的のためであることを覚えていなければならない．たとえば，エネルギーを計算するとき，$\int \sigma \dot{\varepsilon}\, dt$ のような計算をするが，これは $\int \mathrm{Re}\{\sigma\}\mathrm{Re}\{\dot{\varepsilon}\}\, dt$ として計算しなければならない．

となることがわかる．高周波数での地震波速度が低周波数でのものより速くなるという地球物理学的観測と矛盾しない．このモデルは多くの実験結果をうまく説明するので，標準的なモデルであり，このモデルで記述される物質を**線形標準固体**（standard linear solid）とよぶことがある．

今まで，有効弾性定数のことを議論してきたが，ここでエネルギー散逸について考えよう．エネルギー散逸の大きさは 1 つのサイクルでのエネルギー散逸量（ΔE）と蓄えられたエネルギー（E_0）との比，

$$Q^{-1}(\omega) = \frac{\Delta E}{2\pi E_0} \tag{5.15}$$

で測られることが多い．エネルギー散逸は $\sigma\, d\varepsilon = \sigma\dot{\varepsilon}\, dt$ を 1 周期分，積分して $\oint \sigma\dot{\varepsilon}\, dt = \dfrac{\pi M_2 \sigma_0^2}{M_1^2 + M_2^2}$（完全弾性体ならこれはゼロ）となり，また，蓄えられたエネルギーは弾性変形に対応する関係式を使って $E_0 = \displaystyle\int_0^{\varepsilon_{max}} \sigma d\varepsilon = \dfrac{M_1 \sigma_0^2}{2(M_1^2 + M_2^2)}$ で与えられるから，

$$Q^{-1}(\omega) = \frac{M_2(\omega)}{M_1(\omega)} \tag{5.16}$$

となる．

以前に計算した $M^*(\omega)$（式（5.12））を使うと，ゼーナー・モデルについて，

$$Q^{-1}(\omega) = \varDelta \frac{\omega\tau}{1 + \omega^2\tau^2} \tag{5.17}$$

を得る（図 5.3）．ここに $\varDelta = \dfrac{\tau_\sigma - \tau_\varepsilon}{\sqrt{\tau_\sigma \tau_\varepsilon}}$ である．このモデルでは地震波の減衰は周波数に強く依存する．また，有効弾性定数も周波数に依存するので，地震波速度も周波数に依存する．減衰は $\omega \approx \dfrac{1}{\tau}$ 近傍で大きく，そのあたりの周波数を境にして，弾性定数（地震波速度）が変化する．そこで，あるメカニズムが地震波減衰にとって重要であるためには，その緩和時間が地震波の周期に近くなければならない．しかし，もし，あるメカニズムの緩和時間が地震波の周期よりずっと短い場合，このメカニズムは減衰には効かないが，地震波速度は低下させる．これは地震波減衰とそれに伴った地震波速度の変化を理解するときの基本になる大切な点である．

このモデルはいくつかの実験結果を説明するが（とくに低温での実験では減衰のピークが見られることが多い），高温での弾性波の減衰を調べると，この

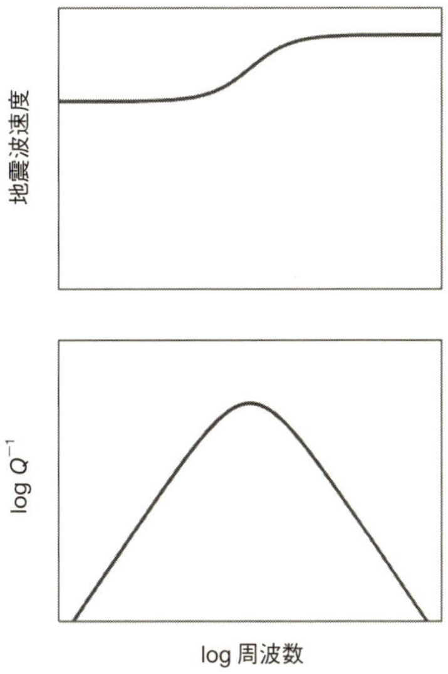

図 5.3 ゼーナー・モデルでの弾性波速度と減衰の周波数依存性

モデルでは説明できない結果が見られることが多い（次節参照）．高温では，式 (5.17) で示されるより減衰の周波数依存性が弱く，

$$Q^{-1}(\omega) \propto \omega^{-\alpha} \qquad (0 < \alpha < 1) \tag{5.18}$$

という関係が見られることが多い．このような関係は先に見た，ゼーナー・モデルを少し拡張すれば説明できる．ゼーナー・モデルでは緩和時間 τ が 1 つしかないが，実際の物質では緩和時間がある範囲で分布している可能性がある．その場合，結果として起こる波の減衰はいろいろな緩和時間をもったメカニズムで起こる減衰の重ね合わせとして起こる．そこで，周波数依存性は弱くなる．このことを理解するのに，緩和時間がある分布をもつモデルを考え，実験結果を説明するのにどのような分布が必要かを決めることにしよう．緩和時間が分布をもつ場合は，式 (5.17) は

$$Q^{-1}(\omega) = \Delta \int_{\tau_{\min}}^{\tau_{\max}} \frac{\omega\tau}{1+\omega^2\tau^2} D(\tau)\, d\tau \tag{5.19}$$

と変更される．ここに $D(\tau)$ は緩和時間の分布関数で，

$$\int_{\tau_{\min}}^{\tau_{\max}} D(\tau)\, d\tau = 1 \tag{5.20}$$

と規格化されている．この関係を使うと式 (5.19) は

$$Q^{-1}(\omega) = \Delta \int_{\tau_{\min}}^{\tau_{\max}} \frac{\omega\tau}{1+\omega^2\tau^2} D(\tau)\, d\tau = \frac{\Delta}{\omega} \int_{x_{\min}}^{x_{\max}} \frac{x}{1+x^2} D\left(\frac{x}{\omega}\right) dx \tag{5.21}$$

と書けるから，この式と式 (5.18) を比べて，分布関数は $D\left(\frac{x}{\omega}\right) \propto \omega^{1-\alpha}$ という形をもたなければならないことがわかる．規格化の条件 (5.20) から，$D(\tau) = \frac{\alpha\tau^{\alpha-1}}{\tau_{\max}^{\alpha} - \tau_{\min}^{\alpha}} \approx \frac{\alpha\tau^{\alpha-1}}{\tau_{\max}^{\alpha}}$ となり，結局，

$$Q^{-1}(\omega) = \Delta \cdot (\omega\tau_{\max})^{-\alpha} \frac{\pi\alpha}{2\cos\dfrac{\pi\alpha}{2}} \tag{5.22}$$

を得る．弾性波の速度は波動方程式の弾性定数に $M^* = M_1 + iM_2$ を代入し，多少の計算から，次式で与えられることがわかる，

$$V(\omega, T, P) = V(\infty, T, P) \left[1 - \frac{\cot\dfrac{\pi\alpha}{2}}{2} Q^{-1}(\omega, T, P) \right]. \tag{5.23}$$

この式で $1 - \frac{\cot\frac{\pi\alpha}{2}}{2} Q^{-1}(\omega, T, P)$ の項が非弾性効果の補正項であり，$V(\infty, T, P)$ は周波数が無限大のときの弾性波速度，つまり，完全弾性体の弾性波速度である．この式は地震波速度の解釈で使われる重要な式である．また，式 (5.22) から，緩和時間が熱活性化過程で決まっている場合，

$$Q^{-1}(\omega, T, P) \propto (\omega\tau_{\max})^{-\alpha} \propto \omega^{-\alpha} \exp\left(-\frac{\alpha H^*(P)}{RT}\right) \tag{5.24}$$

となり，減衰は温度とともに増加することがわかる．

5.2　地震波減衰のミクロな機構

5.2.1　固体での地震波減衰の機構

今まで見てきたように，固体といっても高温でゆっくりした時間で観測すると粘性流体のように振る舞う．それは，固体中にあるいろいろな格子欠陥が熱的に活性化された運動をし，その運動でエネルギーが散逸する（熱が発生する）

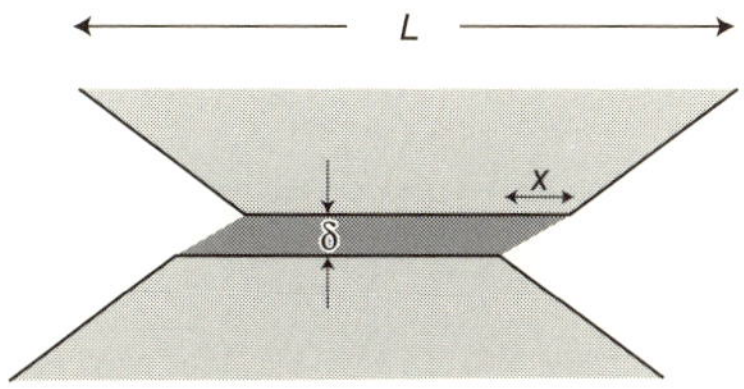

図 5.4　結晶粒界すべりによる非弾性変形

結晶粒界は柔らかいので粘性流動によってすべるが，このすべりで隣の結晶に応力集中を起こす．この応力が大きくなるとすべりは止まる．

からである．そこで，固体中の地震波減衰のメカニズムは基本的には固体の塑性流動のメカニズムと同じである．ただし，地震波減衰の場合，歪みが小さいので，物質のいろいろな部分が辻褄を合わせて変形する仕方が少し違っている．大歪みの塑性変形ではある変形しやすい部分が変形しても変形しにくい部分も変形しなければならないので，後者が変形の速度を律速することが多い．地震波減衰のような小さな歪みでの変形では，変形しにくい部分の変形はたいていの場合，弾性変形として起こる．そこで，このような小歪みでの非弾性的変形の律速過程は，固体（多結晶体）内部での変形しやすい部分の変形であることが多い．

ここでは実験的にもよく調べられている，結晶粒界すべりによる非弾性変形と結晶転位の運動による非弾性変形について簡単な解説をしておこう．

Ⓐ 結晶粒界すべりによる非弾性変形

結晶粒界は結晶より変形しやすいので，結晶粒界は粘性体，結晶は弾性体である場合を考えよう．多結晶体に外から応力を加えると，結晶粒界で結晶どうしがすべる．このすべりにより，隣にある結晶が弾性変形をするので，すべりの量が大きくなると大きな抵抗力が発生し，やがてすべりは止まる（図 5.4）．このような現象は先に解説したケルビン–フォークト・モデルで記載できる．

今，界面を挟んだ 2 つの結晶の相対変位を x とすると，力のバランスを考えて，

$$\frac{\eta_{\mathrm{b}}}{\delta}\frac{dx}{dt} = \sigma - M\frac{x}{L} \tag{5.25}$$

を得る．ここに δ：結晶粒界の厚さ，η_{b}：結晶粒界の粘性率，L：結晶粒径，M：結晶の弾性率である．この式を解いて，

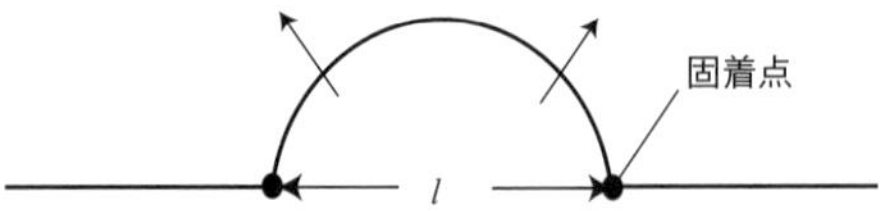

図 5.5　あるところで固着された転位が動くことによる非弾性変形
応力が加わると転位は固着点で固定されたまま，伸び，エネルギーが散逸される．この伸びにより転位に張力が発生し，転位の伸びはやがて止まる．

$$\frac{x}{L} = \frac{\sigma}{M}\left[1 - \exp\left(-\frac{t}{\tau_{\mathrm{gb}}}\right)\right] \tag{5.26}$$

を得る．ここに

$$\tau_{\mathrm{gb}} = \frac{\eta_{\mathrm{b}}}{M}\frac{L}{\delta} \tag{5.27}$$

である．たとえば，粒界の幅として $\delta \approx 1$ nm，粒径として $L \approx 1$ mm，弾性定数として $M \approx 100$ GPa とすれば，粒界の粘性率が $\eta = 10^5 \sim 10^8$ Pa s であると，緩和時間が地震波の周期程度（$1 \sim 10^3$ s）になる．

これらの式から次のことがわかる．(1) 式 (5.26) は粒界すべりによる擬弾性歪みを表しているが，この歪みは純粋な弾性歪みの大きさに近い．そこで，粒界すべりによって大きな弾性緩和が起こり，大きなエネルギー散逸と弾性波速度の低下が起こりうる．(2) このメカニズムでの緩和時間は結晶粒径だけでなく，粒界の粘性率や粒界の厚さに依存している．これらの量は粒界の向きなどによって大きく変化するから，同じ多結晶体でも緩和時間は広い範囲で分布しているであろう．

B 転位の運動による非弾性変形

結晶転位が応力のもとで長距離を移動すると，大きな塑性歪みが発生する．この場合，物質は（非線形の関係式に従う）粘性流体，したがって，短時間での弾性変形も考えるとマクスウェル物体として振る舞う．しかし，短時間の小さな歪みでは，転位がある程度動いた後，止まってしまい，物体がケルビン–フォークト物体として振る舞うことがある．このような，転位の制限された運動の仕方の 1 つとして図 5.5 に示したようなものが考えられる．この場合，転位線の一部がピン止めされて動きにくくなっており，外力により転位がそれらの点から張り出してくる．転位は張力をもっているから，ある程度張り出してくると転位の運動は困難になり，やがて運動が止まる．これと類似しているのが，転位が張り出すのではなく，もともとの転位線の方向に転位線にあるキンクが運動する場合である．この場合も転位線上に不純物などの障害物があると，運動はあるところで止まり，物質は擬弾性的振舞いをする．このメカニズムに対するモデルも提出されている．

前者の場合，緩和強度は

$$\Delta = \frac{1}{12} l^2 \rho \tag{5.28}$$

緩和時間は

$$\tau = \frac{l^2}{8b^2 MB} \tag{5.29}$$

で与えられる（Karato, 2008a）．ここに l はピン止めされた点の間隔，b はバーガースベクトルの長さ，ρ は転位密度，M は弾性定数，B は転位の易動度（移動速度；$v = B\sigma b$）である．転位のピン止めが転位間の絡み合いによる場合，l は転位の平均距離程度になり，$\rho \approx 1/l^2$ となる．この関係と，オロワンの式 $\dot{\varepsilon} = \rho b v$ と粘性率の定義式 $\dot{\varepsilon} = \sigma/\eta$ を使うと，$\tau = \frac{\eta}{8M} = \frac{\tau_M}{8}$，$\Delta = \frac{1}{12}$ を得る．大きな減衰になっていることに注意しよう．ただし，緩和時間が地震波の周期に近くなるには，この式に出てくる粘性率（転位の易動度の逆数）は長時間の変形の場合に比べて何桁も小さく（転位の易動度は大きく）なっていなければならない．なぜ転位の易動度が大歪みと小歪みで違うかについてはよくわかっていない．Karato（1998a）は 1 つの説明として，地震波減衰では既存の転位のキンクが動くのだが，大歪みの変形では新しいキンクの形成も必要なので，この 2 つの変形で転位の易動度が違うのではないかと提案した．

5.2.2. 部分溶融した物質の非弾性変形

部分溶融をした物体に応力を加えると，メルトの部分は粘性変形をし，エネルギーが散逸される．この変形に伴ってまわりの固体部分は弾性変形をするので，変形様式はケルビン–フォークト・モデルで記述できる．したがって，部分溶融物体の非弾性変形は，変形の緩和時間と緩和強度とで記述できる．ケルビン–フォークト・モデルなので緩和時間はマクスウェル時間，$\tau_M = \frac{\eta}{M}$（η：メルトの粘性率，M：まわりの固体の弾性定数），に比例しているが，メルトの運動への抵抗力は壁とメルトの間の抵抗によって様子が変わるので，緩和時間は

メルトの形にもよっており，

$$\tau = \frac{\eta}{M}\frac{1}{\xi^n} \tag{5.30}$$

となる．ここに ξ はメルトの形を表すパラメータで，レンズの場合，$n = 1$，$\xi = c/a$（c：短軸の長さ，a：長軸の長さ），メルトが管状の場合，$n = 2$，$\xi = r/2\pi L$（r：管の半径，L：管の長さ），メルトが結晶界面を濡らす場合，$n = 3$，$\xi = \delta/L$（δ：メルト層の厚さ，L：結晶粒径）である（O'Connell and Budianski, 1977）．メルトが薄い形をしているほど動きにくいので，緩和時間は大きくなる．緩和の大きさはメルトの量と形により，

$$\varDelta = A\frac{\phi}{\xi} \tag{5.31}$$

で与えられる（O'Connell and Budianski, 1977）．ここに A は 0.1 程度の定数，ϕ はメルトの占める体積率である．

地球のマントルでは二面角は $0^\circ \leq \theta < 60^\circ$ なので，メルトは管状になっているか，結晶界面を濡らしている．このような場合，すべての結晶の陵や面にメルトが存在すればメルトと量と形には 1 対 1 の関係があるので $\Bigl($管状の場合，$\phi = 3\pi\left(\frac{r}{L}\right)^2$，面状の場合，$\phi = 3\frac{\delta}{L}\Bigr)$，緩和時間や緩和強度の式はメルトの量だけで表現できる．その場合の緩和強度の式は

$$\varDelta = 2\sqrt{3}\pi^{3/2}A\sqrt{\phi} \qquad \text{（管状メルト）}(0^\circ < \theta < 60^\circ) \tag{5.32}$$

$$\varDelta = 3A \qquad \text{（面状メルト）}(\theta = 0^\circ) \tag{5.33}$$

となる．面状メルト（つまり，メルトが完全に結晶界面を濡らす場合），緩和強度はメルトの量によらず大きいことを指摘しておこう．このような場合，たいへん大きな地震波の速度低下が見られるはずである．

5.2.3　実験の方法

地震波の減衰の測定法としては，弾性波の振幅を測定する方法と，試料の変形の時間依存性を調べる方法の 2 つがある．弾性波の振幅を測定する方法では，試料に弾性波を伝播させ，その振幅を測定する．地震波減衰を調べるには，地震波と同じような周波数を使うのがよい．波の波長は試料より短くしなければならないが，小さい試料では高い周波数の波を使う必要がある．地震波の周波

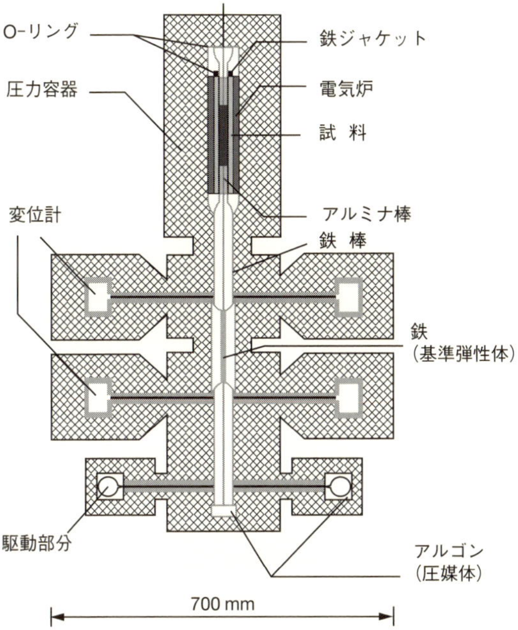

図 5.6 高温高圧での非弾性変形を測定する装置
高温・高圧下で試料に遅い周期での応力が加えられ，試料の変形を測定する．エネルギー散逸があれば，変形は力に遅れて起こる．(Jackson and Paterson (1993) による)

数は 10^{-3}〜1 Hz であるが，試料が 10 mm で，弾性波速度が 5〜10 km/s であると，波長を 10 mm 以下にするには周波数が 1 MHz 以上でなければならない．そこで，この方法では，地震波の周波数に比べて高周波数での減衰しか測定できない．

もう 1 つの方法は試料に周期的な力を加え，試料の変形の時間遅れや，変形の量を測る，準静的な測定方法である．この方法では，地震波と同じような周波数での測定が可能である．地震波減衰は周波数依存性が強いことが認識された 1980 年代から後者の低周波での測定方法が開発され，いくつかの研究室で実験がなされてきた．このような実験をする装置の例を図 5.6 に示す．多結晶体の試料を使う場合，結晶粒界でのクラックの効果を避けるために，ある程度の封圧が必要である．そこで，高温・高圧の条件下で微小の変位を測る装置をつくらねばならない．このような装置はオーストラリア国立大学で Jackson と

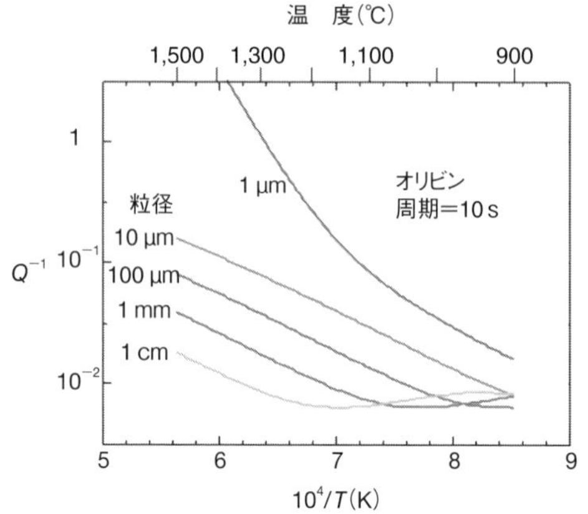

図 5.7　非弾性変形についての実験結果の例（オリビン多結晶）
エネルギー散逸（Q^{-1}）は温度の上昇および，粒径の減少とともに増加する．(Jackson and Faul (2010))

Paterson によって開発された（Jackson and Paterson, 1993）．このような実験では，歪みが十分小さい範囲での測定をすることが必要である．というのは，歪みがある値を超えると波の減衰の大きさが歪みに依存するようになるが，地震波の場合，歪みは小さいので振幅によらない減衰を示すからである．Jackson らの開発した装置では圧力が 300 MPa, 温度が 1,500 K 程度の条件で，およそ 10^{-6} 以下の歪みでの実験ができる．最近，このような実験をより高圧で行う方法も開発されたが（Li and Weidner, 2007），歪みの測定精度に限界があり；このような高圧下では比較的大きな歪みでの測定しかなされていない．そこで，このような結果が線形の非弾性に対応しているかどうかは問題であり，地震波減衰の解釈に使えるか否かは疑問である．

5.2.4　おもな実験結果

図 5.7 にメルトを含まない物質の非弾性変形の実験結果を示す．これらはいずれも高温（融点の 50% 以上），周波数にして 10^{-3}～1 Hz 程度の範囲，つまり，地震波でいえば，実体波から表面波の範囲のほとんどをカバーする周波数域である．このような実験は単結晶だけでなく多結晶についても行われた．このような条件では，温度の上昇，周期の増加とともに弾性定数の低下，減衰の

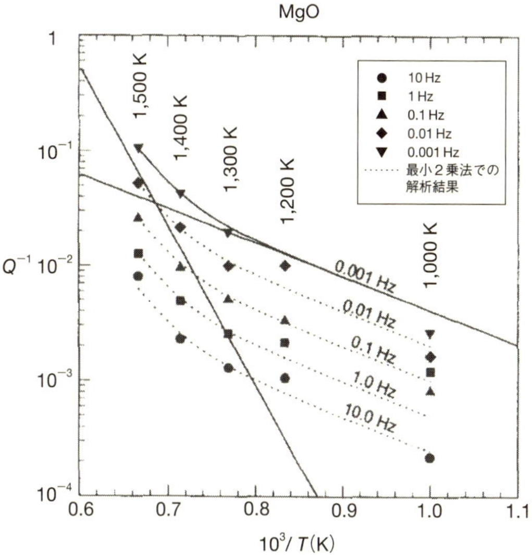

図 5.8　非弾性変形についての実験結果の例（MgO 単結晶）
（Getting *et al.*（1997））

増加がみられる．ほとんどの物質で高温（融点の 50% 以上），低周波では減衰と周波数には式（5.22）のようなべき乗則が成り立っており，たいていの物質で周波数依存性を表すべきの大きさは α =0.2〜0.4 である（ただし α の値は高温，低周波で大きくなる傾向がある．擬弾性的振舞いから粘弾性的振舞いへの遷移が起こっているのであろう）．

単結晶での非弾性は，転位の運動によるものであろう（図 5.7，Getting *et al.*, 1997）．多結晶での非弾性も転位による部分もあるが，結晶粒界すべりの効果も見られる．その証拠は，多結晶での非弾性効果の大きさが結晶粒径に依存することである（図 5.8，Jackson *et al.*, 2002）．同じような条件下で，部分溶融をした物体の非弾性変形も研究された（Jackson *et al.*, 2004）．メルトを加えるとメルトなしの場合のエネルギー散逸に加えてエネルギー散逸のピークが現れる（図 5.9）．そして，ピークの大きさはメルトの量に依存する．これはメルトが管状になっている場合のモデルと調和的である（式（5.32））．非弾性変形への水の効果はまだ詳しくは調べられていないが，予察的な研究では水がオリビンの

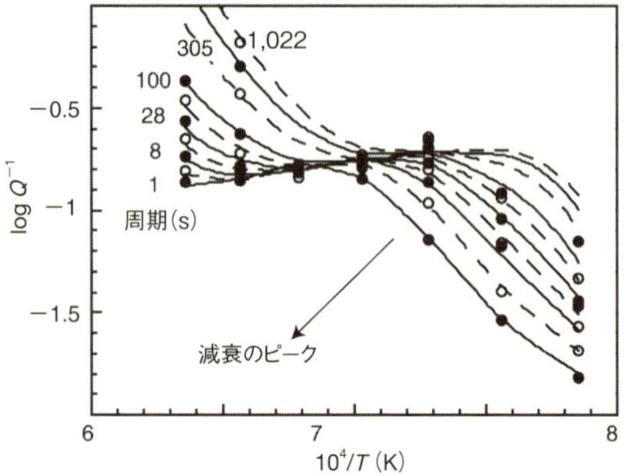

図 5.9　部分溶融をした物質での非弾性変形についての実験結果の例
部分溶融の効果で減衰にはピークが現れる．（Jackson *et al.*（2004））

非弾性変形を促進することが見いだされている（Aizawa *et al.*, 2008）.

最近，（Cline et al., 2018）は Ti（チタン）と水素をともに固溶させたオリビンを使って，水素の非弾性への効果を詳しく調べた．この結果によると，水素は非弾性にほとんど影響しない．1.6.2 節で学んだようにオリビンの塑性変形へは水素（水）は大きな効果をもつ．塑性変形と非弾性には強い関係があるので，この結果は非常に不可解である．Ti（チタン）と水素をともに固溶させた場合，Ti（チタン）と水素には相互作用があるため，水素の挙動が違ってくる可能性がある．実際のマントルで水が重要な効果を持つアセノスフェアでは水（水素）の量は Ti（チタン）の量よりはるかに多い．そこで，Cline et al. (2018) の結果が実際のマントルに適用できるかは明らかでない．

第2部

地球への応用

第6章　実験室から地球へ

地球科学の多くの問題で岩石の塑性変形を理解することは重要だが，塑性変形の研究では実験室と地球を結びつけるのは一筋縄ではいかない．鉱物や岩石の塑性変形を理解するには実験的研究が基礎になるのであるが，実験室では地球での変形に比べてはるかに大きな歪み速度でしか変形の様子を調べることができない．そこで，少なくとも歪み速度に関しては常に大きな外挿が必要である．また，室内実験での試料はその大きさが限られている．そこで，実験結果を地球に応用する場合には空間スケールでの外挿も必要になる．

このような場合，実際の地球での変形とは違った条件の変形実験で得られた結果がどのようにして地球に応用できるのかをよく吟味しなければならない．多くの場合，実験結果を直接応用するのではなく，実験室と地球との時間スケール，空間スケールの違いを考慮し，その補正を行った後で初めて妥当な応用ができる．このスケーリングの問題を考察するときにまず重要となるのが，実験室と地球とでミクロな変形のメカニズムが同一であるのか否かという点である．そこでまず，ミクロな変形のメカニズムをどう推定すればよいのかを考えてみよう．

6.1　地球内部での変形メカニズム

流動則も変形組織もどちらの場合も，実験結果を地球に応用するときに最も注意を払わなければならないのは，変形メカニズムが実験室での変形と地球で対象にしている現象とで同一であるのかどうかという点である．というのは，変形メカニズムが同一であれば，実験室で得られた流動則をそのまま外挿できるが，メカニズムが異なる場合，外挿はできないからである．では，変形メカニズムはどのようにして推定すればよいだろうか？　実験的研究での変形メカニズムの同定は比較的簡単である．流動則が正確に決められ，変形組織が（アニールなどの影響がなく）観察できれば，変形メカニズムの同定は問題なくできることが多い．しかし地球内部での変形では，流動則（歪み速度の応力依存性など）を推定することは難しい．流動則（歪み速度の応力依存性など）を地球物理学的観測から推定した例として，地殻変動の緩和時間の場所による違いや（たとえば，Karato and Wu, 1993），緩和時間の時間変化などに着目した研究もある（たとえば，Post and Griggs, 1973）．しかし，この種のデータの解釈は一意的でなく，このような研究の信頼性は高くない．

地球内部での変形メカニズムを推定する方法として最も広く使われているのが，岩石の変形組織（またはそれに関連した地震波伝播の異方性）に基づいた推論である．以前の節で解説したように，岩石の変形組織は変形メカニズムを反映している．たとえば，転位クリープと拡散クリープとでは，結晶方位の選択配向や，結晶自身の内部歪み（亜結晶粒の存在の有無），動的再結晶粒の有無などに大きな違いがあるので，変形のメカニズムを推定する助けになる．

岩石の微細構造から変形メカニズムを推定する場合に問題になるのは，ほとんどの岩石が地球の内部から地表に運ばれてくる間にその微細構造や，化学組成に変化が起こるという点である．そこで，岩石に残された記録から地球内部での変形の様子を読み取るには，岩石の運搬過程の影響を補正しなければならない．最も簡単なのは，マントル深部でかなりの高温の状態でマグマに捕まって地表に上がってくる岩石（捕獲岩）の場合である．このような岩石はマグマに捕まるまでも高温にあったのだから，地球内部で何らかの塑性変形をしており，変形の最中にマグマに捕まり，高温でアニールされながら地表に運ばれたと考えてよいであろう．アニーリングの影響（アニーリングの起こった温度，圧力，時間）は鉱物内のいろいろな元素の分布を測定すれば推定できる場合が多い．たいていの場合，マグマによって運ばれる時間は短いので（数時間以下），格子選択配向などの微細組織はマグマに捕まる直前のものを保存していると考えてよい．ただし，転位密度などは変化しやすいので，輸送中に減少することが

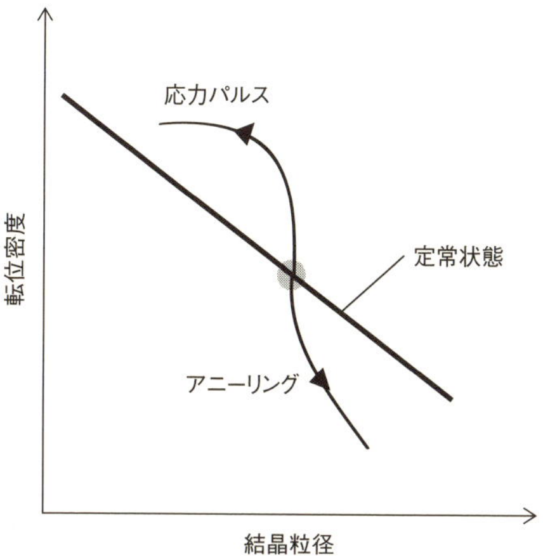

図 6.1 変形した岩石の結晶粒径と転位密度の関係（模式図）
定常変形では結晶粒径と転位密度のどちらも応力で決められているので，この 2 つの変数には一定の関係がある．岩石が変形後にアニールされたり，応力のパルスがあった直後には 2 つの変数はこの関係からずれる．

多い．転位密度，結晶粒径などの微細構造に対する，アニールの効果はいろいろな微細構造を同じ試料について調べ，比較することから推定できる（図 6.1）．造山帯で見られる，地球深部からゆっくりと運ばれてきた岩石については事情はもっと複雑である．このような場合は，地球深部から岩石が地表に運ばれる過程そのもので岩石が変形しているはずだからである．このタイプの岩石にはいろいろな段階での変形の歴史が記録されており，その歴史を読み解くには，変形の前後関係を構造から判定していくことになる．たとえば，再結晶粒が断層で切られている場合，塑性変形による動的再結晶が起こり，その後，脆性破壊が起きたと推論できる（図 6.2）．同じ捕獲岩でも低温でマグマに捕まったものについては，変形の記録を読み解くのは簡単ではない．この場合，多くの変形はマグマに捕まる直前には起こらないからである．その例は後で解説する．

このような実際の岩石の変形を調べるときに，変形の起こった温度，圧力を推定することは簡単ではない．捕獲岩の場合，共存する鉱物中の元素の分配を測ると，その捕獲岩が最後に化学平衡になった条件がわかり（**地質温度圧力計**，コラム 18 を参照），それは捕獲岩がマグマに捕まる直前と考えてよい．このようにして推定された温度が高い場合，変形の微細構造もこの段階でつくられた

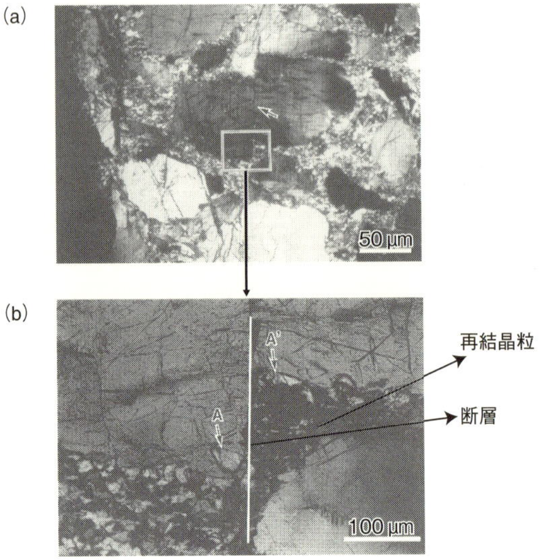

図 6.2　リソスフェアの変形集中帯で変形した岩石の構造

流動と破壊の両方が起こっている．この岩石では動的再結晶によってできた細粒の部分が小さな断層で切られているので，流動がまず起こり，その後に岩石が破壊したと推定できる．((b) は (a) の四角で囲われた部分を拡大したもの.)（Jin *et al.*（1998）による）

コラム 18　地質温度圧力計

岩石にはいろいろな鉱物が含まれており，熱化学平衡が成り立っている場合，鉱物間のある元素の量比は温度と圧力で決められている．ある元素の量比が 2 つの鉱物で温度と圧力でどう変わるのかが実験的にわかっていると，このような鉱物のペアを 2 つ選べば，岩石が熱化学平衡にあったときの温度と圧力を決定できるわけである．たとえば，鉱物 1 と鉱物 2 に溶けている元素 A と B の量が測定されたとする．熱化学平衡では元素の量の比は $X_{\mathrm{A}}^1/X_{\mathrm{A}}^2 = K_{\mathrm{A}}(T, P)$，$X_{\mathrm{B}}^1/X_{\mathrm{B}}^2 = K_{\mathrm{B}}(T, P)$ を満たしている．ここに $X_{\mathrm{A,B}}^{1,2}$ は鉱物 1（2）中の元素 A（B）の量，$K_{\mathrm{A,B}}(T, P)$ は平衡定数で実験などによって温度と圧力の関数として決められている．今，$X_{\mathrm{A}}^1/X_{\mathrm{A}}^2$，$X_{\mathrm{B}}^1/X_{\mathrm{B}}^2$ が測定されていると，未知数，P，T に対して 2 つの関係式が得られるので，熱化学平衡が最後に達成されたときの温度と圧力を推定できる．このような方法で使われる鉱物間の元素分配と温度，圧力の関係式を**地質温度圧力計**（geothermo-barometer）とよぶ．

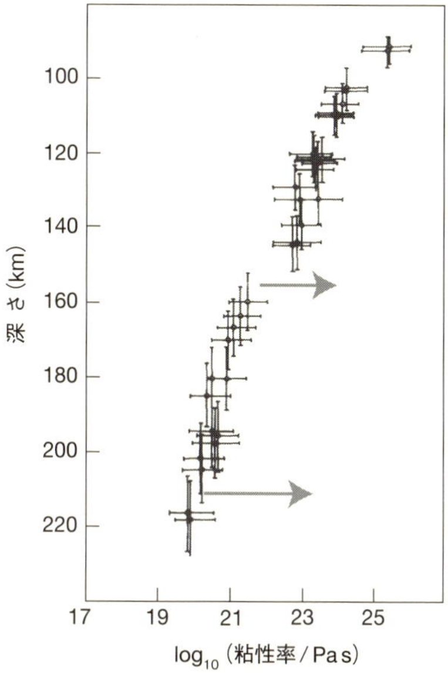

図 6.3 マントルからの捕獲岩の変形構造から推定した大陸下上部マントルのレオロジー的構造

Avé Lallemant *et al.* (1980) はマントルから採集された岩石の変形構造（とくに結晶粒径）から変形時の応力を推定し，化学組成から推定された温度・圧力を使い，実験的に決められている岩石（主としてオリビンからなる岩石）の流動則を使って，マントル内の粘性率の分布を推定した．矢印は最近のデータを使った場合の補正．((Avé Lallemant *et al.* (1980) による)

と考えられる．そこで上部マントルからの捕獲岩から上部マントルの変形（レオロジー的性質）について多くのことがわかる．このような研究の代表的なものとして Avé Lallemant *et al.* (1980) がある．この研究では，捕獲岩中の鉱物の化学組成から，岩石が最後に化学平衡になったときの温度と圧力が推定され，結晶粒径から応力が計算された．そして，実験で決められている流動則を使い，岩石はこのようにして推定された温度，圧力（深さ）で変形したと仮定して，その深さでの歪み速度が計算された．こうして，いろいろな場所で，粘性率が深さの関数として計算され，マントルでの流動の様子が明らかになった（図 6.3）．この研究の行われた当時は変形への圧力や水の効果は詳しく知られていなかったし，彼らが使った古応力計はあまり信頼のおけるものではないので，定量的にはこの結果は改訂が必要だが，これは新しい研究の方向を示した重要な論文である．

ただし，このような研究では変形がいつ起こったのかはわからない．たとえば，捕獲岩の研究では南アフリカのキンバライト・マグマに含まれる捕獲岩が使われることが多い．このような捕獲岩の形成年代は Os（オスミウム）同位体の研究から決められ，約 27 億年前である（Carlson *et al.*, 2005）．この形成年代はその岩石が最後に元素の交換を行ったときであり，岩石が最後に部分溶融をしたときだと考えられている．この年齢はこの地域の岩石では 1 つの場所では約 200 km まで深さによらずほぼ一定なので，この部分溶融の後はこの地域の 200 km くらいまでの部分（リソスフェア）は大規模な流動，変形をしていないと考えられる．一方，これらのキンバライト・マグマの噴出年代は 1 億年前程度である．上に解説した論文では岩石が捕獲される直前の温度・圧力で岩石も変形したと仮定しているので，変形がマグマが噴出する直前の約 1 億年前に起こったと考えていることになる．もし，大きな変形が最後の部分溶融以来起こっていなかったなら，変形は 27 億年前ころに起こっていたことになり，その場合，温度は今より高かったはずなので，結論にも多少の修正が必要であろう．

このような岩石（マントル）の変形がいつ起こったのかという点に関して，後（10.2 節）に説明する地震波異方性からある程度のヒントが得られることを述べておこう．地震波異方性の原因としては，変形した岩石にできる鉱物の格子選択配向が一番もっともらしい．鉱物の格子選択配向は岩石の変形の幾何学によって決まっている場合が多い．そこで地震波異方性から変形の幾何学が推定できるわけである．今，アフリカのような古い大陸を考えると，大きな変形の起こりそうな場合として，大陸が形成されたばかり（あるいは形成される途中）でまだ柔らかい（温度の高い，または水の多い）時期か，温度の高い大陸の深部での最近の，マントル対流による変形が考えられる．もし，最近のマントル対流による変形によって異方性が形成されているなら，異方性の向きは最近のマントル対流の向き（つまりプレート運動の向き）を反映しているだろうが，異方性が過去の変形によっているなら，最近（現在）のプレート運動とは違った向きをもっているだろう．Vinnik *et al.*（1995）は，観測された地震波異方性はリソスフェアの深部での最近の変形によってできた構造によると考えた．同じ地震波異方性から Silver *et al.*（2001）は，異方性は浅い部分で昔起こった変形によって生じると考えた．いずれにしても，大陸の浅い部分の変形は，古い地質時代（大陸の形成のころ）に起こったと考えられる．

このようなキンバライト・マグマによって運ばれた捕獲岩を調べると，深さによって変形構造が変化していることに気づく．比較的浅いところから約 150～180 km くらいまでは結晶の粒径が大きく（coarse granular peridotite），岩石の化学組成も**不適合元素**（コラム 19 を参照）に枯渇したものになっている．ところが，それ以深（150～200 km）から採集された岩石は結晶粒径が小さく，変形によって生じた層構造をもっている．これらの岩石は sheared lherzolites とよばれている．この後者の岩石には多量の不適合元素が含まれている．sheared lherzolites に上記のような方法を適用するとその歪み速度は格段に大きくなる（最新のデータを使うと約 10^{-10}～10^{-8}/s，(Skemer and Karato, 2008)）．浅い部分からくる岩石とこのような深い部分からくる岩石で化学組成も違うので，岩石の変形の歴史も違うのであろう． sheared lherzolites の歪み速度は典型的なマントル対流の速度から推定される歪み速度（10^{-15}～10^{-14}/s）より何桁も大きい．また化学組成も不適合元素に富んでいる．そこで，このような岩石はいろいろな不純物を多く含んだプリューム物質が大陸リソスフェアの底に到達したときに変形したのかもしれない．

以上のような捕獲岩と違って造山帯での岩石や，マグマに捕まるまでマントル深部でゆっくりと上昇して，低温でマグマに捕まった岩石の場合，観察される微細構造ができた温度，圧力条件を推定することは一筋縄ではいかない．1つの例として，シリカ成分の多いガーネットをもったマントル深部起源の捕獲岩の例を挙げよう（Haggerty and Sautter, 1990）．この岩石には明らかな変形の

コラム 19　不適合元素

元素のなかには鉱物に入りやすいものや液に入りやすいものがある．普通のマントル鉱物と玄武岩マグマを例にとると，Mg は鉱物に入りやすいが，ルビジウム（Rb），ウラン（U）などは液（マグマ）に入りやすい．このように，液に入りやすいが鉱物に入りにくい元素を**不適合元素**（incompatible element）とよぶ．そこで，部分溶融が起こると鉱物からこのような元素が枯渇するようになる．大部分のリソスフェアの岩石はこのような不適合元素に枯渇しており，過去に大規模な部分溶融が起こった証拠であると考えられている．

証拠（鉱物の形が扁平になっていること，強い鉱物の格子選択配向）がある．そこで，この格子選択配向がどこでできたのかを知りたいわけである．ガーネットのシリカの量から，この岩石は 300 km 以深からきたことは確実だが，地質温度圧力計を使うと圧力が 2.8 GPa, 温度が 1,000 K 程度になった（Jin, 1995）．またその結晶粒径から，変形は小さな応力（約 2～4 MPa）で起こったこともわかる．そこで，この応力の値を使って歪み速度を計算すると，このような低温では大きな歪みの変形は不可能であることがわかる．そこで，この捕獲岩の場合，変形組織はマグマに捕まる直前の変形を反映しているのではないと結論される．この岩石はマントル深部（300 km 以深）の高温の部分で変形をしながらゆっくりと上昇し，その間，個々の鉱物の中の Al や Ca の量は変化し続け（したがって地質温度圧力計はリセットされ続け），最後に 70～80 km の深さでマグマに捕まり，地表に運ばれてきたのであろう．

また，一般に変形が起こったときの水の量を推定するのも簡単ではない．水は簡単に移動するので，岩石から抜け去る場合も，追加される場合もある．マントルから運ばれてきた岩石で，水が多量にあるときにできる格子選択配向をもつものが時折見つかるが，そのような岩石中のオリビンの水の量を測ってもそれほど多くないことがある（Katayama *et al.*, 2005）．これは，水が岩石の輸送中に抜け去ったためである可能性もあるが，水が鉱物から抜けなくても，岩石が浅い部分をゆっくりと移動すると鉱物中の水が固溶限界を超え，蛇紋石などの析出物となる場合がありうる．この場合，赤外吸収などで鉱物中の OH 基の濃度だけを測定すると見かけ上，水の量は少ないように見える．マントル鉱物にマイクロメートル以下の小さい含水鉱物が見られることがあるが（Kitamura *et al.*, 1987; Koch-Müller *et al.*, 2006），それらの鉱物はこのようにしてできたのかもしれない．

6.2　流動則のスケーリング

地球での岩石の変形のミクロな変形のメカニズムが推定でき，実験室で同じメカニズムに対応する流動則が測定されているとしよう．この場合，もし空間スケールの違いが無視できれば，実験結果の外挿は簡単である．同じ変形のメカニズムに対してはある流動則が成り立ち，メカニズムが変わらないかぎりその関係式は違った応力（歪み速度）でも成り立つはずだからである．すでに解説したように，いろいろな変形メカニズムでの変形を比較し，変形機構図を作成して，地球でありそうな条件で卓越する変形メカニズムを推定し，そのメカニズムに対応する流動則を使ってマントルの粘性率を計算すればよい．

では空間スケールの問題はどうだろうか？　実験室ではせいぜい数 mm の試料の変形を調べるのであるが，その結果を数千 km 規模まで使ってよいのだろうか？　空間スケールの問題については 3 つの点を議論してみよう．単結晶と多結晶の変形の違い，1 種の鉱物からなる岩石と多種の鉱物からなる岩石の変形の様子の違い，変形の局所化の問題である．

6.2.1　単結晶と多結晶の変形

一般に単結晶鉱物の塑性変形は大きな異方性をもつ．鉱物にはいろいろなすべり系があり，個々のすべり系によって変形の仕方が違うからである．この異方性は弾性的性質の異方性に比べて圧倒的に大きい．そこで，多結晶体の塑性変形強度は単結晶のそれの平均になっているが，平均の取り方によって結果は大きく違ってくる．たいていの場合，多結晶の変形にはいろいろなすべり系を使わなければならないので（フォン・ミーゼスの条件），すべり系のなかで変形の難しい（硬い）ものが多結晶体の強度を決定している（Kocks, 1970）．しかし，小さな歪みでの塑性変形や，拡散クリープと転位クリープの境界付近での転位クリープでは変形のしやすい（柔らかい）すべり系が変形強度を決める場合もある（Karato, 1998b）．

このような塑性異方性の強い鉱物の集合体の塑性変形強度は，鉱物の結晶の格子選択配向にもよっているであろう．その場合は，大きな歪みまでの変形実験を行い，格子選択配向が発達するにつれて，変形強度がどう変わるのかを調べなければならない．このような研究はまだ始まったばかりで，詳しい研究結果は限られている．

6.2.2　1 種の鉱物からなる岩石の変形と複数の鉱物からなる岩石の変形

1 つの鉱物での結晶方位による塑性変形の違いだけでなく，鉱物ごとの塑性変形の性質の違いも大きい場合がある．石英と長石の塑性的性質の違いはよく知られているが（Tullis, 2002），ほかにもガーネットとオリビン（Katayama and

Karato, 2008a), (Mg,Fe)O とペロブスカイト（Yamazaki and Karato, 2001）などがその例である．この場合も，これらの鉱物の混合物である岩石の塑性変形強度は個々の鉱物（集合体）の強度の何らかの平均であるが，その平均値は鉱物の混合比だけでなく，形にもよってくるであろう．柔らかい鉱物がつながっていると混合体の強度は柔らかい鉱物でおおよそ決まってくるが，柔らかい鉱物が孤立して分布していると混合体の強度は硬い鉱物のもので決まってくるであろう．このような考えは Handy（1994）などによって提出されているが，理論的に満足のいくモデルはまだできていない．異方性の強い鉱物の集合体の場合と同様に，この場合も違った鉱物のもつ形が鉱物の混合物の塑性強度に大きな影響を与えるであろう．したがって，ここでも大きな歪みでの変形実験が重要になってくる．しかし，このような研究はまだあまりなされていない．

また，複数の鉱物からなる岩石では結晶粒成長が抑制されて，結晶粒径が小さくなっている場合がある（ゼーナー効果（2.1.1 項））．このような場合，結晶粒径に依存する変形メカニズムが卓越することがある．現実の岩石では，鉱物組成に不均質があり，場所場所で結晶粒径が違っていることが多い．このような場合，体積的には少量でも，ほかより格段に柔らかい部分があればそこに変形が集中することが起こりうる．

6.2.3　変形の局所化の影響

変形の局所化については第 4 章で詳しく解説した．変形が局所化する場合，実験室の結果を地球に応用するのには注意が必要である．変形が局所化する場合，変形への抵抗力は下がる．リソスフェアでは変形が局所化することが多いが，この場合の強度を推定する方法はよくわかっていない．

変形が局所化する場合，局所化の空間スケールと実験試料の大きさの関係を考えねばならない．局所化した変形ではある狭い領域（帯）に変形が集中するのであるが，その帯の間隔が試料の大きさを超えると，無限に大きい試料では局所化が起こりえても実験室では局所化が起こらないということがありうる．Holtzman *et al.*（2003a）の部分溶融物質の変形実験ではこの点に考慮して，局所化の空間スケールを試料のサイズ以下にするような巧妙な手法が使われた．

第 7 章 マントルの粘性率とマントル対流 ——地球物理学的研究

以上では，主として，ミクロな物質科学の観点から，鉱物や岩石の塑性的性質（レオロジー的性質）について解説をしてきた．実際の地球のレオロジー的性質については，もっとマクロな地球物理学的観測事実からある程度の推定ができる．この章ではそのような方法の原理と代表的な結果についての簡単な解説をしよう．また，レオロジー的性質が巨視的な地学現象とどう関係するのかの理解を深めるために，マントル対流についての基本的事項をも解説する．

7.1 マントルの粘性率：地球物理学的な推定

地球の表面付近は硬いが深部は柔らかいという観念は古くからあったが，それが明確な科学的な根拠をもって推定されたのは，19 世紀の半ばに，**アイソスタシー**（isostasy）という概念が，重力測定の結果として提案されてからである（Airy, 1855; Pratt, 1855）．インドなど巨大な山脈をもつ大陸での重力測量が西洋諸国によってなされ，これらの山脈からの引力が山脈の地形から推測されたものよりずっと小さいことが示された．この事実は，このような山脈には軽い地殻物質からなる大きな根があって，山脈は水に浮いた氷のように柔らかいマントルに浮いているのだというモデルで説明された．その後，Gutenberg（1926）によって地震波の**低速度層**（low velocity zone）が発見され，これが低粘性率層 = **アセノスフェア**（asthenosphere）に対応すると考えられた．ただし，その後，この地殻の根があるのは堅いリソスフェアであって，余剰の質量はリソスフェアの下のアセノスフェアで，より広い範囲で支えられていると理解されるようになった．

Haskell (1935) は，後氷期の地殻の上下運動の理論的解析を行い，このモデルを定量的なものにした．この研究では，氷床が解けた後の地殻の上下運動の時間依存性のデータを理論的に解析し，マントルの粘性率が推定された．その後，氷床で覆われていた地域から離れた地域も含めた全地球規模での研究が行われた．この種の研究では地表の荷重による変形を調べているので，マントルの深い部分の粘性率に関しては細かいことはわからない．この方法とはまったく違った，マントル内部での密度変化による物質の動きに関するデータを使って粘性率を推定する方法が，Hager (1984) によって提案された．この節ではこれらの方法の簡単な解説と重要な結果をまとめておこう．また，それぞれの方法には独自の誤差や限界があるので，それらにも触れておこう．

7.1.1　後氷期の地殻の上下運動とマントルの粘性率

固体地球の粘性率を求めるには，何らかの時間依存性のある変形を解析する必要がある．これには，力がある程度わかっていて，時間依存性のある変動が記録されている現象を調べるとよい．そのような現象の代表的なものに，後氷期の地殻の上下運動がある．今から数千年前に，極地方を覆っていた氷床が解け，氷による過重が，極地方の陸上から海へと移動した．この変化に伴って，固体地球もゆっくりと変形した．この変形のうち，とくに垂直成分は海水準の変化として海岸線で記録されている．ある特定の地域の海岸線の高さを測ってみると時間とともにゆっくりと変動していることがわかる．たとえば，以前氷床に覆われていたところは，氷床が解けた後も，ゆっくりと上昇し続けている．このような事実は，この時間スケールでは，地球内部が弾性体ではなく，粘性流体として振る舞うことを示す．そこで，海岸線の位置の記録を地球の内部が粘性流体であると仮定したモデルで解析すると，地球内部の粘性率を推定することができる．

地殻変動の緩和時間を求めるのに次元解析という方法を使ってみよう．ある次元をもつ物理量 (X) が，他の次元をもついろいろな物理量 ($A, B, C, \cdots$) と関係するとき，両者には $X = A^a B^b C^c \cdots$ の関係があり，この両辺で次元が同じでなければならない．この現象では，原動力として重力が入ってくるの

で緩和時間は ρg（ρ：密度，g：重力加速度）に依存する．また，緩和時間は荷重の波長 λ と粘性率 η にも依存するであろう．そこで，a，b，c を定数として $\tau \propto (\rho g)^a \lambda^b \eta^c$ と書ける．この両辺の次元を調べると，左辺は時間であるが，右辺は $\left[\dfrac{M}{L^2T^2}\right]^a L^b \left[\dfrac{M}{LT}\right]^c$（$M$：質量，$L$：長さ，$T$：時間）であるから，両辺が同じ次元をもつためには，$a=b=-1$，$c=1$ でなければならない．そこで，

$$\tau = F\left(\frac{\lambda}{H}\right)\cdot\frac{\eta}{\rho g \lambda} \tag{7.1}$$

と書くことができる．ここに $F\left(\dfrac{\lambda}{H}\right)$ は無次元の関数で，H は粘性率の変化する深さスケールである．この関数を決めるには，詳しいモデル計算が必要である．その結果だけを示せば，粘性率が一様な場合 $\tau = \dfrac{4\pi}{\rho g \lambda}\eta$ で，粘性流動が薄い柔らかい層でおもに起こっている場合は $\tau = \dfrac{3\lambda^2}{\pi^2 \rho g H^3}\eta$ となる（H は粘性率の低い層の幅）．地殻変動の時間変化や荷重の波長は精度よく測れるので，$F\left(\dfrac{\lambda}{H}\right)$ がわかっていると粘性率をこの関係から推定できる．いろいろな波長での地殻変動を解析すれば，粘性率の深さ変化に関しても情報が得られる．ただし，この現象は表面での荷重による変形なので，マントル深部での粘性率をこの現象から推定するのは困難である．Nakada and Lambeck（1989）はこの困難な仕事を，海岸線の地形の影響など，それまで無視されていたが重要な効果を考慮した緻密な解析でやり遂げ，下部マントルは上部マントルより有意に粘性率が大きいことを示した．

このように，この方法でマントルの粘性率についての重要な情報が得られるのであるが，物質科学の立場から考えるとこの方法にはいくつかの注意すべき点がある．まず，この現象での歪みの大きさが非常に小さいことを指摘しておこう．氷床に覆われていた地域での地殻の上昇量はほぼ 100 m で，氷床の水平規模は 10^2～10^4 km 程度である．これから直ちに，歪みはおよそ 10^{-5}～10^{-3} だとわかる．一方，氷床による荷重に対応する応力は $\sigma \approx \rho g h$（ρ：氷の密度，g：重力加速度，h：氷床の厚さ）でおよそ 10^7～10^8 Pa だから，弾性歪み $\varepsilon \approx \dfrac{\sigma}{\mu}$ はほぼ 10^{-4}～10^{-3} となる．つまり，この現象での歪み量は弾性歪みと同程度かそれ以下なのである．このような，小さな歪みでは，遷移クリープが卓越する

ことが多い（たいていの遷移クリープの特性的歪みは弾性歪み程度になる）．そこで，この現象から推定される粘性率は遷移クリープの影響を多く含んでいると考えるべきであろう（Karato, 1998b）．このような現象から推定された粘性率は実際の定常クリープに対応する粘性率の下限を与えるものと解釈すべきであろう．

7.1.2　動的地形とマントルの粘性率

時間依存性のある変動ではないが，粘性率を推定するのに役立つ観測として，**動的地形**（dynamic topography）とよばれるものがある．これは，マントル対流が起こっているとき，対流による力で密度の異なる物質の境界が変形する現象のことである．この変形によって密度分布が変わるので，観測される重力も変化する．この境界面の変形は，境界の一方の物質の流れによる他の物質の変形なので，2 つの相い接する物質の粘性率の比で変形の大きさが決まってくる．そこで，このような観測を解釈すれば，粘性率の比が求まるであろう．

Hager（1984）はこの考えを定式化し，沈み込み帯での重力の観測を説明するためにはマントルの深部で粘性率が急激に大きくなっていなければならないことを示した．彼が考えたのは次のような問題であった．全世界的な重力測定の結果によると，太平洋の周辺のようにプレートが沈み込んでいる地域で重力が大きい．これは，もし地球が硬い変形のしない物質でできていればもっともらしいが（プレートは重いので），実際の地球内部は粘性流体として振る舞うのだから，プレートが沈み込むとき，表面もそれに引きずられてへこむはずである．実際に観測される重力は重いプレートによるものと，へこんだための質量欠損の影響との和であるが，表面は観測点に近いので表面のへこみの影響が大きい．そこで，単純な均質な粘性率でのマントル内部でのプレートの沈み込みを考えると，沈み込み帯での重力は表面のへこみの効果が大きく，負の異常を示すべきなのである．そこで彼は，プレートが沈み込んでいくときに，マントル内の粘性率が大きくなる境界がある場合を考えた．この場合，プレートの沈み込みは困難になるので，表面を引きずる力も小さくなり，へこみの量も減る．このようにして，Hager（1984）はマントル深部でプレートの沈み込みに対する障害があることを推定し，それはマントル深部で粘性率が急増するところがあるからだと考えた（図 7.1）．

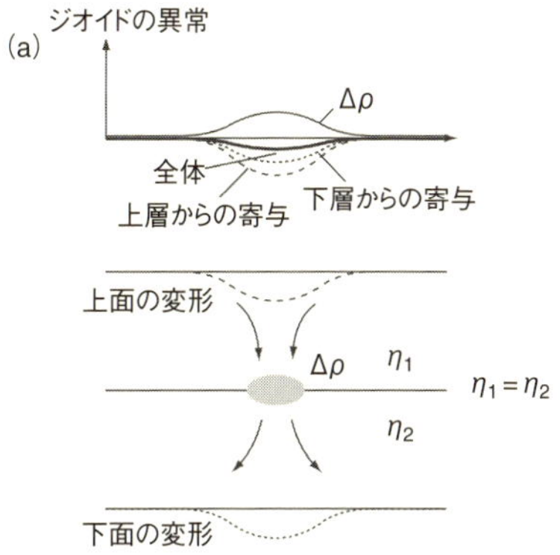

図 7.1　マントル対流による密度の不連続面の変形とそれによる重力ポテンシャル面（ジオイド）の変化

（a）上層と下層が同一の粘性率をもつ場合（$\eta_1 = \eta_2$）.
（b）上層の粘性率が下層のものより低い場合（$\eta_1 < \eta_2$）.
（Hager（1984）による）

この方法はその後，もっと一般的にマントル内部での密度異常によって起こされる物質の流れによって起こる重力の変化の解析に拡張され，マントル内の粘性率分布を推定するのに使われてきた．これは，後氷期の地殻変動とは違った手法であり，マントル深部での粘性率を推定するのにも使える．ただし，この方法の最大の限界は密度異常の推定に不確かさが大きいことである．よく行われるのは，地震波速度の異常を温度のせいにして，温度異常から密度異常を計算する方法であるが，この方法は地球深部では有効性が問題になってくる．温度による地震波速度や密度の変化は熱膨張によっているのであるが，熱膨張率は高圧下では小さくなるので，この効果はマントル深部では弱くなる．一方，化学組成の違いによる密度変化や地震波速度の変化には圧力効果は小さい．そこで，地球深部では化学組成の効果のほうが温度の効果より大きくなるのである（10.1.2 項）．このような場所では密度の異常を地震波速度の異常から推定するのは非常に難しい．したがって，マントル深部（約 1,500 km 以深）の粘性率をこの方法で求めることは難しい．

図 7.2 にこのような方法で推定された，マントルの粘性率と深さとの関係を示した．まず，表面付近は硬い層で，これは**リソスフェア**（lithosphere）に対応

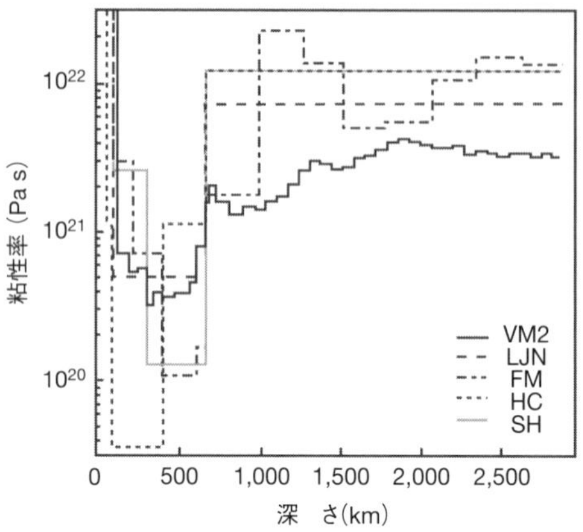

図 7.2　地球物理学的方法で推定されたマントルの粘性率-深さ関係
各線は異なった著者による結果を示す．（Peltier（1998）による）

する．その下には柔らかい層がある（アセノスフェア）．その下にはより硬い層がある．この図では粘性率の深さ変化が示されているが，これは水平方向には平均したものと考えるべきである．しかし，実際の地球では，粘性率の水平方向での変化も大きいと考えられるので，この平均的モデルは大雑把な傾向を示すだけのものと理解すべきであろう．下部マントルの深部に大きな粘性率のピークがあるようなモデルも提出されているが（Forte and Mitrovica, 2001），このあたりでは上で議論したように密度の推定値の誤差が大きくなるので，この結果には信頼性が少ない．

7.2　マントル対流：レイリー数，境界層モデル

地球では深部にいけばいくほど温度が高くなる．それは断熱圧縮だけでなく放射性元素による発熱や，地球が形成されたときに解放された重力エネルギーによる加熱の影響が残っているからである．このように，断熱圧縮による温度上昇より以上に温度が深さとともに上昇している場合は，もし，その層をつくっている物質の粘性率がある値以下であると，**熱対流**（thermal convection）が起こる．

熱対流が起こる条件を求めてみよう．粘性流体で満たされている層が下から熱されている場合を考える．加熱によって最下部の流体は熱膨張をするので密度が低くなり，上昇しようとするであろう．しかし，上昇する流体は上部の温度の低い領域にいくとまわりから冷やされて温度が下がり，浮力を失う．連続した上昇ができるためには（つまり対流が起こるためには），冷却よりも上昇の速度のほうが速くなければならない．この条件は

$$\frac{\tau_{\mathrm{cond}}}{\tau_{\mathrm{conv}}} > 1 \tag{7.2}$$

である．ここに τ_{cond} は熱伝導の時間スケール，τ_{conv} は対流の時間スケールである．今，運動する流体の塊の大きさを $r \approx \dfrac{L}{2}$ とすると（L は層の厚さ），熱伝導による冷却の時間スケールは $\tau_{\mathrm{cond}} \approx \dfrac{L^2}{4\pi^2\kappa}$（$\kappa$ は熱拡散係数）となる．一方，対流運動の時間スケールは $\tau_{\mathrm{conv}} \approx \dfrac{L}{v}$（$v$ は対流運動の速度）である．対流の運動速度を計算するのにストークス（Stokes）の式，$v = \dfrac{2}{9}\dfrac{\Delta\rho g r^2}{\eta}$（$\Delta\rho$：運動する流体とまわりとの密度差，$g$：重力加速度），を使い，密度差は熱膨張によるので $\Delta\rho \approx \rho_0\alpha\Delta T$（$\rho_0$：標準状態での密度，$\alpha$：熱膨張率）とすると，$\dfrac{\tau_{\mathrm{cond}}}{\tau_{\mathrm{conv}}} = \dfrac{\rho_0 g\alpha\Delta T L^3}{\eta\kappa}\dfrac{1}{72\pi^2}$ となる．そこで

$$R_{\mathrm{a}} \equiv \frac{\rho_0 g\alpha\Delta T L^3}{\eta\kappa} \tag{7.3}$$

で**レイリー数**（Rayleigh number）を定義すると，対流の条件 $\dfrac{\tau_{\mathrm{cond}}}{\tau_{\mathrm{conv}}} > 1$ は $R_{\mathrm{a}} > (R_{\mathrm{a}})_{\mathrm{c}}$ となる．$(R_{\mathrm{a}})_{\mathrm{c}}$ は臨界レイリー数で境界条件によって異なるが，おおよそ 10^3 程度の数である（上記の簡単なモデルでは $(R_{\mathrm{a}})_{\mathrm{c}} = 72\pi^2 \approx 711$）．また，流体が内部での発熱で対流を起こす場合には，レイリー数に対してやや違ったかたちの式が導ける．

レイリー数が，流体層の厚さに強く依存していることに注意しよう．レイリー数の表式のなかで標準状態での密度（約 3,000 kg/m^3），熱拡散係数（約 3×10^{-6} m^2/s）や熱膨張率（約 10^{-5}/K），重力加速度（約 10 m/s^2）などはよくわかった量である．温度差も代表的な値として 1,000° としてみよう．また，マントルの平均的な粘性率として 10^{21} Pa s を採用しよう．そうすると，層の厚さが 100 km

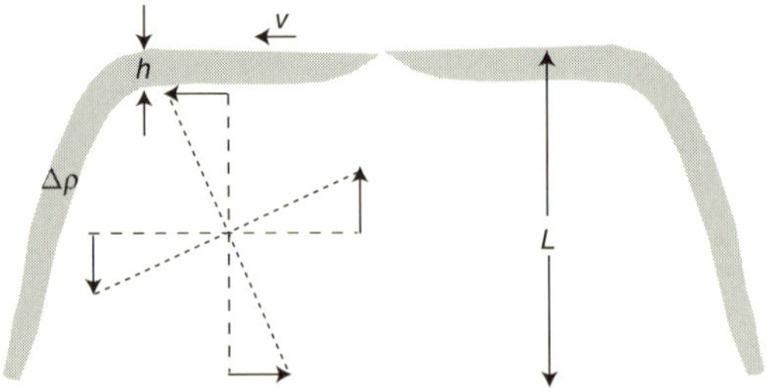

図 7.3　境界層対流のモデル

レイリー数が臨界値を大きく超えると，流れは薄い層（グレーの部分）に集中してくる．

とすると $R_a \approx 10^3$ になり，対流が起こるぎりぎりの条件と結論できるが，層の厚さを 3,000 km とすると $R_a \approx 10^6$ になり，激しい対流が起きることになる．

また，一口に流体層のレイリー数というが，実際のマントルでは粘性率が深さ（や場所）によって大きく変わってくるので，マントル対流の様子を 1 つのレイリー数で記述することは妥当ではない．この点を検討する前に，レイリー数が大きい場合の対流の特徴である，**境界層モデル**（boundary layer model）を説明しよう．レイリー数が臨界値を超えて，徐々に大きくなるときの対流運動のパターンを調べてみると，最初は，層全体の物質がゆっくり動くが，次第に流れが薄い層に集中してくることがわかる．この流れの集中した薄い層を境界層とよぶ（表面での境界層がプレートに対応する）．レイリー数が臨界値を大きく超えていると層の厚さより小さな規模でも対流運動が可能になる．熱がそのような小さな規模での運動でも輸送されうるからである．

このような対流が起こっている場合の対流運動の速さや，境界層の厚さがレイリー数とどういう関係にあるのかを図 7.3 に示した簡単なモデルで考察してみよう．このモデルでは，対流層の表面に冷却によってできた冷たい境界層（グレーの部分）がある．この層の密度はその下の層の密度より大きいので，この層がある厚さに達するとマントル深部に潜り込む．この沈み込んだ層（プレート）はまわりのマントルの粘性抵抗を受ける．重力と粘性抵抗のバランスで対流の速度が決まっていると考える．潜り込むプレートの厚さを h とし，その平均温度とマントルの温度差を ΔT とすると，重力による潜り込みの原動力はプレートの単位長さあたり，

$$F_{\mathrm{drive}} = h\Delta T\rho_0\alpha g \tag{7.4}$$

となる（ρ_0：基準になる物質の密度，α：熱膨張率）．一方，粘性抵抗力のほうであるが，簡単のため，マントル全体が一様に変形をしていると考える．そうすると，プレートの単位長さにはたらく抵抗力は，

$$F_{\mathrm{resist}} = \eta\frac{\partial v}{\partial x} \approx \eta\frac{v}{L/2} \tag{7.5}$$

で与えられる．この両者がバランスしていると考えると，

$$h \approx \frac{2\eta v}{L\Delta T\rho_0\alpha g} \tag{7.6}$$

を得る．ここで，プレートは冷却によってその厚さを増すのであるから（熱伝導の方程式から），

$$h \approx 2\sqrt{\kappa t} = 2\sqrt{\kappa\frac{L}{v}} \tag{7.7}$$

となる（t：プレートが形成されてからの時間，κ：熱拡散率）．式（7.6），（7.7）から v を消去して，境界層（プレート）の厚さとして，

$$\frac{h}{L} \approx 2\left(\frac{\eta\kappa}{L^3\rho_0 g\alpha\Delta T}\right)^{\frac{1}{3}} = 2{R_{\mathrm{a}}}^{-\frac{1}{3}} \tag{7.8}$$

を得る．また，式（7.7）を使うと，対流の速度として，

$$v \approx \frac{1}{4}\frac{\kappa}{L}{R_{\mathrm{a}}}^{\frac{2}{3}} \tag{7.9}$$

を得る．

これらの式に適当な数値を入れて観測結果と比較してみよう．典型的なマントル物質についての数値を入れ，$L = 3000$ km（マントルの深さに対応する）とすると，$R_{\mathrm{a}} \approx 10^6$ となるから，プレートの厚さは $h \approx 60$ km，プレートの運動速度（マントル対流の速度）は $v \approx 3$ cm/y を得る．理論が単純なわりには観測結果と驚くほどよく一致する．

また，このような対流が起こる場合，対流によって運ばれる熱は最終的には表面の熱的境界層を通して伝導によって運ばれる．そこで対流によって運ばれる（単位面積あたりの）熱流量は

$$J = k\frac{\Delta T}{h} = J_0\frac{L}{h} = J_0 N_{\mathrm{u}} \tag{7.10}$$

で与えられる．ここで $J_0 = k\dfrac{\Delta T}{L}$ は，対流がない場合にこの層から運ばれる熱流量であり，

$$N_u = \frac{J}{J_0} = \frac{L}{h} = \frac{1}{2}R_{\mathrm{a}}{}^{\frac{1}{3}} \tag{7.11}$$

は対流で熱が，伝導だけの場合に比べいかに効率よく運ばれているかを表す量で，**ヌッセルト数**（Nusselt number）とよばれる．

第8章 地球，惑星の内部構造

この章では今まで学んだことを総合して，実際の地球や惑星内部のレオロジー的構造をどう理解するのか，また，レオロジー的構造から地球や惑星のダイナミクスについてどのようなことがわかるのかを解説しよう．

レオロジー的性質には，温度，圧力，化学組成などが重要な影響を与えるのでまず，地球，惑星内部の構造についての簡単な解説をしておこう．

8.1 圧　力

地球，惑星内部の圧力は，ほぼ完璧に静水圧平衡の原理で決まっている．それは，地球，惑星の内部では温度が高く，物質の流動強度（粘性率）が低いため，大きな静水圧からのずれは保持しえないからである．そこで P を圧力，ρ を密度，g を重力加速度，z を深さとして，圧力は

$$\frac{dP}{dz} = \rho g \tag{8.1}$$

で決まっている．重力加速度は惑星内の質量分布によって決まっている $\left(g(z) = \dfrac{4\pi G}{(R-z)^2} \displaystyle\int_{R-z}^{R} \rho (R-x)^2 \, dx,\ G：重力定数 \right)$ ので，式 (8.1) は密度をも未知数として含んだ積分方程式になる．しかし，たいていのところでは重力はほぼ一定で密度もそれほど大きく変化しないので，式 (8.1) は近似的に

$$P \approx \rho g z \tag{8.2}$$

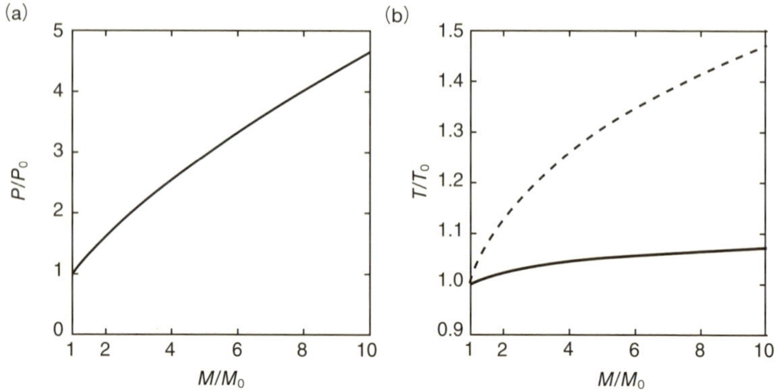

図 8.1　惑星の中心圧力（a）とマントルの（平均）温度（b）とその質量との関係
P：中心圧力，P_0：基準質量の惑星の中心圧力，T：マントルの平均温度，T_0：基準質量の惑星のマントルの平均温度，M：質量，M_0：基準質量．（b）の破線は粘性率が温度によらない場合，実線は粘性率が温度による場合（活性化エネルギー ＝500 kJ/mol）．

となる．

式（8.2）を使って，惑星の中心での圧力が惑星の質量とどういう関係にあるかを考えてみよう．簡単のため，惑星物質の密度は一定としよう（惑星内部では密度は大きくなるので，この仮定は厳密には正しくない）．また，重力加速度も惑星の表面での値を使うことにすると，$g = \dfrac{4\pi G\rho R}{3}$ となる（R は惑星の半径）．また，惑星の質量は $M = \dfrac{4\pi}{3}\rho R^3$ で与えられるから，結局この近似で，

$$P \propto M^{\frac{2}{3}} \tag{8.3}$$

となる．この式は組成は同じだが質量の違う惑星の中心圧力の大雑把な推定に使える．質量が 10（5）倍増えると中心圧力は約 5（3）倍増える（図 8.1a）．

8.2　温　　度

地球，惑星内部の温度は，圧力ほどよくわかっていない．温度は熱源や熱輸送の仕方によるのであるが，そのどちらも圧力を決める要因に比べてよくわかっていないからである．熱源については，惑星が形成されるときの重力エネルギーと放射性元素が放出するエネルギーによる加熱が重要である．重力エネルギー

は惑星形成時でのみ重要なので，ここでは温度の初期値を決めるものと考えておこう．また，放射性元素による加熱も，惑星形成の初期には寿命の短い $^{26}\mathrm{Al}$ なども重要だが，地質学的歴史の大部分ではゆっくりと崩壊するカリウム（K），ウラン（U），トリウム（Th）などによる加熱が効いてくる．また，惑星からのエネルギーの放出は，形成期での熱輻射によるものを除けば，そのほとんどは対流による熱輸送で決まっている．

このような惑星のマントルの平均温度が惑星の大きさでどう変わるのかを考えてみよう．今，簡単のために定常状態を考え，熱の放出について式 (7.3)，(7.11) で与えられる関係を使おう．放射性元素による発熱と対流による熱の放出とが釣り合っているのだから，

$$MH = AN_{\mathrm{u}}k\frac{\Delta T}{L} = A\frac{1}{2}\left(\frac{\rho_0 g\alpha\Delta TL^3}{\eta\kappa}\right)^{\frac{1}{3}}k\frac{\Delta T}{L} \tag{8.4}$$

となる．ここに，M は惑星の質量，H は単位質量あたりの放射性元素による発熱量，A は惑星の表面積である．この式から惑星の大きさ（質量）と温度の関係が決められる．今，粘性率が温度によらない定数とすると，温度差についても $\Delta T = T - T_{\mathrm{s}} \approx T$（$T$ はマントルの平均温度，T_{s} は地表の温度）という近似を使い，密度や熱膨張率などが温度や圧力（惑星の質量）であまり変わらないとすれば，$g = \dfrac{GM}{L^2} \propto M^{\frac{1}{3}}$ などから，

$$T \propto M^{\frac{1}{6}} \tag{8.5}$$

となる（図 8.1b）．つまり，大きな惑星ほど温度が高い．これは大きな惑星ほど表面積と質量の比が小さくなり，冷却の効率が下がるからである．

しかし，実際の惑星では粘性率が温度によって大きく変わるので，温度と粘性率には相互作用がある．この点を見るために，粘性率と温度の関係として，$\eta \propto T^{-\theta}$ を考えよう（このような関係式は今まで使ってきた熱活性化過程のモデルと違っているが，いろいろな惑星の温度やレオロジー的性質を比較するときに温度や粘性率と惑星の質量がべき乗の関係にあるとして議論されることが多いので，ここではこのような関係を使う）*．そうすると，式 (8.1)，(8.4) から，

---

* $\eta = \eta_0 \exp\left(\dfrac{H^*}{RT}\right)$ と $\eta \propto T^{-\theta}$ を比較して，粘性率の温度微分が両者で同じとすれば $\theta \approx \dfrac{H^*}{RT}$ を得るので，通常の活性化エネルギー（500 kJ/mol）を使うと $\theta \approx 20{\sim}30$ になる．

$$T \propto M^{\frac{2}{3(4+\theta)}} \tag{8.6}$$

となる（図 8.1b）．そこで，$T \propto M^{0.03}$ となり，惑星内部の温度は質量にあまりよらなくなる．その理由は，温度が低いと粘性率が大きくなり，熱の放出率が下がるので温度が上がるというフィードバックによって惑星内部の温度はいわば「自動制御」されているからである（Tozer, 1967）．以上では無視したが，惑星の質量と温度との関係は粘性率への圧力効果からの影響も受ける．この効果は超地球（super Earth，第 11 章参照）のような巨大な惑星の構造を考察するときに重要になる（Karato, 2011a）．

では次に，マントルの温度が時間（場所）とともにどう変わるのかを，海洋下マントルを例にとって考えてみよう．海洋下マントルの熱的構造についてのモデルはプレートテクトニクス理論ができてから数年後に確立した．海洋プレートは，中央海嶺で暖かいマントル物質が断熱的に上昇し，冷やされることによって形成される．冷やされた物質はプレートとなって水平方向に移動する．そこで，海洋下のマントルの温度は中央海嶺からの距離，つまり，プレートが形成されてからの年齢に依存している．このようなマントルの温度は，熱伝導の方程式を解いて求めることができる．マントルには放射性元素が少ないので，簡単な議論では放射性元素による発熱は無視する．そうすると，熱伝導の方程式は

$$\frac{\partial T}{\partial t} = \kappa \frac{\partial^2 T}{\partial z^2} \tag{8.7}$$

となる（κ は熱拡散率，z は深さ，t はプレートが形成されてからの時間）．この式を表面での温度（T_{s}）とマントル深部での温度（T_∞）が固定されている境界条件で解くと，

$$T(z,t) = T_{\mathrm{s}} + (T_\infty - T_{\mathrm{s}})\,\mathrm{erf}\left(\frac{z}{2\sqrt{\kappa t}}\right) \tag{8.8}$$

となる（ここに出てくる T_∞ が先に議論したマントルの平均温度に相当する）．ここに $\mathrm{erf}\,(x)$ は誤差関数（コラム 20 参照）である．誤差関数は $x \to 0$ では $\mathrm{erf}\,(x) \approx \frac{2}{\sqrt{\pi}}x = \frac{z}{\sqrt{\pi\kappa t}}$，$x \to \infty$ では $\mathrm{erf}\,(x) \to 1$ だから，地表付近では温度は深さとともにほぼ線形に増加し，深さが $z \approx 2\sqrt{\kappa t}$ $(x{\sim}1)$ 程度のところより深くなると，ほぼ一定の温度になる（図 8.2）．この深さがプレートの厚さに対応する．したがってプレートの厚さはプレートの年齢の平方根に比例する．表

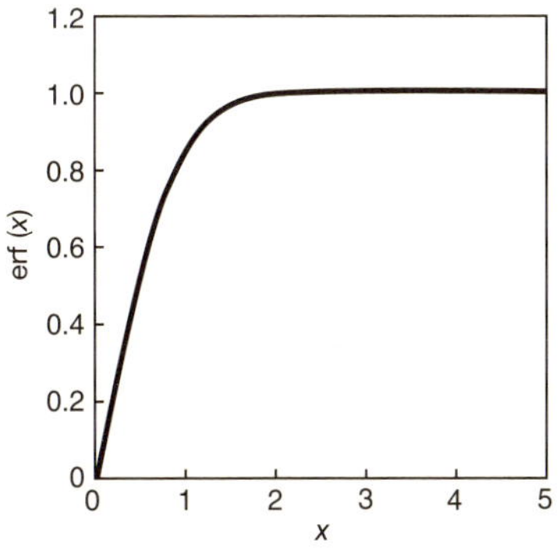

図 8.2　誤差関数

面付近の温度勾配は

$$\left(\frac{dT}{dz}\right)_{z=0} \approx \frac{T_\infty - T_\mathrm{s}}{\sqrt{\pi\kappa t}} \tag{8.9}$$

であり，年代の若い所ほど温度勾配は大きい．また，海洋プレートからの熱の放出率（熱流量）は $J = \dfrac{k}{\sqrt{\pi\kappa t}}(T_\infty - T_\mathrm{s})$ で与えられる．

コラム20　誤差関数

誤差関数は

$$\mathrm{erf}\,(x) = \frac{2}{\sqrt{\pi}} \int_0^x \exp\,(-y^2)\,dy \tag{C20.1}$$

で定義される．誤差論でよく使われるのでこの名前がついている．誤差関数を含んだ式（8.8）が式（8.7）の解であることは，この定義式を微分すればわかる（読者は自分で検証せよ）．また，この定義から明らかに $\mathrm{erf}\,(0) = 0$ であり，また，積分の公式 $\displaystyle\int_0^\infty \exp\,(-x^2)\,dx = \frac{\sqrt{\pi}}{2}$ から $\mathrm{erf}\,(\infty) = 1$ である．小さい x の値に対してはテイラー展開の公式を使って，

$$\mathrm{erf}\,(x) \approx \mathrm{erf}\,(0) + \left(\frac{d\mathrm{erf}(x)}{dy}\right)_0 x = \frac{2}{\sqrt{\pi}} x \tag{C20.2}$$

を得る．

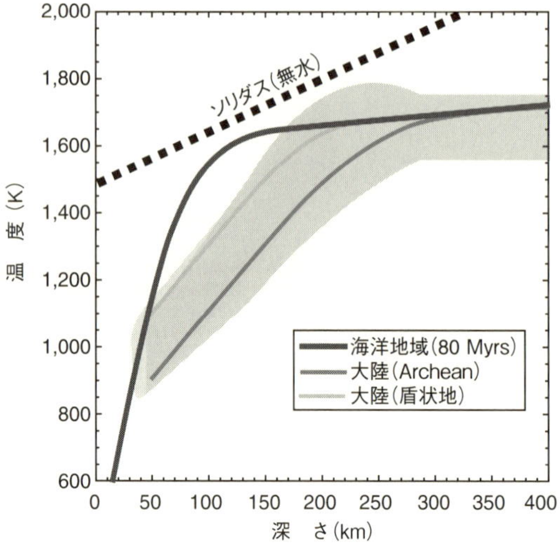

図 8.3　大陸と海の下のマントルの温度の比較
浅い部分では大陸下のマントルの温度は海洋下のマントルより温度が低いが，リソスフェア深部では違いは少ない．（Karato（2010b）による）

大陸下のマントルの温度構造は，海洋下マントルのものほどはよくわかっていない．大陸地殻は厚く，多量の放射性元素があるが，その分布はあまりよくわかっていないし，海洋下マントルの場合のように，物質の上昇による加熱のメカニズムも明確には指定できないからである．しかし，大陸の場合，上部マントルから多量の捕獲岩が採集できるので，その化学組成から大陸下上部マントルの温度構造が推定できる．その結果によると，大陸下マントルの浅い部分（$<$150 km）は海洋下マントルより低温だが，温度差は 200〜250 km になるとほとんどなくなる（図 8.3）．

マントル深部の温度については間接的に推定するしかないので，不確かさは大きい．いろいろな方法のなかでも重要なのは，地震学的観測と鉱物物理を比較する方法である．たとえば，マントルの深さ 410 km, 660 km には地震波速度の不連続面があり，それらは鉱物の相転移によるものと解釈されている（本シリーズ第 13 巻）．鉱物の相転移の起こる条件は圧力と温度によっている．先に解説したように，深さが決まれば圧力は一義的に決まる．そこで，実験室で決められた相転移の起こる条件と地震学から決められた深さ（圧力）を使えば，そ

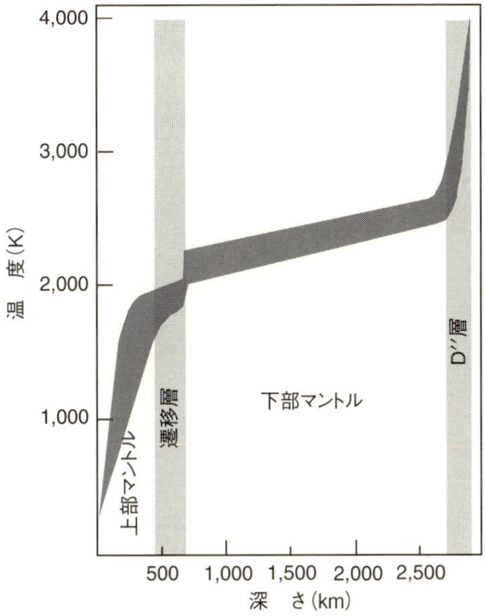

図 8.4　マントルの温度分布

マントルの最上部と最下部には温度勾配の急な熱的境界層がある．その中間の大部分のマントルでは温度勾配は小さい．

の深さの温度が決まるわけである．

このようにして推定されたマントル遷移層の温度をマントル最下部まで外挿すると，そこでの温度は 2,600〜2,800 K くらいになる．この温度は核をつくっていると考えられる鉄の融点よりはるかに低い（鉄の融点は核-マントル境界ではほぼ 3,500〜4,000 K）．そこで，マントル最下部には温度が急に上昇する熱境界層があると推定される（図 8.4）．このようなマントル最下部での熱境界層の構造は，核からの熱供給の大きさで決められている．核からどれだけの熱がマントルにきているのかについては，マントル深部からきた上昇流によって形成されると考えられているホットスポットなどの研究から推定され，およそ地表での熱流量の 5〜10% 程度という推定がされている（Sleep, 1990）．最近，マントル最下部の地震学的観測から，この領域での温度分布を推定し，核からの熱流量を求めようとする試みもなされている（van der Hilst *et al.*, 2007）．

8.3　地球，惑星内部の組成

地球やいろいろな地球型惑星の組成については本シリーズ第 13 巻で詳しく解説されている．ここでは，レオロジー的性質にとって重要な範囲でごく簡単な解説をしよう．

8.3.1　地　殻

地殻はケイ酸（SiO_2）に富んだ鉱物（石英，長石など）からできている．また，地殻には雲母など水を多く含む鉱物もある．レオロジー的性質に関して重要な点は，(1) 地殻物質はマントル物質に比べて融点が低いので，同じ条件で比べると，マントル物質より粘性率が低い傾向があること，(2) 地殻物質のレオロジー的性質は水の量に非常に敏感であること，である．レオロジー的性質への水の影響はケイ酸に富んだ鉱物ほど大きいからである．そこで，地殻深部の粘性率は一般にマントルより低い傾向にあるが，水の量などによって大きく変わる可能性が強い．

8.3.2　マントル

マントルは地殻より (Mg,Fe)O に富んだ鉱物（オリビンなど）からできている．しかし，マントルは膨大な圧力（温度）範囲にあるので，鉱物はいろいろな相転移をする．とくにマントルの遷移層とよばれる深さが 410〜660 km の領域ではオリビンなどの主要鉱物が次々と相転移をし，より密度の高い鉱物に変化している．遷移層ではオリビンはワズリアイト，リングウッダイト（ringwoodite）へ，そして下部マントルに入るとペロブスカイトと (Mg,Fe)O に分解する．さらに（地球の）マントル最下部ではペロブスカイトがより密度の大きいポスト-ペロブスカイト（post-perovskite）に転移する．超地球のようにもっと大きな惑星になると，マントルでの圧力もさらに大きくなる．その場合，約 500 GPa で (Mg,Fe)O は食塩構造から CsCl 型の構造へ転移し，さらに約 1,000 GPa でポスト-ペロブスカイトも (Mg,Fe)O と SiO_2（六方晶型の高圧構造）に分解すると予測されている（マントル内の相転移については本シリーズ第 13 巻を参照）．

8.3.3　地球内部の水

水は地球内部では少量しかないが，レオロジー的性質や融解関係には大きな影響を与える．地球内部の水については最近の研究で理解が進んできた．水を多く含んだ含水鉱物は地殻内に多量にある（雲母など）．マントル深部にもこのような含水鉱物が存在しうることが最近の研究でわかってきた（Ohtani, 2005）．ただし，含水鉱物自身が岩石のレオロジー的性質を変えるわけではない．その理由は，含水鉱物の量は限られていることが多いのと，含水鉱物は必ずしもレオロジー的には柔らかくないからである．岩石のレオロジー的性質に重要なのは，多量に存在する本来の化学式に水素の入っていない名目上無水の鉱物に格子欠陥として入った水である．

このような名目上無水の鉱物に入った水の量が，ある程度推定できるようになった．マントル内部の水の分布は，マントルの岩石から形成されたと考えられる玄武岩中の水の量や，地球物理的方法で観測可能な水に敏感な性質（たとえば電気伝導度）から推定できる（Karato, 2011b）（図 8.5；地震学的観測からの水の分布の推定については 10.1.2 項を参照）．このような研究によると，マントル内の水の量は場所や深さによって大きく違っている．一般的に遷移層には上部マントルより 10 倍くらいの水がある．ただし，同じ遷移層でも東部アジ

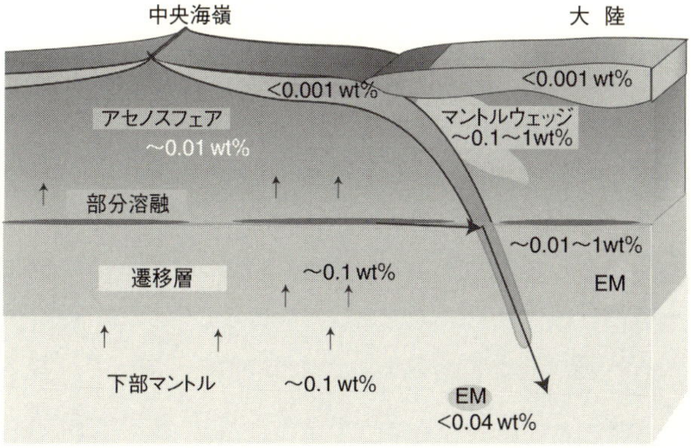

図 8.5　電気伝導度から推定されたマントル内の水の分布

マントル内の水の分布は不均質で，かつ上部マントルとそれ以深では水の量も異なる．EM は不純物に富んだマントル（enriched mantle）．（Karato（2011b）による）

アの下の遷移層とヨーロッパの下の遷移層では水の量が大きく違う（東アジアの遷移層にはヨーロッパの遷移層より水が多量にある）．また，上部マントルのアセノスフェアには少し（～0.01wt%）だが水がある．その量はほぼ均一だが，太平洋中部から西部のアセノスフェアは比較的水に枯渇しているらしい．

下部マントルの水についてはいまのところよくわかっていない．核には多量の水が入る可能性があるが，どれだけの水が入るかは核の形成過程に依存する．しかし，核にある水については観測からは何もわかっていないといってよい．

8.3.4　結晶粒径

岩石の結晶粒径はその履歴で決まっており，いろいろな値をとる．マグマが急冷してできた玄武岩は非常に小さな結晶粒径をもっているが，ゆっくりと冷えてできたガブロは大きな結晶粒径をもつ．上部マントルの岩石の結晶粒径は，地表に運ばれてきた捕獲岩などから推定できる．このような岩石では結晶粒径は変形による動的再結晶で決まっている場合や（2.1.2 項），結晶粒成長で決まっている場合（2.1.1 項）がある．マントルの大部分では，高温で比較的小さな応力で変形したり，ゆっくりとアニールされているので結晶粒径は大きい（1～10 mm）．しかし，大陸の上部マントル深部のようなところではやや高い応力での変形が起こり，結晶粒径は 0.1 mm 程度になっている．また，比較的浅いリソスフェアでの剪断帯では結晶粒径は小さい．極端な例ではごく薄い領域に限られてはいるが 1～10 μm のところもある．局所的に大きな応力が加わっていたのであろう．

マントル深部，遷移層以深になると直接の手がかりはない．遷移層では相転移によって結晶粒径が決められている可能性がある（2.1.3 項）．低温で急激な相転移が起こると粒径は小さくなる．また，相転移が 1 つの鉱物が 2 つ（以上）の鉱物へ分解するタイプの場合も，転移後の粒径は小さい傾向がある．下部マントルの大部分は拡散クリープで変形しているらしい．Yamazaki and Karato (2001) は実験室で測定された拡散係数と地球物理的に推定された下部マントルの粘性率を比較し，下部マントルの結晶粒径を 2～3 mm と推定した．

内核では温度は融点直下であり，非常に小さな応力のもとで変形（またはアニーリング）しているので，結晶粒径は大きいであろう（Bergman, 1998）．

第9章　地球のレオロジー的構造

9.1　リソスフェアの強度とプレートテクトニクス，大陸の安定性

岩石の塑性変形強度と破壊強度がわかっていると，地球内部での強度の分布が計算できる．このような計算では，破壊と塑性は独立な変形様式なので，実際の岩石はどちらか容易な変形様式で変形すると考える．また，破壊強度に関しては，断層はすでに存在しており，断層の運動への抵抗（摩擦抵抗）で破壊強度が決まっていると考える．このようなモデルは Goetze and Evans（1979）が最初に提案した．

断層運動への抵抗は摩擦抵抗であり，摩擦抵抗は断層面へ垂直な方向へはたらく応力に比例する．そこで，断層運動への抵抗応力は，

$$\tau = \tau_o + \mu_f \sigma_n \tag{9.1}$$

で与えられる．ここに τ_o は垂直応力（σ_n（$= P$：静水圧））のない場合の断層運動への抵抗応力，μ_f は摩擦係数である．実験結果によると，摩擦係数は岩石の種類や温度，変形の速度によらないほぼ一定の定数である（$\mu_f = 0.6\sim0.8$）．これをバヤリー（Byerlee）の法則とよぶことがある．この法則は断層面では2つの岩石が小さな面積で接触しているというモデルで説明できる（コラム21参照）．間隙水のない場合には垂直応力は静水圧にほかないから，この式は断層運動への抵抗は静水圧とともに，つまり深さとともに増えることを示している．

間隙水のある場合，式（9.1）は少し変形されて，

$$\tau = \tau_o + \mu_f(P - P_{\mathrm{pore}}) \tag{9.2}$$

となる．ここに，P_{pore} は**間隙水圧**（pore pressure）である．間隙が完全に水で

コラム 21　断層での摩擦のモデル

断層面を拡大してみると，断層面の両側の岩石は断層面の面積に比べて小さな部分でのみ接触している（図9.1）．そのため，接触している部分には大きな応力がはたらき，その部分は破壊をしたり，流動したりし，変形が集中する．そのような断層での力の釣り合いを考えよう．今，断層面の面積を A，接触面の面積を A_c とすると，断層に垂直な向きの力の釣り合いは，

$$\sigma_n A = \sigma_\perp A_c. \tag{C21.1}$$

ここに，$\sigma_\perp$ は圧縮されたときの岩石の強度である．同様に断層に平行な向きの力の釣り合いは

$$\tau A = \sigma_{//} A_c \tag{C21.2}$$

となる（$\sigma_{//}$ は岩石のずり強度）．この 2 つの式から

$$\tau = \frac{\sigma_{//}}{\sigma_\perp}\sigma_n = \mu\sigma_n \tag{C21.3}$$

を得る．したがって，摩擦係数と岩石の強度とには

$$\mu = \frac{\sigma_{//}}{\sigma_\perp} \tag{C21.4}$$

の関係がある．圧縮強度はずり強度と同程度の量であるから，摩擦係数は 1 程度の定数で，温度や変形の速度にあまり依存しないはずである．もし，2 つの物質がある固着力で結びついているなら，式（C21.3）に固着力の項 τ_o を加えれば，式（9.1）が導かれる．このようにして，なぜ摩擦係数が 1 程度の値をもち，物質や運動速度によらないかが説明される．

断層が断層的に振る舞うのはそこで変形が集中しているからであり，そのためには $\dfrac{A_c}{A} \ll 1$ の条件が満たされていなければならない．高温，高圧では接触部分が変形して断層を挟む 2 つの物質は癒着し，応力集中の度合いが弱くなるので変形は集中せず，もはや断層としては振る舞わなくなる．

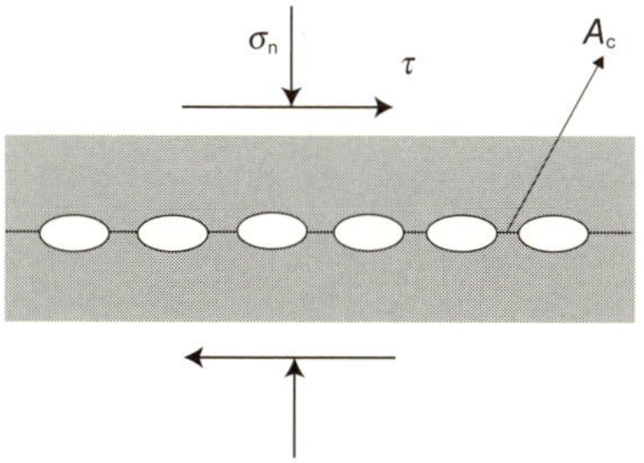

図 9.1　断層面の模式図

断層面を境に 2 つの岩石は小さな面積（A_c）で接触している．このような構造は低温，低圧でだけ存在しうる．

満たされて地表まで続いている場合 $P_{\text{pore}} = \rho_{\text{water}} gz$（$\rho_{\text{water}}$：水の密度，$g$：重力加速度，$z$：深さ）で，$P = \rho_{\text{rock}} gz$（$\rho_{\text{rock}}$：岩石の密度）である．

一方，塑性変形に対する抵抗応力は式（1.44）から

$$\sigma = \mu \left(\frac{\dot{\varepsilon}}{A}\right)^{\frac{1}{n}} \left(\frac{L}{b}\right)^{\frac{m}{n}} \exp\left(\frac{E^* + PV^*}{nRT}\right) \tag{9.3}$$

と書ける．ここに μ は剛性率，A は定数，L は結晶粒径，b はバーガースベクトルの長さ，である．浅い部分（30～40 km まで）では PV^* 項の効果はあまり重要ではなく，温度の上昇する効果が重要である．そこで，式（9.3）で記載される，塑性変形への抵抗応力は深さとともに減少する．したがって，地球の浅い部分では式（9.2）で与えられる断層運動への抵抗で，より深いところでは式（9.3）で与えられる塑性変形への抵抗で強度が決まっている．また，式（9.3）に含まれる物質定数の多くは岩石によって大きく違うし，強度は歪み速度にも依存する．式（9.1）（または（9.2））と式（9.3）を比較し，応力の小さいほうが岩石の強度を決めると考えて，強度–深さのプロファイルをつくる（このとき，ずり応力を表す式（9.1）と差応力を表す式（9.3）の結果は $\tau = \dfrac{\sigma}{2}$ という関係を使って比べる）．

図 9.2 はこのような考え方にそって作成された海洋リソスフェアと大陸リソスフェアの強度-深さ関係である（Kohlstedt *et al.*, 1995）．海洋リソスフェアでは塑性流動はマントル部分でだけ起こるが，大陸リソスフェアでは厚い地殻があ

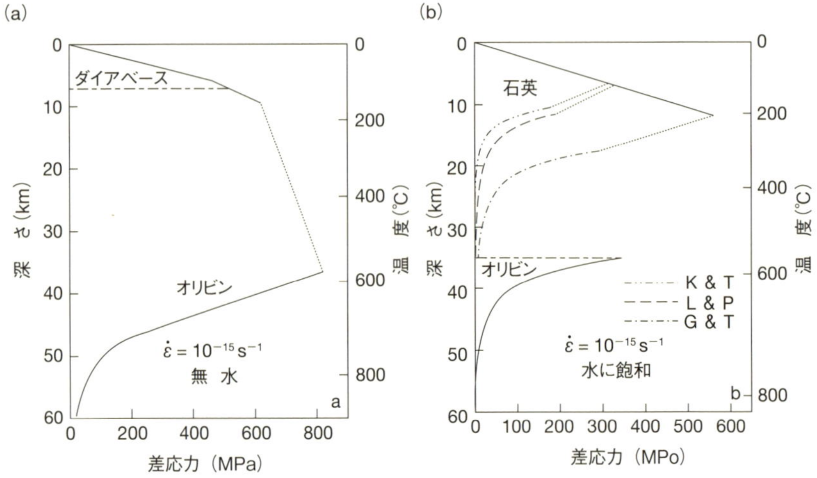

図 9.2　海洋リソスフェア（a）と大陸リソスフェア（b）の強度–深さ関係のモデル
リソスフェアの浅い部分では強度は断層運動への抵抗で決まっており，深さとともにほぼ線形に増加する．より深部では強度は塑性変形で決められており，温度上昇の効果のため，深さとともに減少する．この中間領域の強度についてはよくわかっていない（海洋マントルの強度ではこの部分が破線で描いてある．この破線部分は憶測によるもので根拠は薄い）．大陸下では地殻が厚いため，強度構造は複雑になっている．このモデルでは海洋下マントルは無水，大陸下マントルは水に飽和していると仮定されている．後者の大陸の水についての妥当性は疑問である．（Kohlstedt *et al.*（1995）による）

り地殻の深部では塑性流動が起こる．そこで，大陸リソスフェアの強度分布はやや複雑になっている．このモデルでは海洋プレートは“dry（無水）”のオリビンの塑性変形強度，大陸は“wet”な（水に飽和した）鉱物（地殻では石英，マントルではオリビン）の塑性変形強度を使って強度–深さ関係が計算されている．

このような計算にはいろいろな近似や仮定が含まれているが，まず，摩擦で強度が決まる部分と塑性変形で強度が決まる部分の中間領域については良いモデルがないので，この図では適当に点線で描いてある．もし，単純に摩擦強度と塑性変形強度を計算し，そのどちらか小さいものを採用したとすれば，海洋リソスフェアでは約 20～30 km に鋭い強度のピークがあり，その値は 1 GPa を超す値になるはずである．点線で描いたようなモデルでも強度のピークは数百 MPa になっている．このような高い海洋リソスフェアの強度は，いろいろの観察事実と合わない．たとえば，海洋リソスフェアが上陸したものだと考えられているオフィオライト（ophiolite）に含まれる岩石の微細構造（結晶粒径など）からそこに加わった応力が推定できるが，ほとんどの場合，100 MPa 程度である．また，海洋リソスフェアがこのように高い強度（数百 MPa）をもつと，海溝で折れ曲がり沈み込むことは不可能である．プレートテクトニクスが起こるためには海洋リソスフェアの平均強度は 100～200 MPa 以下でなければならない．このように強い海洋リソスフェアではプレートテクトニクスは起こりえないのである．これは岩石の性質などから地球のダイナミクスを理解しようとするうえで非常に重大な問題であり，いろいろな考えが提出されているが（たとえば，Bercovici and Ricard, 2005; Tackley, 1998），誰もが納得のいく説明はまだ得られていない．

まず，このモデルでは，塑性流動を考えるときに一様な変形（定常変形）が仮定されている点に注意しよう．プレートテクトニクスではプレート自身はほとんど変形せず，変形はプレート境界に集中している．プレートの変形では変形が局所化しているが，図 9.2 を作成するときに使った塑性流動の関係式にはこの点は考慮に入っていない．塑性流動での変形の局所化を考慮すると，リソスフェア深部の強度は下がる．また，このようなモデルでは，リソスフェア浅部では摩擦法則で強度が決まっていると考えているが，リソスフェアのある程度の深さになると摩擦法則が適用できるか否かは問題になる．摩擦法則の適用限界を考慮すると，脆性破壊で決まっている部分の強度もこのモデルで考えられているものより小さくなる．ただし，このような修正がどのようになされるべきかはまだよくわかっていない．

大陸リソスフェアのモデルはどうだろうか？　まず，大陸リソスフェアの強度-深さプロファイルは海洋地域のものに比べて複雑になっている．それは，大陸では厚い地殻があり，地殻の深部（下部地殻）は塑性流動をするが，その流動強度はマントルの流動強度より低いので，下部地殻に対応する深さで強度が下がっている．ただし，下部地殻がどれほど柔らかいのかは明らかではない．このモデルでは，下部地殻に対しては “wet” な石英の塑性変形のデータで強度が計算されているが，下部地殻がどこも “wet” であるとは限らない．また，水を含んだ石英の流動則はオリビンのものほど正確には決められていないし，長石などの他の鉱物の流動則にも不明な点が多い．下部地殻の強度は，温度や水の量の変化のために，場所によって大きく変わると考えるべきだろう．下部地殻

が完全に “dry” であれば，同じ温度圧力で，下部地殻のほうが上部マントルより堅くなる可能性もある．

大陸リソスフェアの深部についてはどうだろうか？　Kohlstedt *et al.* (1995) のモデルでは，大陸リソスフェアは水に飽和していると仮定されている．これは，大陸で見られる火山岩に多くの水や炭酸ガスが含まれることからの推測であろうが，このようなモデルで大陸リソスフェア深部の塑性変形強度を計算すると，深部はたいへん柔らかいことになり，20～30 億年の間，大陸リソスフェアがその深部に至るまで大きな変形を受けずに生き延びてきたという地球科学的観察結果を説明できない．Karato (2010b) は大陸リソスフェアに関する観測をレビューし，このようなマグマからの影響の少ない捕獲岩に注目すれば，大陸のリソフフェアの水の量は少ないことが推定されると主張している．その場合，大陸リソスフェアの物質中の水の量はそのまわりの物質より少ないので，粘性率が高くなり，長い間，大陸が移動しても大きな変形をせずに保存されてきたのであろう．

9.2　アセノスフェアの成因

アセノスフェアはもともとアイソスタシーの概念を説明するために提案された，硬いリソスフェアの下にある柔らかい層のことである（アセノスフェアとは「弱い層」という意味で Barrell (1914) が初めて提案した）．境界層対流理論と岩石の塑性変形の温度・圧力依存性についての大雑把な理解があれば，なぜこの層が柔らかいのかは自明である．すなわち，境界層対流理論からわかるようにリソスフェアでは温度勾配が大きく，塑性変形への温度の効果が大きくなり，粘性率は深い部分ほど低下する．ある程度深いところにいくと（100 km 程度），温度が上がるので対流による熱輸送が盛んになる．そうなると，温度分布は断熱勾配になり，温度は深さとともにほとんど変化しない．一方，圧力はほぼ同じ割合で深さとともに大きくなるので，上部マントル深部では圧力効果が効き出し，粘性率は深さとともに増加する．そこでこのあたりの深さ（100～200 km）で，粘性率が極小になるのである（図 9.3）．弾性的性質についても同様の議論ができ，アセノスフェアでは弾性的性質も，温度の効果で柔らかくなる．

このように，柔らかいアセノスフェアがリソスフェアのすぐ下にあることに

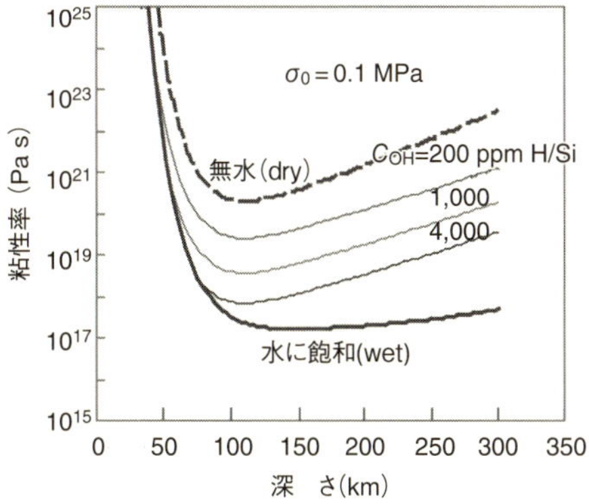

図 9.3　実験データに基づいた上部マントルの粘性率–深さ関係

オリビンについての実験データによる．粘性率は温度，圧力の深さ変化によって深さとともに変化する．また，水の量（フガシティー）の深さ変化も粘性率に影響する．（Karato and Jung（2003）による）

関しては何の不思議もない（固体が高温で柔らかくなるという一般的な原理で説明できる）．しかし，アセノスフェアの柔らかいという性質が，固体である岩石の性質が温度と圧力で変化するためだけで説明できるのか，それとも部分溶融が必要なのか，あるいは何か他の要因（たとえば水の分布）が必要なのかという点に関してはいまだに地球科学者の間で見解が一致していない．

アセノスフェア＝部分溶融層という概念は，固体が融解することがなくても柔らかくなるという事実があまり広く知られていなかったころに提案された．実際，図 8.3 に示したような地球内部の温度分布を見ると，アセノスフェアあたりで，温度は融点（ソリダス）に近くなる．そこでアセノスフェアでは部分溶融が起きている可能性がある．しかし，1.7 節で解説したように，粘性率は部分溶融によってあまり大きく変化しないので，アセノスフェアの低粘性率は部分溶融のせいではないという考えも普及している．むしろ，Karato（1986）によって指摘されたように，部分溶融が起こったとき，鉱物から水が抜き取られることによって岩石は硬化することが多いのである．このモデルによると，中央海嶺の下では部分溶融のために岩石から水が抜き取られ，約 60～70 km より浅い部分のリソスフェアは水がほとんどないが，それ以深では水が多いことになる．そこで，このあたりで岩石の粘性率は急激に変化する．そこで Karato and

Jung (1998) は，アセノスフェアが柔らかいのは部分溶融の度合いが少ないために水が鉱物中に融けているからだというモデルを提案した．

ところが，最近，リソスフェアとアセノスフェア境界で地震波速度が急激にかつ大きく変化する（アセノスフェアで速度が小さくなる）ことが見いだされた（Kawakatsu *et al.*, 2009; Rychert *et al.*, 2005）．この速度変化は 60～80 km くらいで起こっており，Karato (1986) の考えを拡張した Hirth and Kohlstedt (1996) のモデルで考えられている，部分溶融による脱水の起こる深さに近い．Karato and Jung (1998) は Karato (1986) のモデルを弾性的性質にも応用し，水によって地震波の減衰が促進されることにより地震波の速度も低下し，このあたりの深さで地震波の速度が急激に減少することを説明した．ただし，このモデルでは地震波速度と減衰が直接に結びついていると考えていたので，速度変化はせいぜい 1% であり，大きな速度変化は説明できない（式 (5.23) を参照）．そこで Kawakatsu *et al.* (2009) らは，古くからあるアセノスフェア＝部分溶融層という説（Lambert and Wyllie, 1970; Spetzler and Anderson, 1968）を復活させようとした．しかし，1.7.3 項で説明したように，重力がある場合，広範囲の領域でメルトを保持するのは困難である．さらに，中央海嶺から離れたアセノスフェアではそもそも部分溶融を起こすのは容易ではないのでメルトの量は限られている（0.1% 以下）．また，Kawakatsu *et al.* (2009) のモデルは地震波異方性の観測を説明しない．そこで，やはり固体の性質の変化によってリソスフェア–アセノスフェア境界での（粘性率の変化だけでなく）地震波速度の変化を説明するのが良いように思われる．

実は，速度変化が大きいという事実を説明するのはそれほど困難ではない．たとえば，結晶粒界が何らかの理由で（たとえば水の量の増加で）弱くなれば，弾性波速度は低下する．この低下の度合いを計算するのは簡単で，粒界が完全に強度を失うと速度は 10～20% も低下することが容易に示せる（Zener, 1941）．このモデルは実験で確認する必要があるが，部分溶融説よりは物理的に妥当であると筆者は考えている．

9.3　潜り込んだプレート（スラブ）の変形

海洋プレートの強度についてはすでに 9.1 節で解説した．このような強度プロファイルは海洋プレートが海溝で変形するときの抵抗力を計算するとき役に立つ．海洋プレートはマントルに潜り込んだ後（沈み込んだプレートを**スラブ**（slab）とよぶ），その強度がどう変化し，変形をしていくのだろうか？　まず，スラブがまわりのマントルより温度が低いことを考えると，その粘性率はまわりより大きいであろう．温度差はプレートが潜り込むときの年齢や，同じスラブでも表面と中心付近では違うが 500～1,000° 程度になる．そうすると粘性率は冷たい部分では周辺より 10 桁以上大きいはずであり，このようなスラブはマントル内ではほとんど変形しないであろう．この予想に反して，地震波トモグラフィーの結果からは，潜り込んだプレートのあるものはマントルの遷移層で大きく変形していることが示されている．では冷たくて，硬いプレートがなぜ大きく変形するのだろうか？

トモグラフィーでスラブの変形が見られるのはおもにマントルの遷移層なので，遷移層に何か特異なことはないかを考えてみよう．遷移層では相転移が起こる．相転移は 2 つの理由で，潜り込むスラブに抵抗力を及ぼす．まず，660 km 境界では冷たいスラブが潜り込んでいる付近で，相境界が押し下げられて，軽い物質が余分に存在するようになるので，スラブの潜り込みへの抵抗となる．また，下部マントルでは粘性率が大きいので，これも抵抗力となろう．しかし，このような抵抗力があっても，スラブが数桁以上も高い粘性率をもっていたなら，スラブは変形せず，この境界面を突破するであろう．そこで，何らかの理由でスラブがその温度から予測されるよりも柔らかくなっているらしいのである．このメカニズムは Karato *et al.*（2001）によって詳細に検討された．この研究によると，潜り込んだスラブのレオロジー的構造は複雑である．それはスラブの中で温度が大きく変化し，かつ相転移によって結晶粒径が大きく変わるからである．とくに相転移による結晶粒径の変化は大きな影響があることが示された．冷たいスラブでは相転移の後で μm 程度の細かい結晶ができ，その結晶成長も遅いので，スラブは大きく軟化する．この度合いは温度が低いほど著しいので，低温のスラブでは温度が低いほど平均の粘性率が低いという異常な現象が起こる．一方，暖かいスラブでは相転移後の結晶粒は大きいし，粒成長も速いので結晶粒の細粒化による軟化はない．このようなスラブではその平均粘性率は普通の物質と同様であって，温度とともに低下する．そこで，このモデルでのスラブの変形に対する抵抗力を温度の関数としてプロットすると図9.4

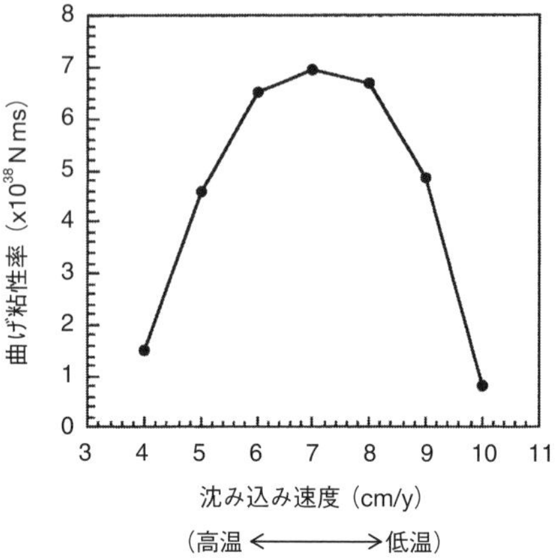

図 9.4　沈み込んだスラブの変形に対する抵抗とスラブの温度の関係

変形に対する抵抗は $D = 4h^3 \int_{-1/2}^{1/2} \eta x^2 \, dx$（$h$ はスラブの厚さ）で定義される曲げ粘性率を使って表した．横軸はスラブの沈み込む速さであるが，速いスラブは温度が低い．温度が高い領域では通常の温度依存性をもつが，温度が低くなると結晶粒の温度依存性の効果が卓越してきて，温度が低いと抵抗力が減るという現象が見られる．（Karato *et al.*（2001）による）

のようになる．

660 km 境界を突破して下部マントルに入ったスラブでは，上に説明した，結晶粒径の変化の効果がより大きい可能性がある．それは，そこでの相転移はリングウッダイトからペロブスカイトと (Mg,Fe)O への分解反応であり，その際，結晶粒径は小さくなり，かつ粒成長も遅いからである（Kubo *et al.*, 2002）．

最近，Ammann *et al.*（2010）はポスト-ペロブスカイト中の点欠陥の拡散係数を計算し，大きな異方性があることを示した．とくに 1 つの方位での拡散係数はペロブスカイトの拡散係数より格段に速く，これをもとに彼らはポスト-ペロブスカイトに富んだ D″ 層は低い粘性率をもつと議論している．しかし，この議論の妥当性は疑問である（Karato, 2010a）．多結晶体の変形では個々の結晶の変形が辻褄を合わせなければならないので，遅い向きの拡散係数が多結晶体の粘性率を決めていることが多いからである．また，拡散係数の計算といっても彼らは点欠陥の易動度を計算しただけであって，欠陥の濃度は求めていない．拡散係数は点欠陥の濃度と易動度に比例する．そこで易動度だけがわかっている場合は拡散係数（したがって粘性率）の絶対値については何もいえない

(彼らは，点欠陥の濃度がどの鉱物でも同じだと仮定しているが，この仮定には根拠がない).

9.4 地球の熱史

地球などの惑星はその形成以来，その平均温度が変化している．これを**熱史** (thermal history) とよぶ．惑星の熱的進化はエネルギーバランスで決まっている．基本は放射性元素による発熱とマントル対流による熱の放出とのバランスである (惑星形成時には重力エネルギーも重要である)．マントル対流による熱の放出量は，マントルの粘性率によるのでマントルの温度によって変化する．温度が高いと熱の放出量は増え，マントルの温度は下がるであろう．逆に，マントルの温度が低いと熱の放出効率が下がり，マントル内の温度が上がってくるであろう．ところが，このような古典的な地球の熱史のモデルに最も単純なマントル対流のモデルを組み合わせてみると，実際の地球の熱的歴史をうまく説明しないことがわかってきた．

このような地球の熱史の研究では，次のような簡単化されたモデルが使われることが多い．まず，地球 (マントル) の温度が 1 つの代表的温度 ($\bar{T}$：これはマントルの平均的温度に相当する) で表せるとする．そうすればエネルギーバランスの式は

$$C\frac{d\bar{T}}{dt} = A^{+} - A^{-}(\bar{T}) \tag{9.4}$$

となる．ここに C は地球の熱容量，A^{+} は放射性元素による加熱率，A^{-} は表面からの熱の放出率であり，境界層モデルでは熱は境界層から伝導していくので，熱の放出は単位面積あたり，$k\frac{\Delta T}{h}$ で与えられる．熱対流がない場合，この流体層からの熱の放出は，単位面積あたり $k\frac{\Delta T}{L}$ である．式 (7.10) から A^{-} はヌッセルト数に比例する．式 (7.11) をもっと一般化して，ヌッセルト数は β を無次元量として

$$N_{\mathrm{u}} \propto R_{\mathrm{a}}^{\beta} \tag{9.5}$$

と書ける．A^{+} は放射性元素の量がわかっていれば計算できる．現在の熱放出率は地殻熱流量の測定からよく決められている．放射性元素の量もいろいろと

議論はあるが，おおよその値は推定されている．これらの結果によると現在の地球では $A^+ < A^-(\bar{T})$ であり，地球は冷えている（この比，$(A^+/A^-)_{\mathrm{present}}$ を**ユーレイ比**（Urey ratio）U_{r} とよぶ．U_{r} ≈0.2〜0.6 が普通に推定されている値である）．したがって，過去の地球は現在より温度が高かったはずである．

実際，過去の温度がどれだけ高かったのかは式 (9.4) を積分すれば計算できる．このような計算で重要なのは放射性元素による発熱量 A^+ と熱放出量を表すパラメータ A^- であって，これらの量を，ユーレイ比と β で表すことが多い．β は対流による熱輸送の性質に依存する量である．マントル対流を記述する，最も簡単な対流モデルは境界層モデルとよばれるもので（7.2 節），このモデルでは対流による物質移動は境界層とよばれる薄い層に集中していると考える．これは対流の激しく起こっている流体層で見られる流れのパターンである．地球のマントルは，その大きさのわりには粘性率が低く，そこでは激しい対流が起こっていると考えられる．実際，観測される地震波異方性も浅いマントルと最深部マントルに集中しており，このモデルと調和的である（10.2 節）．この場合，

$$A^-(\bar{T}) \propto R_{\mathrm{a}}^{\beta}(\bar{T}) \propto \eta^{-\beta}(\bar{T}) \tag{9.6}$$

で $\beta \approx \dfrac{1}{3}$ である．ところが，Christensen（1985）は，このモデルで現在のマントルの温度，放射性元素の量を使って過去のマントルの温度を計算すると，過去の 温度が高くなりすぎることを示した．このパラメータを使った場合，過去に温度が高いと，熱輸送がより効率的になり，過去にさかのぼって温度を計算するとどんどんと高温になっていくのである．ところが地質学的な観測からは過去のマントルは温度が少ししか高くなかったことが推定されている（アーキアン（Archean；約 27 億年以上前）で 100〜200° くらい高いだけと推定されている）．古い時代の温度がそれほど高くなかったことを説明するには，熱輸送の温度変化がもっと穏やかでなくてはならず，$\beta < 0.1$ が必要となる（図 9.5）．何らかのメカニズムで，マントル対流の激しさがマントルの平均温度に鈍感になっているらしいのである．

簡単な境界層モデルではマントル全体が一様に流動し，その粘性抵抗がおもな抵抗力だとされていた．そのため，マントルの平均温度が直接に対流への抵抗力の大きさを決めていることになっていた．冷たいプレートでは変形への抵抗力は脆性破壊への抵抗や，パイエルス機構での変形に対する抵抗であるので，

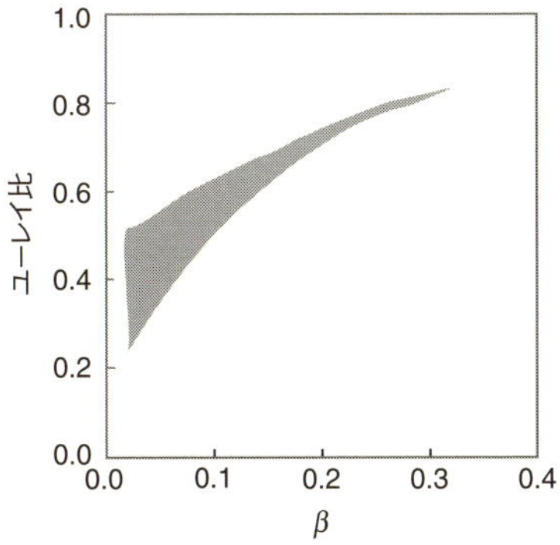

図 9.5 地質学的に推定された地球の熱史に矛盾しないユーレイ比と β の範囲
ユーレイ比が 0.2〜0.6 の範囲ということは $\beta < 0.1$ でなければ観測を説明できない．(Christensen (1985) による)

変形への抵抗力の温度依存性は小さい．そこでマントル対流の速度を決める抵抗力が冷たいプレートの変形に集中していると抵抗力が温度に鈍感になり，小さな β を説明できるかもしれない．Conrad and Hager (1999) は海溝でのプレートの変形が一番大きな抵抗力になると考えて，小さな β を説明しようとした．このほかに，沈み込んだプレートのマントル深部での変形がより大きな抵抗を与える可能性もある．9.3 節で説明したように遷移層でのプレートの変形への抵抗は温度が高くなるほど大きくなる場合がある．相転移によってできる結晶の粒径が温度によって大きく変わるからである．このような場合，マントル対流への抵抗と温度の関係は通常の場合と逆になり，小さな β を説明することが可能である．

第10章　地震学とマントル対流

今まで，岩石の微細構造や実験室での塑性流動の研究や大規模な地殻変動，重力，地形などの観測から，地球内部のレオロジー的性質をどのように研究するのかを解説してきた．そのような結果をまとめて，地球などの惑星のダイナミクスや進化についてどのようなことがわかってきているのかを説明した．この節では，地球内部について最も詳細なデータを提供してくれる地震学的観測を使ってマントル対流の様子を研究する方法を解説し，その主要な結果をまとめておこう．

10.1　地震トモグラフィー

一般に二次元的観測から三次元的構造を調べる手法は**トモグラフィー**（tomography）とよばれている．地震トモグラフィーとは，地球表面での二次元的な地震学的観測結果から，地球内部の三次元的構造を研究する学問である．この手法は 1970 年代の半ばに Aki and Lee（1976）らによって開発された．その後，観測の充実，コンピュータの発展，理論の改善などによって，この方法を使って地球内部の微細構造が次々に明らかにされてきた．地球の内部ではマントル対流などによって温度が場所ごとに変化しているし，また，いくつかの場所では物質が部分溶融し，その化学組成が変化しているはずである．地球のダイナミクスや進化を観測に基づいて理解するには，このような対流に伴う場所による温度の違いや化学組成の違いを知ることが重要である．地震トモグラフィーを

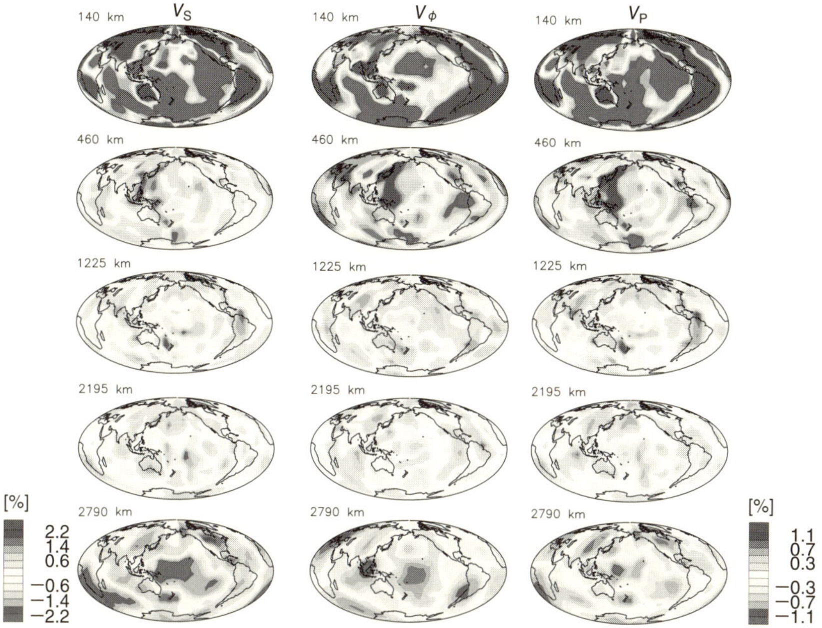

図 10.1　全地球規模での地震トモグラフィーの結果の例

V_S：横波速度，V_P：縦波速度，V_ϕ：バルク音速（$V_\phi^2 = \sqrt{V_P^2 - \frac{4}{3}V_S^2}$）．（Masters *et al.* (2000) による）
（カラー図は口絵 4 を参照）

含め，地震学の基礎的事項は本シリーズの第 6 巻に詳しく解説してある．この節では，地震波の速度異常に焦点を絞り，このような観測から，地球内部のダイナミクスについての情報をどのようにして引き出してくるのかを解説しよう．

10.1.1　主要な観測結果

図 10.1 に全地球規模での地震トモグラフィーの結果を示した．大規模な構造だけに話を絞って結果の要点をまとめると，

- 浅い部分では，地学的環境と速度の異常に強い相関がある．海嶺の下の上部マントルでは速度は遅い．大陸の下の上部マントルは速度が大きい．
- 速度異常の振幅はマントル浅部で大きく，深く行けば小さくなる．しかし，マントルの最深部ではふたたび大きくなる（図 10.2）．

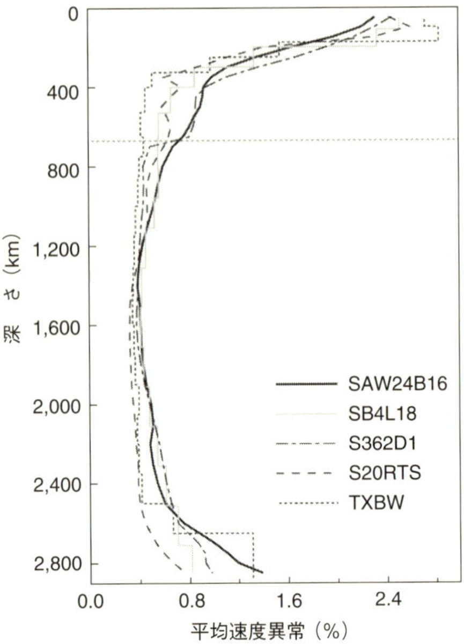

図 10.2　速度異常の振幅の深さ変化
（Romanowicz（2003）による）

- マントルの最深部では大規模な速度異常構造がある．太平洋中央部の下とアフリカの下に対応する領域は地震波速度が小さい．一方，環太平洋地域の下に対応する領域では，速度が大きい．
- 海溝から沈み込んだプレートは高速度領域としてマントル深部まで到達しているが，マントル深部での高速度域の形態は場所によって違う．西太平洋からアジアにかけてはプレートに対応する高速度域は遷移層内でほぼ水平に横たわっている．東太平洋地域では，潜り込んだプレートに対応する高速度域は下部マントルの深部まで，あまり変形せずに連続している（図 10.3）．
- ハワイなどの海洋島の下には低速度域があり，それはマントル深部までつながっている．ただし，この低速度域は遷移層あたりで切れているところもあれば，マントル最下部までつながっているところもある．
- このようなホットスポットとよばれる地域の低速度域は簡単なプリューム

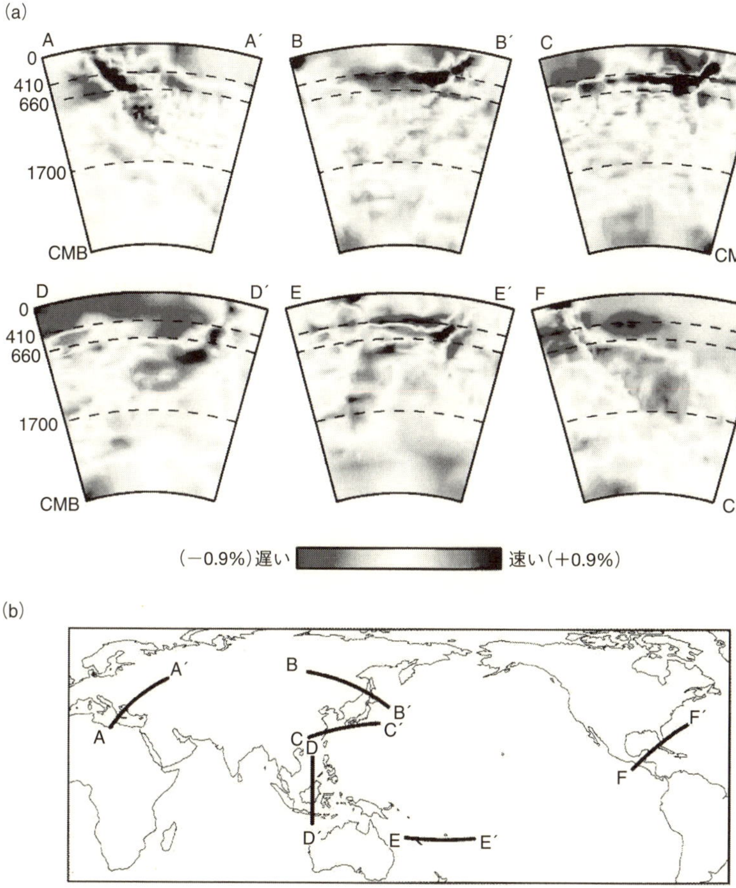

図 10.3　沈み込み帯のマントルの地震波速度異常

(a) 地震トモグラフィーによるマントルの断面．海溝から沈み込んだ物質（速度が速い部分）がマントル深部に潜っていく様子が見える．
(b) (a) で示した断面をとった部分の場所．
(Kárason and van der Hilst (2000) による)　　　((a) のカラー図は口絵 5 を参照)

モデル（コラム 22 参照）から推定できるものよりはるかに太い．

- 横波（S 波）とバルク音速（バルク音速は $V_\phi = \sqrt{V_\mathrm{P}^2 - \frac{4}{3}V_\mathrm{S}^2} = \sqrt{\frac{K}{\rho}}$ で定義される．ここに $V_\mathrm{P,S}$ はそれぞれ縦波（P 波），S 波の速度）の異常を比べると，浅いところでは正の相関が強いが，マントルの最深部では負の相関が強い（図 10.1）.

10.1.2　地震トモグラフィーの結果の解釈

地震トモグラフィーでは，同じ深さでの地震波の速度の場所による違いを測定する．同じ深さであるから，圧力は同じはずなので，速度の違いの原因は温度の違いか化学組成の違い（または部分溶融の有無）のどちらかによっているはずである．トモグラフィーで得られた速度異常が温度によるのか，化学組成によるのかは非常に重要な点であるので，その要点を解説しておこう．

コラム 22　プリューム

ハワイなどの海洋島火山は中央海嶺の火山と違った化学組成をもっており，また，ハワイ海山列を見てもわかるように，プレートが運動している速度に比べて火山の根の位置はほぼ一定しているように見える．そこで Morgan（1971）はハワイのような海山列はマントル深部から発生する**プリューム**（plume）によって形成されていると考えた．マントル深部は浅部に比べて動きが少ないので，プリュームの根は上部マントルに比べてほとんど動かないのであろうと考えた．また，プリュームの発生する理由としては，マントル深部での高温の熱境界層での不安定現象が考えられる（高温のため密度が軽くなり重力的不安定が起こる）．このようなプリュームの古典的モデルでは，熱い境界層から物質が浮力で上昇してくることになる．上昇するプリュームの（頭の）大きさは，発生する境界層の厚さとプリュームとその周辺の物質の粘性率の比で決まっており，プリューム物質の粘性率が小さいほどプリュームの頭は大きくなる．この頭が上昇するにつれて，境界層から物質がプリュームの尻尾を通して供給されるのであるが，この尻尾の大きさもプリュームとまわりの物質の粘性率の比に依存する．もし，プリュームが境界層での高温による不安定だけによって生じているならプリュームは数千 km 程度の頭，数十 km 程度の細い尻尾をもっているはずである（Davies, 1999）．しかし，最近のトモグラフィーの結果によれば，ほとんどのプリュームはこの予想よりはるかに太い尻尾をもっているように見える．実際，プリュームの温度を速度異常から計算すると，簡単なモデルから予測される値より小さくなっていることがわかる（Nolet *et al.*, 2006）．プリュームの原因になる浮力が温度差だけでなく，化学組成の違いにもよっているためであろう．また，粘性率が結晶粒径によっていれば（拡散クリープの場合，そうである），温度が高い所ほど粘性率が大きくなるということも起こりうる（Solomatov, 1996）．

表 10.1 地震波速度への温度の効果（室圧，高周波数での測定値）

$$\theta_{P,S} \equiv -\frac{\partial \log V_{P,S}^{\infty}}{\partial T}$$

単位：P（GPa），T（K），θ_P，θ_S，($10^{-5}\,K^{-1}$).

鉱　物	P	T	θ_P	θ_S	コメント	文献
MgO	常圧 *	300〜1,800	6.8	8.8	単結晶 *	(1)
Al_2O_3	常圧	300〜1,800	4.9	6.9	単結晶 l	(1)
オリビン（Fo）	常圧	300〜1,700	6.8	9.0	単結晶	(1)
オリビン（Fa）	常圧	300〜700	7.0	7.5	単結晶	(1)
オリビン（$Fo_{90}Fa_{10}$）	常圧	300〜1,500	6.7	7.9	単結晶	(1)
パイロープ（pyrope）	常圧	300〜1,000	4.5	4.4	単結晶	(1)
メイジャライト（majorite）	常圧	280〜1,073	3.0	4.0	多結晶	(2)
ワズリアイト	常圧〜 7	300〜873	4.1	5.8	多結晶	(3)
ワズリアイト	常圧	278〜318	6.2	6.7	多結晶	(4)
リングウッダイト	常圧	295〜923	4.8	4.9	単結晶	(5)
$MgSiO_3$ ペロブスカイト	常圧	257〜318	7.9	8.4	多結晶	(6)
$MgSiO_3$ ペロブスカイト	1.5〜8.0	300〜800	-	9.8	多結晶	(7)

(1)：Anderson and Isaak (1995)，(2)：Sinogeikin and Bass (2002)，(3)：Li *et al.* (1998)，(4)：Katsura and al. (2001)，(5)：Sinogeikin *et al.* (2003)，(6)：Aizawa *et al.* (2004)，(7)：Sinogeikin *et al.* (1998)

* 平均速度の温度依存性.

表 10.2 地震波速度への化学組成の効果

	モル分率 X	$\frac{\partial \log V_P}{\partial X}$	$\frac{\partial \log V_S}{\partial X}$	$\frac{\partial \log V_P}{\partial \log \rho}$	$\frac{\partial \log V_S}{\partial \log \rho}$
オリビン	Fe/(Fe+Mg)	−0.24	−0.37	−0.67	−1.1
ガーネット [1]	Fe/(Fe+Mg)	−0.09	−0.08	−0.52	−0.48
ガーネット [2]	Ca/(Ca+Mg)	0.03	0.08	−1.6	−3.7
斜方輝石	Fe/(Fe+Mg)	−0.21	−0.30	−0.92	−1.3
ワズリアイト	Fe/(Fe+Mg)	−0.37	−0.52	−1.2	−1.6
リングウッダイト	Fe/(Fe+Mg)	−0.18	−0.28	−0.48	−0.74
メイジャライト–パイロープ	Al/(Fe+Mg+Si)	0.03	0.04	1.2	1.5

*1 一定の Ca/Mg.
*2 一定の Fe/Mg.

（Speziale *et al.*（2005）に基づく）

表 10.1 と表 10.2 に地震波速度の温度変化を表す係数と化学組成による影響を表す係数の測定値の代表的なものをまとめた．この表から以下のことがわかる．速度異常が温度による場合，高温で速度は遅くなる．高温では物質は熱膨張で軽くなる．そこで，この場合，速度の遅い場所は平均的な場所より，密度が小さい場所ということになる．一方，速度異常が化学組成による場合は，速度が遅いのは物質が重い場合が多い（たとえば鉄の量が多い場合）．オリビンの

場合を例にとると，2% の速度低下は温度が 300° 高いか鉄の量が 5% 多いとして説明できる．そこで，もし速度異常が温度によるなら，低速度の領域は上向きの浮力がはたらいているはずだが，もし速度異常が鉄の量の違いによるなら，低速度地域は鉄の量が多く下向きの力がはたらいているはずである．このように温度の効果と化学組成の効果は拮抗している．たとえば，大陸の下の上部マントルでは地震波の速度が速いが，その一部は温度が低いため，またその一部は化学組成が違うためと考えられており，密度に関しては大陸下の上部マントルとその周辺ではほとんど差がないと考えられている（Jordan, 1978）．

しかし，表 10.1 にあるようなデータを使って，地震トモグラフィーの結果を解釈しようとすると，いろいろな問題が出てくる．たとえば表 10.1 のオリビンの結果を使って，上部マントルの速度異常を解釈してみよう．図 10.1 にあるように，上部マントルでは大きな速度異常があり，中央海嶺付近のアセノスフェアでは約 5% S 波の速度が遅い．これを，表 10.1 のデータで温度異常に換算すると約 600 K 温度が高いことになる．標準的なアセノスフェアでの温度は 1,500〜1,600 K だから，もしこれより温度が 600 K も高いとばく大な量の融解が起こるはずであるが，これは事実と反する．次に，S 波と P 波の速度異常の比，$\dfrac{\delta \log V_{\mathrm{S}}}{\delta \log V_{\mathrm{P}}}$，であるが，図 10.1 にあるように，マントルの大部分でこの値は 2 程度になっており，マントル深部では 3 以上にもなる．ところが，表 10.1 からこの値を $\dfrac{\delta \log V_{\mathrm{S}}}{\delta \log V_{\mathrm{P}}} = \dfrac{(\partial \log V_{\mathrm{S}}/\partial T)}{(\partial \log V_{\mathrm{P}}/\partial T)}$ という関係式によって計算すると，1.0〜1.3 程度にしかならない．また，速度異常が温度異常によるなら，速度異常から密度異常が計算できるはずであるが，こうやって計算した密度異常は，重力やマントル対流モデルから期待できる密度異常よりずっと大きい．

このような問題が起こるのは，速度異常を解釈するのに，表 10.1 にあるような，常圧での高周波での実験結果を使ったからである．地震波速度に対する周波数の効果，圧力の効果を考慮すると，以上の問題を解決できる．まず，周波数の問題を考えるのに，第 5 章で解説した非弾性効果を思い出そう．地震波は低周波の波であるが，表 10.1 に示してある実験結果は高周波での測定値である．高周波では物質はほぼ完全弾性体として振る舞うが，地震波のような低周波では，非弾性効果も重要になる．非弾性効果を入れると地震波の速度の温度効果は，

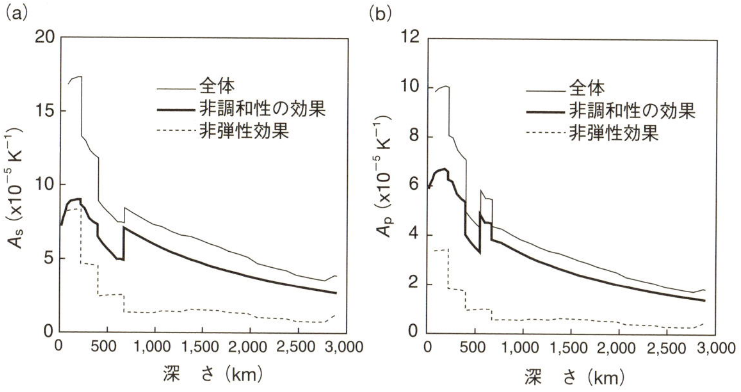

図 10.4　地震波速度の温度微分係数の深さ変化

(a) S 波 $\left(A_S = -\frac{\partial \log V_S}{\partial T}\right)$, (b) P 波 $\left(A_p = -\frac{\partial \log V_p}{\partial T}\right)$. (Karato (2008a) による)

$$V(\omega, T, P) = V(\infty, T, P)\left[1 - \frac{\cot\frac{\alpha\pi}{2}}{2}Q^{-1}(\omega, T, P)\right] \tag{5.23}$$

となる．この式から，地震波速度への温度効果は，高周波での弾性的性質への温度効果 $(V(\infty, T, P))$ だけでなく，Q への温度効果 $\left(Q^{-1}(\omega, T, P) \propto \exp\left(-\frac{\alpha H^*(P)}{RT}\right)\right)$ からの寄与もあることがわかる．この 2 つの効果の大きさを見るために，式 (5.23) の対数をとってから温度で微分してみよう．$1 - \frac{\cot\frac{\pi\alpha}{2}}{2}Q^{-1}(\omega, T, P) \approx 1$ という近似を使って，

$$\frac{\partial \log V_{\mathrm{P,S}}(\omega, T, P)}{\partial T} \approx \frac{\partial \log V_{\mathrm{P,S}}(\infty, T, P)}{\partial T} - F(\alpha)Q_{\mathrm{P,S}}^{-1}(\omega, T, P)\frac{H^*}{\pi RT^2} \tag{10.1}$$

を得る．ここに $F(\alpha) = \frac{\alpha\pi}{2}\cot\frac{\alpha\pi}{2} \approx 1$ である．実験的に求められている活性化エネルギーを入れ，マントルの温度として 1,500 K を入れると，Q が 100 程度の上部マントルでは，非弾性の効果は完全弾性体の場合の温度効果と同じくらいの影響があることがわかる (つまり，地震波速度の温度変化は，非弾性の効果で約 2 倍になる)．図 10.4 には 表 10.1 に載せたデータに基づき，式 (10.1) を使って計算した，地震波速度の温度微分係数をプロットした．表 10.1 に載せ

たデータは常圧での測定結果であったり，限られた圧力範囲で測定されたものであったりする．そこで，圧力の効果を補正する必要がある．この補正は大きい．先に解説した弾性波速度についてのバーチの法則（コラム 13）によれば弾性波速度の温度変化は，熱膨張によって密度（ρ）が変化するためだと説明される．そうすれば，地震波速度の温度微分は

$$\left(\frac{\partial \log V_{\mathrm{P,S}}(\infty, T, P)}{\partial T}\right) = \left(\frac{\partial \log V_{\mathrm{P,S}}(\infty, T, P)}{\partial \log \rho}\right)\left(\frac{\partial \log \rho}{\partial T}\right)$$
$$= -\left(\frac{\partial \log V_{\mathrm{P,S}}(\infty, T, P)}{\partial \log \rho}\right)\alpha_{\mathrm{th}} \tag{10.2}$$

で与えられる．ここに α_{th} は熱膨張率である．また，これも先に解説したデバイ・モデル（コラム 7）を使うと $\left(\frac{\partial \log V_{\mathrm{P,S}}(\infty, T, P)}{\partial \log \rho}\right) = \gamma_{\mathrm{P,S}} - \frac{1}{3}$（ここに $\gamma_{\mathrm{P,S}}$ は P 波，S 波に対応するグリュナイゼン定数）であるから，結局

$$\left(\frac{\partial \log V_{\mathrm{P,S}}(\infty, T, P)}{\partial T}\right) = -\left(\gamma_{\mathrm{P,S}} - \frac{1}{3}\right)\alpha_{\mathrm{th}} \tag{10.3}$$

となる．実験結果によると，（固体では）グリュナイゼン定数も熱膨張係数もどちらも圧力が上がると小さくなる．そこで，この項の絶対値は圧力とともに減少する．次に非弾性の効果の補正項，$-F(\alpha)Q^{-1}_{\mathrm{P,S}}(\omega, T)\dfrac{H^*}{\pi R T^2}$ であるが，この項の絶対値も圧力（深さ）とともに減少する．それは $Q^{-1}_{\mathrm{P,S}}(\omega, T)$ が深さとともに減少するのと，温度が上昇するためである．その結果，$\left|\dfrac{\partial \log V_{\mathrm{P,S}}(\omega, T, P)}{\partial T}\right|$ は深さとともに大きく減少する．地震波速度の異常の振幅は深さとともに減少するがその理由の 1 つは $\left|\dfrac{\partial \log V_{\mathrm{P,S}}(\omega, T, P)}{\partial T}\right|$ が深さとともに減少するからである．一方，化学組成の効果ではその一番重要なものは原子の重さの効果である．たとえば鉄とマグネシウムを含む鉱物で，鉄が増えると地震波速度は遅くなるが，それはおもに鉄が（マグネシウムより）重いからである（化学結合の強さはイオンの電荷と大きさでだいたい決まっており，鉄とマグネシウムでは違いは少ない）．この場合，原子量は圧力によらないから化学組成の効果は圧力によらない．そこで，図 10.5 に模式的に示したように，地球の深部では化学組成の効果のほうが温度の効果に比べて相対的に重要になる．このため，化学的

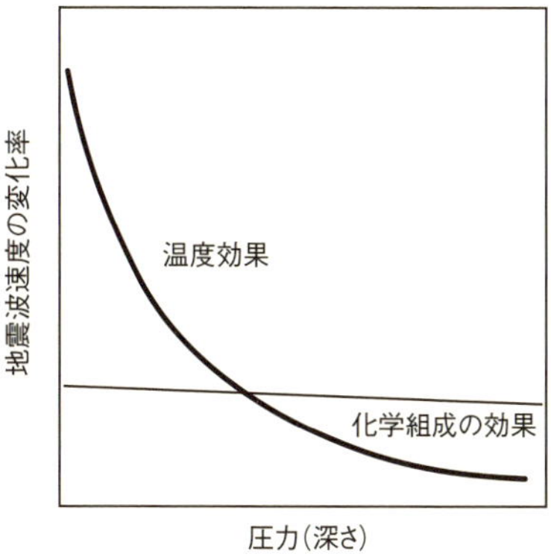

図 10.5　地震波速度の温度依存性と組成依存性の深さ変化の比較
（Karato（2008a）による）

不均質の度合いがどの深さでも同じであっても，地震学的観測結果を見るとマントル深部では化学的不均質の効果が温度の効果に比べて顕著に見えてくる．マントル深部での地震学的観測結果が温度の効果では説明できないから，マントル深部では化学的不均質性が大きくなっているという議論が時折見られるが（たとえば（Kellogg *et al.*, 1999）），この議論の論理は誤っている．

弾性変形の場合，地震波速度の温度変化はその大部分が体積膨張によるものである．よって，同じ速度変化に対して必ず体積変化（密度変化）がある．非弾性変形では，地震波速度の変化は物質の体積変化がなくても起こる．そこで，非弾性効果によって地震波速度が変化するとき，それに対応する密度変化はずっと小さくなる．

非弾性の効果を考えれば，S 波と P 波の速度異常の比が大きいことも説明できる．それには，S 波についての非弾性の効果が P 波についてのものより大きいことに着目する．このため，同じ温度の変化に対しても，S 波の速度のほうが，P 波の速度より大きく変化するのである．このように，非弾性効果を考えに入れることにより，今まで説明が難しかったいろいろな観測事実を説明することができるようになった（Karato, 1993）．

では，地震波速度の変化の原因が温度異常によるのか，化学組成の変化によるのかをどう判定したらよいのだろうか？　一般的にいえば，1 つの観測量，たとえば，P 波の速度だけをみていたのでは，その解釈は 1 通りではない．2 つ以上の観測値を比較すると解釈の曖昧性が少なくなる．たとえば，S 波と P 波の速度異常の比をとると，速度異常が温度によるなら，式（10.3）から，

$$\frac{\partial \log V_{\mathrm{S}}}{\partial \log V_{\mathrm{P}}} = \frac{(\partial \log V_{\mathrm{S}}/\partial T)}{(\partial \log V_{\mathrm{P}}/\partial T)} = \frac{\gamma_S - 1/3}{\gamma_{\mathrm{P}} - 1/3} \tag{10.4}$$

となる．先に述べたように，グリュナイゼン定数は S 波と P 波であまり違わないので，この比は 1 に近い．非弾性の効果を入れるとこの比は大きくなるが，それでも最大値は 2.5 程度を超えない（Karato and Karki, 2001）．そこで，非常に大きな $\dfrac{\delta \log V_{\mathrm{S}}}{\delta \log V_{\mathrm{P}}}$ が見られれば，その領域では速度異常が化学組成によることを示唆していると考えてよい．密度異常と速度異常が同時に求まっていると，化学組成の異常を推定するのはもっと簡単である．化学組成に異常があるとき，$\dfrac{\delta \log V_{\mathrm{S,P}}}{\delta \log \rho} < 0$ であるが，温度異常によって速度が変化するとき，$\dfrac{\delta \log V_{\mathrm{S,P}}}{\delta \log \rho} > 0$ であるからである．Ishii and Tromp（1999）と Trampert *et al.*（2004）は，表面波や自由振動（コラム 23 を参照）のデータを使って速度異常だけではなく密度異常も推定し，最下部マントルには大きな化学組成の不均質があることを示した．同様に，上部マントルでも大陸と海洋地域のマントルの地震波速度の違いの一部は化学組成の違いによっている．マントルはその上部と下部で化学組成の横方向の変化が大きい．地表と核-マントル境界はともに大きな密度差のある境界であるから，化学的に分化した密度の異なる物質が溜まりやすい．これらの領域で化学組成の不均質さが大きいのは，いわば当然の結果である．

また，地震トモグラフィーの大きな成果として，マントル最下部での速度の異常とマントル浅部での速度の異常に強い相関のあることが挙げられる（とくに環太平洋地域での相関が顕著である）．同様に，多くの場所で潜り込んだプレートはマントル深部まで到達している．これはマントル対流が全マントルを巻き込んでいることを示唆している．しかし，潜り込んだプレートがマントル遷移層で大きく変形している例が多く，マントル対流はマントル遷移層を通過するときに大きな抵抗を受けているらしい．

マントルプリュームに関しても，地震トモグラフィーによってその理解が進んできた．多くのプリュームの下ではマントル最下部まで低速度域が続いている（Montelli *et al.*, 2006）．そして，プリュームに対応する低速度域はマントル

最下部では，アフリカと南部太平洋にある巨大な地震波低速度域の周辺に位置するものが多い（Torsvik *et al.*, 2010）．このあたりで何らかの不安定現象が起こり，プリュームが発生するのであろう．ただし，プリュームのなかには下部マントルまで低速度域が達せず，マントル遷移層から発生したと思われるものもある（Maruyama *et al.*, 2009; Zhao and Ohtani, 2009）．

水の分布はどうすれば推定できるだろうか？　水（水素）の効果は化学組成の効果の一種であるが，水はその性質が特異である．化学組成の効果といっても鉄とマグネシウムの比が変わる場合，化学結合の強さには変化がほとんどなく，おもに密度の変化によって地震波速度が変わる．そこで，重い鉄の量が増えると密度が増えて地震波速度は低下する．水の場合は事情が違う．水（水素）が加わると密度は少し下がるだけだが，化学結合はずっと弱くなる．そこで，水が加わると速度が低下する．水による速度低下には，化学結合の弱まる効果によるもののほかに非弾性効果が水によって促進される影響もある．しかし，いろいろな実験結果を総合してみると，水が地震波速度を変える効果は他の因子の効果に比べて小さいことがわかる（Karato, 2011b）．地震波速度だけから水

コラム23

地球の自由振動と表面波（基準振動）

大きな地震の起こった後などで，地球全体が，もはや力がはたらかない状態でも振動を続けることがある．お寺の鐘が叩いた後も鳴るのと同様である．これを外力のない場合の振動という意味で自由振動という．1960年のチリ地震の後で初めて観測された．地球全体が変形するので，地球深部の様子を探るのに有用なデータがとれる．震動のなかには物質の変位が半径方向（重力方向）と垂直な**トロイダル**（toroidal）というタイプのものや，変位が半径方向である**スフェロイダル**（spheroidal）というタイプのものがある．後者のタイプの震動の様子を調べると密度の分布が推定できる．とくに，重力の影響は大きな規模での変形で顕著になるので，長波長のスフェロイダルモードの変形を解析すれば，密度に関する情報が得られる．

地球の表面に沿って伝播する表面波も自由震動と同じで，波に伴うずり応力が物体の表面でなくなるという境界条件を満たすような波である．表面波のなかには物質の運動方向が水辺面内であるものと垂直面内にあるものがあり，前者を**ラブ**（Love）**波**，後者を**レイリー波**とよぶ．表面波と自由振動の2つを一緒にして**基準振動**（normal mode）とよぶこともある．

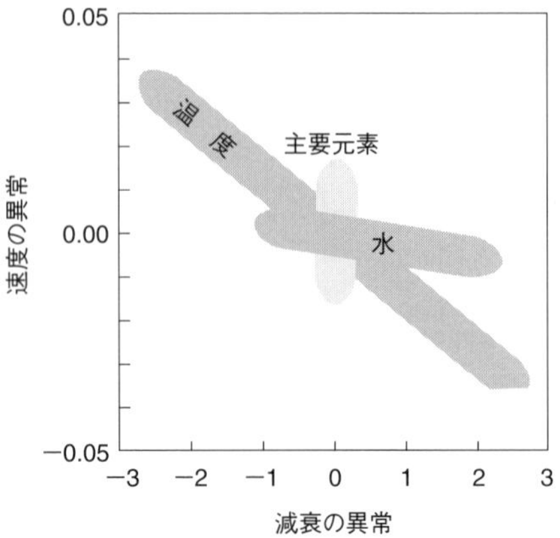

図 10.6　地震波速度と減衰への温度，主要元素の化学組成と水の効果（模式図）

の量を推定するのは難しい．地震学的観測で水の量を調べるには非弾性的性質（Q の値）を使うのが最も有効であろう（Karato, 2003; Karato, 2006）（このほかにマントル内での水の分布を推定するには電気伝導度を使うのも有力である（Karato, 2011b））．

地震波速度や Q を変化させる要因として，温度，鉄などの主要元素と水の量などが重要であるが，これらの因子を分離することは重要な課題である．Shito *et al.*（2006）らはこれらの 3 つの因子が S 波速度，P 波速度と Q に与える影響が異なっていることを示し，これらの因子の影響を分離する方法を提案した．簡単にまとめれば，主要元素の量は地震波速度に大きな影響を与えるが Q への影響は小さい．逆に，水は Q に大きな影響を与えるが，地震波速度への影響は小さい．温度の効果はその中間で，速度と Q の両方にかなりの影響を与える（図 10.6）．そこで，もし，速度と Q の場所による違い（トモグラフィー）が詳しくわかっていれば，温度，主要元素，水の量を地震学的観測から推定できる．現実に速度と Q を同じような精度で決めるのは困難であるが，観測点の増加，データの解析手法の改良でこのような観測結果が得られるようになると，地震学と鉱物物理を組み合わせた研究によって地球のダイナミクスや進化に関しての理解に大きな進展が得られるであろう．

10.1.3 トモグラフィー以外の高精度地震学

地震トモグラフィーは地球内部の三次元構造を明らかにしたたいへん重要な手法であるが，空間解像力はそれほど高くない．そこで，この手法は細かい構造を研究するには適していない．たとえば，マントル遷移層の微細構造や，マントルに存在するかもしれない小さな規模（数十 km）での不均質な構造をトモグラフィーで検出するのは困難である．

トモグラフィーとは違った地震学の方法がこれらの構造を研究するのに使われている．たとえば，地震波速度の不連続面の構造を研究するには，いろいろな波長の地震波がこれらの不連続面で反射したり，変換されたりする様子を調べる方法が有力である．この手法では相接する層の音響インピーダンス（密度 × 地震波速度）の比や，波の変換の起こる深さを精度よく決めることができる．また，小さな規模での不均質物質を検出するには，地震波の散乱を調べるのも役に立つ．また，地震波記録全体を解析する波形解析という手法も微細構造の研究には便利である．

10.2 地震波異方性とマントル対流

マントル内部で物質はどのように動いているのだろうか？　この問題との関連で地震波異方性の解釈について解説しよう．2.2 節で，変形によって岩石中の鉱物の結晶方位がある方向に揃ってくる場合があると述べた．たいていの鉱物は弾性的性質が異方性をもっているので，鉱物の向きがある方向に揃ってくると，そのような岩石を伝播する地震波の速度は方向によって違ってくる．また，弾性定数の違う物質が混ざった岩石で，構成する物質の形が異方性をもっている場合も，地震波の速度は方向によって違ってくる．これを地震波異方性とよんでいる．この節ではまず，地震波異方性についての基本を説明し，次にいろいろな地震学的観測事実をまとめ，最後にいくつかの例を挙げる．

10.2.1 地震波異方性

普通の地球科学の教科書では，地震波には縦波（P 波）と横波（S 波）の 2 つの波があるとして，P 波速度，S 波速度の分布を議論する．しかし，詳しく見る

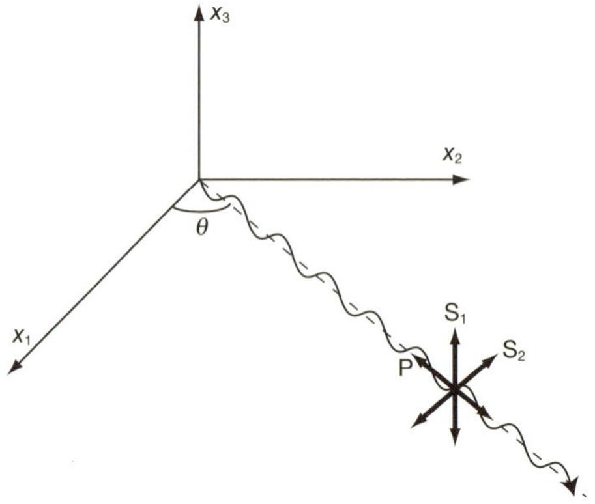

図 10.7　方位異方性と偏向異方性

地震波の速度は伝播方向（θ）によって変わる（方位異方性）．S 波の場合は同じ伝播方向でも偏向の向き（S_1，S_2）によって速度が違う場合もある（偏向異方性）．

と地震波の伝播速度は方向によって違っている場合がある．実際，弾性波伝播の基礎方程式をみると，弾性波が 2 つしかないのはその物質がガラスのような等方的な性質をもっている場合だけであることがわかる．結晶では多くの場合，弾性的性質は異方性をもつ．岩石の場合でも，結晶の向きがある方向に揃っていれば，弾性波の伝播は異方性をもつ．岩石の異方的な性質は岩石の変形過程などと関連しているだろうから，地震波異方性から岩石の変形の様子，たとえば変形の幾何学，つまり物質の流れのパターンが推定できる可能性がある．これができれば，マントル対流などについての理解が進むであろう．この項では，このような方法でマントル対流のパターンを知ろうとするときに必要な基礎的事項を解説しよう．

ここで，まず，異方性という場合，異なった 2 つのタイプの異方性があることに注意しよう（図 10.7）．まず，地震波の伝播速度が伝播方向によって違ってくる場合がある．これを**方位異方性**（azimuthal anisotropy）とよぶ．次に，S 波に注目すると，S 波では波の伝播に伴う物質の動きの方向は伝播方向と直交しているので，物質の動く方向は 2 つ独立なものをとることができる．そこで同じ方向に伝わる波にも 2 つの S 波があり，その速度は一般には違っている．これを**偏向異方性**（polarization anisotropy）とよぶ．この 2 つの型の異方性は独立なものなので，2 つのデータを組み合わせると地球内部で何が起こっているのかを推定するのに有意義な情報が得られることがある（Karato, 2008b）．この2つのタイプの異方性は独立なものなので，ある場所で一方の異方性が強いが他方は弱いということもありうる．ただし，方位異方性と偏向異方性とでは測定法が違うので，結果の信頼度も違うことを指摘しておこう．方位異方性の測定では，ある一定の場所を伝わる地震波の速度が伝播方向でどう違うかを測るのであるが，そのためには震源から観測点まで違った場所を伝わってくる波の伝播速度を比較しなければならない．そこで，測定された伝播方向による速度の違いが本当にその場所での岩石の性質の異方性によるのか，伝わってきた場所ごとに速度が違っていたためなのかの区別をするのが容易ではない．それに比べ，偏向異方性の測定では1つの（同じ場所を伝わってきた）地震波の記録を使って異方性を測定する（速度が波の偏向方位でどう変化するかを測る）ので，このような不均質性の影響はない．

また，地震波といっても，2つの違った型のものがあり，どの地震波を使うかによって結果の解像力や信頼度も違う．1つは**実体波**（body wave）といわれるもので，震源から観測点まであたかも無限に広がった物質の中を伝わる波である．もう1つは，境界の影響を受けた波で，表面付近を伝わる表面波がその例である．実体波による研究では震源と観測点，波の通過経路によっていろいろなタイプの波を使う．よく使われるのは，震源から出たS波がいったん核に入り，核からS波としてマントルを伝わり観測点に達したものである．この波をSKS波（コラム24を参照）とよぶが，この波を使うと，震源での発震機構の影響が波が核に入ったときに完全に消されるので，結果は信頼性が高い．そこでこのような波のS波成分を観測すると，もし地震波が異方性をもつ領域を通過すれば2つのS波が違った速度で伝わるので，2つのS波が1つの地震記録に観測されるはずである．このようにS波が2つに分かれる現象を**横波分裂**（shear wave splitting）とよんでいる．この方法では，2つのS波の到達時間の差と，速く到達したS波の偏向方向を測定し，それをマントル内の変形と結びつける．波がほぼ垂直に伝わるSKS波を使った場合，異方性が存在する場所の経度緯度はうまく決められる．しかし，この方法では異方的構造のある深さは同定できない．核から観測点までのどこで横波分裂が起こったかはわからないのである．これはこの手法の大きな欠点であって，それを補足するために他の地震波での観測と比較したりして異方的構造をもつ場所をより正確に同定しようという努力がなされている．

これと比べて，**表面波**（surface wave）を使った研究では，異方的構造のある場所をより確かに推定することができる．表面波はその周期によって振動の浸透する深さが違う（周期の長い波ほど深くまで歪みが生じる）ので，異なった周期の表面波を使うことによって異方的構造のある深さを同定することができる．また，表面波は幾何学的理由で減衰が小さく，全世界を伝わるのでいろいろな領域の異方性を決定できる．このような全世界規模での異方性の研究は Montagner and Tanimoto（1990）と Montagner and Tanimoto（1991）によってなされた．ただし，地球深部まで浸透する表面波の波長は大きいので，空間解像力には限度がある．

異方性を完全に観測から決めるのは不可能である．いったん異方性を許すと独立な弾性定数は 2 個ではなく最大 21 個にもなる．これらを全部決めることは実際上，不可能である．そこで，今までの異方性の研究では，異方性のある部分にのみ着目して，観測結果を解釈してきた．よく用いられる仮定は異方性は鉛直軸を中心にして軸対象性をもっているというものである．これを**水平方向に等方な異方性**（transverse isotropy）または**軸対称の異方性**（axial anisotropy）

コラム 24　地震波の記号

地震波についていろいろの記号が使われるので，本書で必要な範囲に限り，ここで簡単にまとめておこう．実体波はいろいろな境界で反射，屈折などをし，またあるタイプの波から別のタイプの波に変換されることもある．そこで，波が発生したときのタイプ，変換した場所，変換後の波のタイプなどを示すためにいろいろな記号が使われる．たとえばSKS 波はまず，S 波としてマントル内で発生し，マントル–核との境界でP 波に変換され，さらに核–マントル境界でS 波に変換されて観測点に達した波のことである（K はドイツ語のKern （核）に対応している）．マントル内でS 波として発生し，マントル–核境界で反射しS 波として観測点に達した波はScS 波とよばれる．また，波のタイプと波に伴う物質の変位方向を示す記法として，SH，SV，PH，PV 波などという用語も使う．SH は振動方向（物質の変位の方向が**水平面**（horizontal plane）であるS 波，PV は伝播の方向（物質の変位の方向）が**垂直面**（vertical plane）であるP 波のことである．

とよぶ．この仮定をすると，S 波に着目するかぎり，地震波速度としては V_{SH}，V_{SV} の 2 つしかない．ここに，V_{SH}（V_{SV}）は波が伝わるときの物質の変位方向が水平面（垂直面）にある S 波の速度である．この仮定のもとでは異方性は $V_{\mathrm{SH}}/V_{\mathrm{SV}}$ で表される．そのほかによく使われるのは，ほぼ垂直に伝わってくる S 波を使い，水平面内での偏向した 2 つの S 波の速度を比べて，速いほうの S 波の偏向方向と 2 つの S 波の速度差を測定するという方法である．後者では 2 つに分かれた S 波についての測定なので，横波分裂の測定とよばれている．比較的簡単な方法であり，広く使われている．この 2 つの方法はどちらも偏向異方性を測定するもので，不均質性の影響はない．このほかにも，水平面内を伝わる波の速度が伝播速度でどう変わるかを測定した例も多い（方位異方性）．この場合，伝播方向の異なる波は違った領域を伝わってくるので，不均質性の影響は注意深く補正しなければならない．

10.2.2 地震波異方性と異方的構造

異方的構造としては（均質な岩石での）構成鉱物の格子選択配向と，岩石の層構造とが考えられる．格子選択配向のメカニズムについてはすでに説明した．格子選択配向をもった岩石の弾性定数は異方性をもっている．このような岩石の弾性定数を計算するには個々の鉱物の弾性定数をその向きの分布を考慮に入れて計算する．この計算をする厳密な方法はないが，歪み一様，または応力一様という仮定をすれば簡単に計算できる．計算結果はこの仮定によるが，弾性異方性がそれほど大きくないかぎり，結果はそれほど違わない．もちろん，格子選択配向が強い場合，単結晶の弾性定数に近くなる．

まず，層構造について，簡単な解説をしよう．岩石は一般に性質の違ったいろいろな鉱物（または液）からなっているが，変形によってそれぞれの成分がその形を変える．形がある方向に揃ってくると，岩石全体として弾性的異方性をもつ．このような層構造をもった物質に各層の厚さに比べて長い波長をもった波が伝わると，その物質は均質だが異方性をもった物質として振る舞う．図 10.8 のような例を考えよう．このような層構造をもった物質の弾性定数は，変形の方向によって異なり，層構造と平行な方向への変位をもつ弾性定数は

$$M_{\mathrm{H}} = M_1 d_1 + M_2 d_2 \tag{10.5}$$

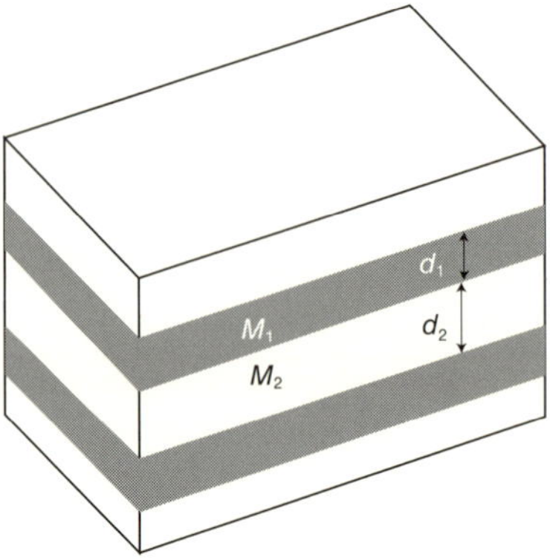

図 10.8　層構造をもった物質

垂直な方向の弾性定数は

$$M_{\mathrm{V}} = \frac{1}{\dfrac{d_1}{M_1} + \dfrac{d_2}{M_2}} \tag{10.6}$$

となる．ここに，$M_{1(2)}$ は，1，2 層の弾性定数，$d_{1,2}$ は 1，2 層の厚さである（$d_1 + d_2 = 1$）．そこで，常に，

$$V_{\mathrm{SH}} > V_{\mathrm{SV}} \tag{10.7}$$

である（ここに $V_{\mathrm{SH(SV)}}$ は振動の方向が水平面（垂直面）にある S 波の速度）である．

したがって，

$$\frac{M_{\mathrm{H}} - M_{\mathrm{V}}}{\langle M \rangle} \approx \phi \left(\frac{\Delta M}{\langle M \rangle} \right)^2 \tag{10.8}$$

であり，

$$\frac{V_{\mathrm{PH(SH)}} - V_{\mathrm{PV(SV)}}}{\langle V_{\mathrm{P(S)}} \rangle} \approx \frac{\phi}{2} \left(\frac{\Delta M}{\langle M \rangle} \right)^2 \tag{10.9}$$

ここに ϕ は第 2 相の量比（$\phi \ll 1$），$\Delta M \equiv M_1 - M_2$，また $\langle M \rangle \equiv \sqrt{M_1 M_2}$ は平均の弾性率，$\langle V \rangle$ は平均の速度である．異方性の大きさが $\left(\dfrac{\Delta M}{\langle M \rangle} \right)^2$ に比例することに注意しよう．ペリドタイトとエクロジャイト（eclogite），ペロブスカイトとマグネシオブスタイト（(Mg,Fe)O）など，たいていのマントルで共存

する物質の弾性定数は似ている（数% 以下の違い）場合が多い．このような場合，異方性の強度が 1% 以下であり，有力なメカニズムとはなりにくい．層構造が重要になるのは，どちらか一方が液体（部分溶融物質）の場合である．メルトの配列によって生じた異方性はよく議論されるが，1.7.3 項で議論したように，部分溶融物質が広範囲に存在することは考えにくい．実際，中央海嶺付近での詳細な地震学的研究でもメルトの配列による異方性は見いだされていない（Wolfe and Solomon, 1998）．そこで，以下では異方性の原因は鉱物の格子選択配向であるとして議論を進めよう．

上記の層構造の場合，層に水平面内では弾性定数には異方性はない（水平方向に等方な異方性または軸対称の異方性）．鉱物の格子選択配向で異方性が決まる場合は，弾性定数はもっと一般的なかたちの異方性をもつ．このような一般的な弾性定数（C_{ij}）をもつ物質を通過する地震波の異方性と弾性定数 C_{ij} との関係は Montagner and Nataf（1986）らによって導かれている．その結果だけを書けば，座標軸として x_3 を垂直方向にとると，たとえば，水平面内に偏向した S 波と垂直面内に偏向した S 波の速度の比は

$$\frac{V_{\mathrm{SH}}}{V_{\mathrm{SV}}} = \sqrt{\frac{C_{11} + C_{22} - 2(C_{12} - 2C_{66})}{4(C_{44} + C_{55})}} \tag{10.10}$$

また，垂直方向に伝わる 2 つの S 波の速度の差は，

$$\frac{\Delta V_{\mathrm{S}}}{V_{\mathrm{S}}} \approx \frac{C_{55} - C_{44}}{C_{55} + C_{44}} \tag{10.11}$$

で与えられる．

ここで，代表的な流れのパターンの場合を使って，異方性の性質を決めている要因と鉱物のミクロなすべり系の関係を解説しておこう（図 10.9）．流れとしては水平方向の流れと，円柱状の垂直方向の流れを考えよう．前者はアセノスフェアや D″ 層の一部での流れに対応し，後者は（暖かい）プリュームに対応する．いま，異方性は格子選択配向によるものとし，典型的な 1 つのすべり系で決まる格子選択配向を考える．この場合，水平面内の流れの場合は鉱物結晶のすべり面は流れの面と平行であり，鉱物結晶のすべり方向は流れの向きに平行になっている．そこで異方性を横波分裂で調べる場合は，鉱物のあるすべり面を仮定し，その場合に鉱物結晶のすべり方向がどちらに向いているかを地震学で調べていることになる．与えられた地球内部の条件で卓越するすべり系

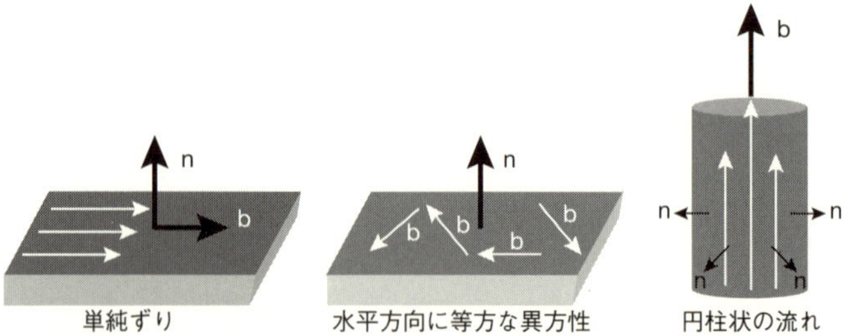

図 10.9　対流のパターンと卓越するすべり系のすべり方向，すべり面との関係
b はすべり方向（バーガースベクトルの方向），n はすべり面に垂直な方向．単純ずりや水平方向に等方な異方性ではすべり面が，垂直なプリュームではすべり方向が異方性の性質を決める．（Karato *et al.*（2008）による）

が推定できれば，すべり面はわかる．そこで，地震学的観測から，鉱物結晶のすべり方向（バーガースベクトル）の向きがわかり，その向きと流れの向きとの関係が実験的にわかっていると流れの向きが推定できるわけである．軸対称の異方性を仮定する場合は，水平面内での流れの向きはわからない．この場合，V_{SH}/V_{SV} からどのすべり面が水平になっているのかがわかる．プリュームの場合は，すべり方向が垂直になってくる．そこで，この場合は異方性からすべり方向に関する情報が得られる．

10.2.3　異方性の観測結果とその解釈

Ⓐ 異方性の深さ変化

地震波異方性の大きさは深さで大きく変化している．図 10.10 に示したように，異方性はマントルの浅い部分と最下部マントルで強く，中間部分では弱い．地殻では場所によって異なった複雑な異方性パターンが見られている（Kaneshima, 1990）．上部地殻では変形は脆性破壊で起こるので，異方性はクラックなどの並び方による可能性が強い．下部地殻より深部になると変形は塑性流動によるので異方性も鉱物の格子選択配向によってくる場合が多いであろう．

下部地殻より深い部分にだけに着目すると，異方性が深さで変化しているのはマントル対流に伴う変形の様子が深さで変化しているためだということになる．とくに，下部マントルの大部分でほとんど異方性がないことは注目すべきである．というのは，下部マントルの鉱物は他の部分の鉱物と同程度の弾性的

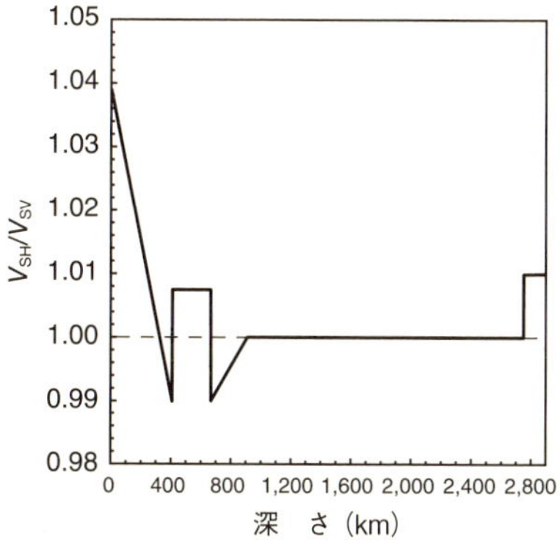

図 10.10　地震波異方性の振幅の深さ変化
（Montagner and Kennett（1996）による）

異方性をもっているからである．そこで地震波異方性のない下部マントルでは格子選択配向はほとんどランダムでなければならないことになる．これはこの部分が拡散クリープ（または超塑性）で変形し，しかも変形の条件が拡散クリープと転位クリープの境界から離れていることを示唆している（2.2.4 項の❹参照）．下部マントルの大部分で結晶粒径が小さく，応力もそれほど大きくないのであろう．ただし，マントルの上部と最下部では対流の境界層になっているので，変形が激しく応力も大きい．そこでこのような領域では，変形が転位クリープで起こり，地震波異方性も強いのだと考えられる．

❷ 上部マントル

上部マントルに関してはフランスのニコラ（Nicolas）らによって，1970 年代に異方性解釈のモデルが提出され（彼らのモデルのまとめとしては，たとえば，Nicolas and Christensen（1987）），これがパラダイムになっていた．このモデルはリソスフェアで変形した岩石の格子選択配向に基づいたもので，海洋リソスフェアでの地震波異方性をうまく説明する．Nataf *et al.*（1986），Savage（1999），Tanimoto and Anderson（1984）などもこのモデルを使って，観測された上部マントルの異方性を解釈した（図 10.11）．しかし，このレベルでの解釈では異方性がプレート運動モデルで説明できるという程度のことしかわからなかった．上部マントルに関して，このような古典的なモデルの枠を超える研

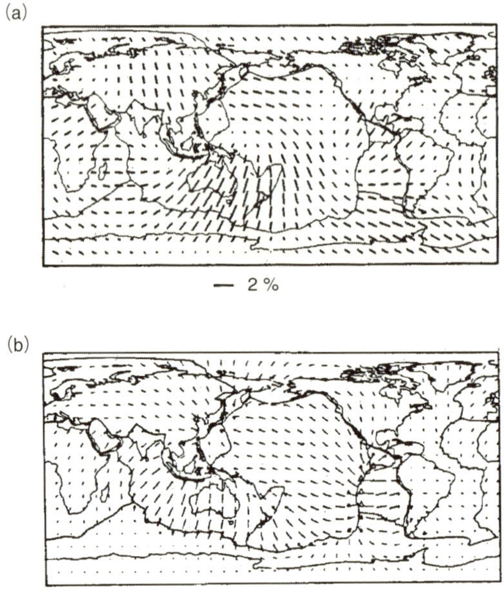

図 10.11　上部マントルの地震波異方性と対流パターン

（a）レイリー波の方位異方性（バーは速いレイリー波の伝播方向，レイリー波は表面波の一種（コラム 23 参照））．
（b）マントル対流モデルによる流れの方向．
（Tanimoto and Anderson（1984）による）

究としては，まず Russo and Silver（1994）らの海溝の向きと平行な向きの異方性（速い S 波の偏向の向きが海溝に平行になっている）の発見を挙げよう（最近 Long and Silver（2008）はより詳しい総説を書いている（図 10.12））．Silver らの解析によると，この異方性は沈み込んだプレートの下側に存在している場合があり，そこでの物質の流れが海溝に平行なことを示唆していると彼らは議論した．もしこの考えが正しいと，沈み込み帯での物質の運動は今までの単純な二次元モデルとは違っていることになる．

以上の解釈ではすべて，オリビンの A–タイプの格子選択配向が仮定されていた．しかし，Jung and Karato（2001b）によれば，オリビンの格子選択配向は水の量，温度，応力などによって変わり，多様である（図 2.15，2.2.4 項の🅑）（総説としては Karato *et al.*（2008））．実際，この一連の研究によれば，従来

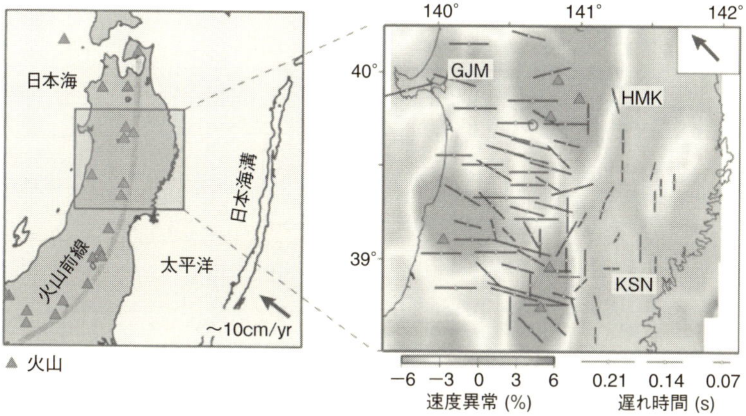

図 10.12 沈み込み帯での地震波の異方性

沈み込み帯での地震波異方性の観測例（バーの向きが速い S 波の偏向の向きを示す．海溝近傍ではその向きは海溝に平行であるが，海溝から離れるに従って，速い S 波の偏向の向きは海溝に垂直になる）．（Karato *et al.*（2008）による）

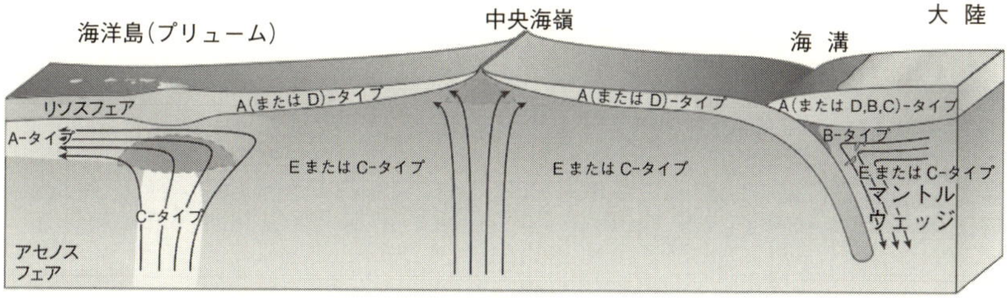

図 10.13 実験結果に基づいて推定した上部マントルでのオリビンの格子選択配向

（Karato *et al.*（2008）による）　　　（カラー図は口絵 6 を参照）

のオリビンの A–タイプの格子選択配向は, 水の少ない，高温地域でのみ見られる格子選択配向であって，リソスフェアでは妥当なモデルだが（リソスフェアの大部分の岩石は，水が抜けた浅いアセノスフェアで変形したときの変形構造を記録している），それ以外のところでは他のタイプの格子選択配向が卓越するらしいという結論が得られる（Karato *et al.*, 2008）（図 10.13）．この新しい結果を使うと，いろいろの謎が解けてきただけでなく，異方性からマントル内部での水の分布についての情報が得られるようになってきた．このような議論の

表 10.3　オリビンの格子選択配向と地震波異方性

（a）垂直方向に伝わる S 波の分裂（速い波の偏向の向き）

選択配向	水平面内の流れ	垂直方向の二次元的流れ
A–タイプ	流れに平行　（弱い）	弱い分裂
B–タイプ	流れに垂直　（弱い）	流れの面に平行
C–タイプ	流れに平行	流れの面に垂直
D–タイプ	流れに平行	弱い分裂
E–タイプ	流れに平行　（強い）	弱い分裂

（b）V_{SH}/V_{SV}

選択配向	水平面内の流れ	垂直の円柱状の流れ
A–タイプ	$V_{SH}/V_{SV}>1$	$V_{SH}/V_{SV}<1$
B–タイプ	$V_{SH}/V_{SV}>1$	$V_{SH}/V_{SV}>1$　（弱い）
C–タイプ	$V_{SH}/V_{SV}<1$	$V_{SH}/V_{SV}>1$　（弱い）
D–タイプ	$V_{SH}/V_{SV}>1$	$V_{SH}/V_{SV}<1$
E–タイプ	$V_{SH}/V_{SV}>1$　（弱い）	$V_{SH}/V_{SV}<1$

基礎として，いろいろなオリビンの格子選択配向に対応する地震波異方性を表 10.3 にまとめておいた．

たとえば海溝付近（プレートより上側）では速い S 波の偏向方向は海溝に平行だが，海溝から離れると海溝に垂直になることが多い（図 10.12）．この観測事実を古い A–タイプのモデルを使って解釈すると，海溝近傍で潜り込んだプレートの上側では物質が海溝に平行に，海溝から離れた場所では海溝に垂直に動いていることになる．この解釈では海溝付近の物質の流れの方向は標準的な沈み込み帯での対流運動とは直交した流れであり，海溝の移動などという例外的な現象を考えないと説明できない．ところが，このような異方性のパターンはいろいろな場所，とくに，海溝の移動がなかったことが確かである東北日本でも見いだされている．そこで，このようなパターンは，場所場所で異なる海溝の移動とは関係のない，もっと普遍的なメカニズムで説明すべきであろう．その 1 つとして，オリビンの格子選択が海溝近傍の低温，高応力領域で B–タイプに変わったためというモデルがある（Kneller *et al.*, 2005）（図 10.14）．ただし，蛇紋岩の格子選択配向によるという考えも発表されている（Katayama *et al.*, 2009）．

もう 1 つの不可解な上部マントルの異方性として，Ekström and Dziewonski

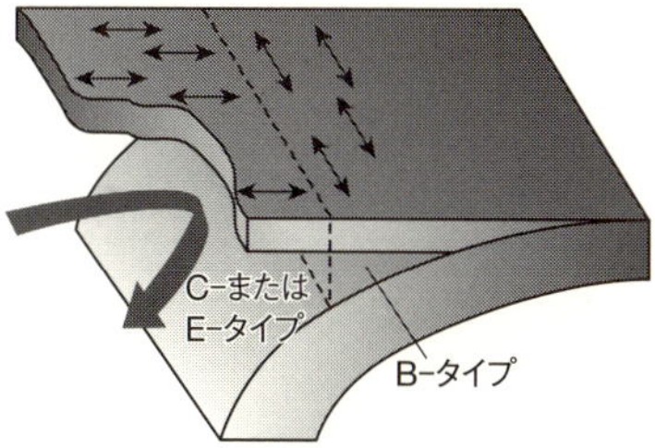

図 10.14　沈み込み帯での地震波の異方性を説明するモデル

図 10.13 の結果を使えば，図 10.12 に示されたような異方性の変化は，沈み込み帯でのマントルの温度と応力が場所によって変化するためとして，簡単な物質移動のパターンで説明できる．(Karato *et al.* (2008) による)．

(1998) らが見いだした太平洋中央部の異常な異方性がある．太平洋中央部のアセノスフェアでは異常に強い $\frac{V_{\rm SH}}{V_{\rm SV}} > 1$ という異方性があり，他の海洋地域と違ってこの異方性はアセノスフェアでのほうがリソスフェアでのものより強いのである．しかし，方位異方性は太平洋中央部では強くない．これは不思議な事実であって，論文が発表されてから 10 年間，満足のいく解釈がなされなかった．この謎を解く鍵は新しい格子選択配向図とプリュームのモデルを組み合わせれば得られる．新しいオリビンの格子選択配向図によれば，典型的なアセノスフェアではオリビンは普通に見られる A–タイプではなく E–タイプの格子選択配向をもつと考えられる．E–タイプの格子選択配向に対応する岩石の弾性定数を計算すると，この場合，アセノスフェアでは弱い $\frac{V_{\rm SH}}{V_{\rm SV}} > 1$，強い方位異方性が存在することが示される (表 10.3)．これは世界的規模での観測事実と矛盾しない．ところが，太平洋中央部にはハワイ・プリュームという最大のプリュームがある．プリュームは通常のところより温度が高く水の量も多いので，深部 (150〜200 km) で融解する．融解した後，水は鉱物から抜け去りマグマと一緒に地表に運ばれるのでアセノスフェアに入っていく残りの固体部分からは水が抜け去っているはずである．太平洋中央部のアセノスフェアはこのようにして，普通の場所より水の少ない可能性がある．そうすると，この場所ではオリビンの格子選択配向は A–タイプになると考えられる．こう考えると異常に強い $\frac{V_{\rm SH}}{V_{\rm SV}} > 1$ と弱い方位異方性を説明することができる (Karato, 2008b) (図 10.15)．地震波異方性からマントルプリュームと水の循環についての新しい見

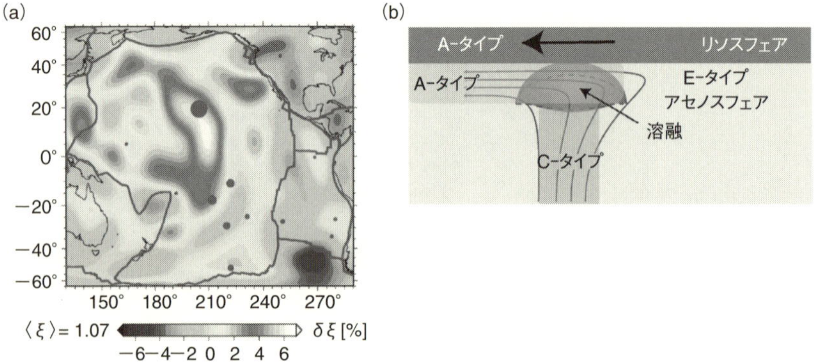

図 10.15　太平洋中部の上部マントルの地震波異方性とそれを説明するモデル
(a) 太平洋中部の上部マントルの地震波異方性．$\left(\xi = \left(\frac{V_{\mathrm{SH}}}{V_{\mathrm{SV}}}\right)^2\right)$．
(b) ハワイの下にあるプリュームでは上部マントルの深部で部分溶融が起き，アセノスフェアには水に枯渇した物質が供給される．そのため，太平洋中央部から西部にかけてのアセノスフェアは，普通のアセノスフェアと違った異方性をもつ．(Karato (2008b) による)．

方のヒントが得られたわけである．

上部マントルの構造で興味深いのは，全世界を平均してみたとき，$\frac{V_{\mathrm{SH}}}{V_{\mathrm{SV}}}$ が深さによって変化することである．上部マントルの浅い部分では $\frac{V_{\mathrm{SH}}}{V_{\mathrm{SV}}} > 1$ だが，深部にいくとその振幅は減少し，モデルによっては上部マントルの深い部分では $\frac{V_{\mathrm{SH}}}{V_{\mathrm{SV}}} < 1$ になっている (Visser *et al.*, 2008) (図 10.16)．もし，マントルでのオリビンの格子選択配向が A–または E–タイプであれば，これはマントル対流での物質の運動の方向が水平から垂直に変化しているためということになる (表 10.3)．それとも物質の運動方向は同じ（ほぼ水平方向）で，格子選択配向が深さとともに違ってくるからなのだろうか？　格子選択配向への圧力効果がよくわかっていないので，これに対する確かな答えはまだない．

C 深部マントル

マントル遷移層での異方性についてははっきりした地震学的観測がないので，今のところ確固としたことは何もいえない．しかし，Trampert and van Heijst (2002) (図 10.17) や Visser *et al.* (2008) (図 10.16) の結果によれば，マントル遷移層の異方性は上部マントルのものと大きく違っていることになる．これは，遷移層と上部マントルでの物質の動きが違っているためなのだろうか？　それ

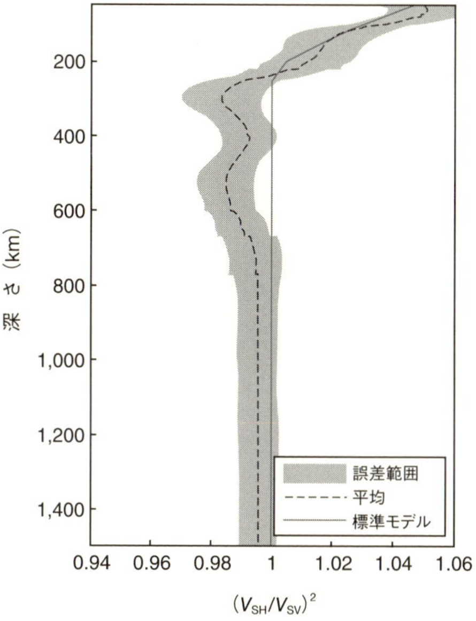

図 10.16 V_{SH}/V_{SV} 比の深さ分布
（Visser *et al.*（2008）による）

とも，この 2 つの領域で違った鉱物が存在するために，流れの向きが同じでも形成される異方性が違ってくるのだろうか？ 遷移層の鉱物についての格子選択配向の信頼できる実験結果がまだ得られていないので，この疑問に関する答えはない．

下部マントルでは，異方性はその最深部でだけはっきりと検出されている．言い換えると，マントル最下部以外の下部マントルでは異方性は非常に小さい．異方性の強度は下部マントル鉱物の結晶のもつ異方性の 100 分の 1 以下である．もし，この部分がある程度（数十%）以上の変形をしているとすれば，この事実は，この領域では物質が拡散クリープ（または超塑性）で変形していることを示唆していることになる．しかし，最下部マントルには有意な異方性がある．これは，この部分は対流の境界層で大きな応力で変形しているため，そこでは転位クリープが卓越しているためだとして説明できる（Karato, 1998c; McNamara *et al.*, 2002）．

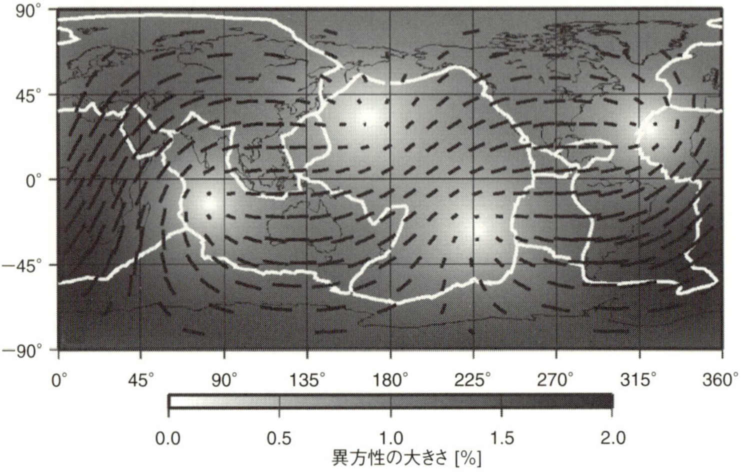

図 10.17　マントル遷移層での地震波の方位異方性
（Trampert and van Heijst（2002）による）

この領域での異方性を検出するにはおもに実体波を使い，その場合，特別な震源観測地の組合せが必要なので，データは限られている．しかし，最近，自由振動などの観測も含めた多くの結果を総合して，おおよその様子がわかってきた（Panning and Romanowicz, 2006）．その結果によると最深部マントルの異方性の特徴は場所によって異なっている．顕著な異方性は太平洋の周辺に対応する部分と，中央太平洋（とアフリカ）の下に相当する部分に見られる（図 10.18）．非常に興味深いのは，太平洋の周辺に対応する部分と，中央太平洋（とアフリカ）の下に相当する部分で異方性の性質が違っていることである．この図の場合，水平方向に等方な異方性を仮定して V_{SH}/V_{SV} を調べているのであるが，太平洋の周辺に対応する部分では $V_{SH}/V_{SV} > 1$，中央太平洋の下に相当する部分では $V_{SH}/V_{SV} < 1$ となっている．これは，この 2 つの地域で流れのパターンが違っていることを意味しているのだろうか？　それとも温度などがこの 2 つの地域で違うため，鉱物のすべり系が違ってくるためなのだろうか？あるいは，温度や化学組成がこれらの領域で違うため，違う鉱物がこれらの領域にあるためなのだろうか？　このあたりにある鉱物の変形実験をするのは難し

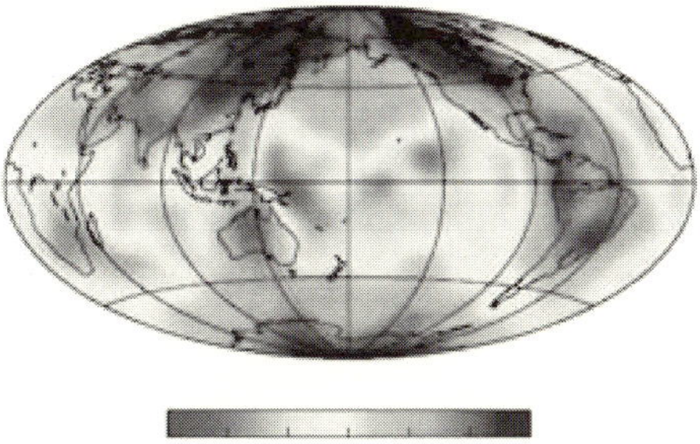

図 10.18　マントル最下部（D″ 層）の地震波異方性
（Panning and Romanowicz（2006）による）（カラー図は口絵 7 を参照）

いので，これに対する決定的な答えはまだ見いだされていない（Yamazaki and Karato, 2007）.

Ⓓ 内　核

内核は固体でできている．したがって，内核には異方性がある可能性がある．実際，内核にかなり大きな異方性のあることは，いろいろな地震学的研究で明らかになってきた（Song, 1997）．第 1 近似的には内核では地球の回転軸方向に伝わる波はそれ以外の方向に伝わる波に比べて地震波の速度が速い．しかし，もう少し複雑な構造も見いだされている．その 1 つは西半球と東半球による異方性の違いである．また，異方性は深さでも変化するらしい．

内核の地震波異方性がどのようなメカニズムで生じているのかについて，いろいろなモデルが出されてきた．内核では熱伝導率が高く，放射性元素などの熱源も少ないと考えられるので，マントルで発生しているような熱対流は起こりにくい．そこで，変形による異方的構造ができるにしても，それは熱対流によるものではないであろう．Yoshida *et al.*（1996）は，内核の成長速度が赤道方向と回転軸方向で違うために応力が発生し，内核物質が変形するというメカニズムを考えた．Karato（1999）は，内核では電磁場による応力（マックスウェル応力）が一番大きく，この応力による変形で異方的構造ができるかもしれないと示唆した．このほかに，融けた外核が固結して内核が成長するとき，異方的構造ができるというモデルも提案されている（Bergman, 2002）.

第11章 他の惑星のレオロジー的構造とダイナミクス，進化

最後に，かなり空想的（speculative）になるが，これまで学習してきた知識を総合して，他の地球型惑星のレオロジー的構造とダイナミクスについて考えてみよう．他の惑星についてはあまりデータがないので，金星，火星，月など多少データのある惑星（衛星）と地球との比較，それに最近話題になっている系外惑星のなかで地球型と考えられている**超地球**（super Earth）（地球より大きな質量をもつ地球型惑星）について解説してみよう．とくに，いろいろな惑星でどのような条件が揃ったときにプレートテクトニクスが起こるのかを考えてみたい．

いろいろな惑星のダイナミクスを考えるとき出発点になるのは観測事実であるが，当然のことながら，地球以外の惑星になるとそのダイナミクスを研究する出発点になる観測が限られてくる．ほとんどの場合，観測としては地形，重力，地磁気などのようなリモートセンシングで得られる情報と，大気の化学組成などを手がかりにして惑星のダイナミクスのありかたを推測する．これらのデータからダイナミクスについてある程度の情報が得られているのは，水星，金星，火星，地球の月などである．これらの結果から，プレートテクトニクスの証拠が見つかったのは地球以外では初期の火星だけであって，他の場合は，惑星の表面はほとんど動いていないらしい．プレートテクトニクスは非常に限られた条件でだけ起こるようなのである．

この問題に対する手がかりは 1990 年代の後半にマントル対流の理論的研究で得られた．このような研究では，粘性率が大きく温度に依存するような流体

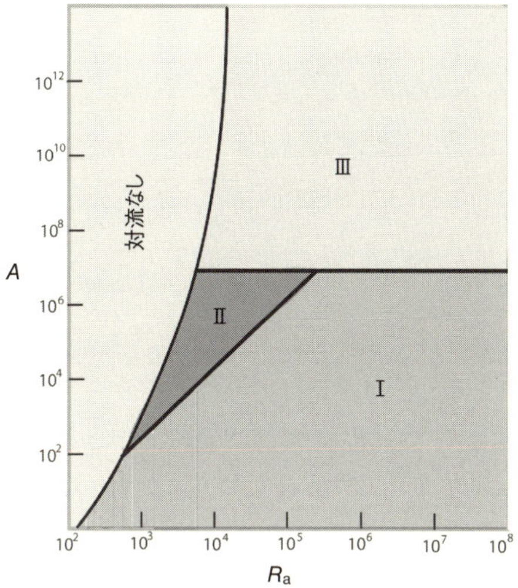

図 11.1　マントル対流のタイプの分類

マントル対流はマントル主要部分のレイリー数（R_a）と表面付近での粘性率とマントル内部の粘性率の比（A）によって 3 つのタイプに分類される．
I：均質変形対流，II：プレートテクトニクス，III：スタグナントリッド．（Solomatov and Moresi（1997）による）

でどのような対流が起こるかが調べられたのである．粘性率が温度によって大きく変わるとき，表面と惑星内部とでは粘性率が大きく違ってくるから，対流の特徴を 1 つのレイリー数だけで表すことはできない．そこで，粘性率の温度依存性に対応する何らかのパラメータを導入して，対流のパターンを調べねばならない．このような研究は Solomatov and Moresi（1996），Solomatov and Moresi（1997），Tackley（2000）らによってなされ，その結果，マントル対流の型が大きく 3 つに分類された（図 11.1）．温度依存性が少ないときは，みそ汁の対流のように，流体のどこでも大きな変形が起こり，プレートは存在しない．一方，粘性率の温度依存性が強いとき，表面はとても大きな粘性率をもつのでまったく変形しない．そこで表面は硬い蓋のようになり，マントルの内部だけが対流運動を行うことになる．このようなマントル対流の型を**スタグナントリッド対流**（stagnant lid convection；stagnant lid とはじっとして動かない蓋という意味）という．この中間の場合，つまり，惑星の表面がある程度硬いが，それほどは硬くない場合にだけプレートテクトニクス型の対流が起こる．つまりプレートテクトニクスが起こるのは限られた条件であることが示されたのである．これは，いろいろな惑星についての観測事実をうまく説明している．地球型惑星をつくっている鉱物では普通の条件では粘性率は温度に強く依存するのだから，スタグナントリッド型が卓越するのは当然ともいえる．

結局，本質的なのは，なぜ地球の表層（つまり海洋リソスフェア）は，低温であることから予想されるより柔らかいのかという問題である．9.1 節で説明したように，この問題の答えはよくわかっていない．同じ疑問は金星と地球との比較についてもいえる．金星と地球とでは，その大きさも似ている．大きく違うのはその表面の温度である．金星では地球より約 450° くらい高温である．そうすると，金星のリソスフェアのほうが柔らかそうなのだが，実際は金星のリソスフェアは硬く，金星ではスタグナントリッド型の対流になっている．なぜなのだろうか？　これには 2 つの説明があるであろう．1 つは金星の大気にはほとんど水がないので金星の内部も水がなく，そのため粘性率が高くなっているという考えである．もう 1 つの考えは金星の表面付近の温度が高いために強度が上がったというものである．これは逆説的に聞こえるが，第 4 章で解説したように変形の局所化は低温で起こりやすく，リソスフェアの強度は変形の局所化で大きく影響されるので，表面が高温である金星の表面では変形の局所化が起こりにくく，リソスフェアが硬いということもありうるのである．このような逆説的な粘性率の温度依存性については潜り込んだスラブについても提案されている（9.3 節参照）．ただし，このような考えがどこまで妥当かはまだ詳しくは検討されていない．このほかに，水で説明するモデルとしては，金星のマントルには地球より多量の水があるため（あるいは地球より高温であるため），地球に比べてより深部で融解が起こり，そのためプレート（＋地殻）が厚すぎてプレートテクトニクスが起こらないのだということも考えられる．最初のモデルとは反対の説であるが，これも論理的にはありうる．どちらが正しいのかは金星深部の水の量か金星深部マントルの粘性率の推定ができれば決着がつくであろう．これらの量を推定するのは困難であるが，精度のよい金星の形の測定が（レーダーなどを使って）行われれば，太陽との相互作用で生じる潮汐による金星の変形が測定でき，金星深部の粘性率が推定できるかもしれない．

惑星（衛星）の内部の水の問題として，最近，月の内部の水が話題になっている．アポロ計画での研究結果で月は水に乏しい物質からなっていると考えられていた（Campbell and Taylor, 1983）．ところが，最近，アポロ計画で採集されていた月の試料を最新の機器を使って調べたところ，月の内部に地球と同程度の水があるらしいという研究結果が発表された（Boyce *et al.*, 2010; Saal *et al.*, 2008）．実際，月の潮汐摩擦を観測すると，地球よりエネルギー散逸が大きいことがわかっている（Williams *et al.*, 2001）（月では Q にして 40 程度，地球の場合，固体のマントルによる潮汐の Q は 300 程度）．潮汐摩擦は主として天体の深部で起こるので，この観測事実は月の深部が柔らかいことを示している．月のマントル深部にかなりの水があるとすれば説明できるかもしれない．月の起源としては**巨大衝突説**（giant impact hypothesis）が一般に受け入れられている．しかし，巨大衝突説が起こったとき，どのようにして水が月に取り込まれたのかは自明ではない．衝突の後，高温になるのだから，ほとんどの水が抜け去ってしまうとも考えられる．しかし，どの程度水が抜けるかは衝突のあとの気体，液体，固体などの混合物がどのような温度圧力条件を経験し，月を形成したのかに依存している．このような問題を研究するのには水が潮汐摩擦へどのような影響をもつのか，また，いろいろな物理化学的環境で水などの揮発元素がどのように再分布されるのかも調べる必要がある．そのような研究はまだ詳しくはなされていない．

最近の惑星探査の結果として，太陽系以外にも多数の惑星が存在することがわかってきた（Howard *et al.*, 2010）．最初は，木星のような巨大な惑星だけが観測にかかっていたのであるが，最近になって，より小さな惑星も観測されるようになった．このような惑星のなかには地球と似たような密度をもつが，質量が地球より大きなものも見つかってきた．これらは**超地球** (super–Earth) とよばれている．いろいろな質量をもつ地球型惑星が見つかってきたので，地球型惑星の進化がどのようにして起こるのか，どのような要因で決まっているのかという一般的な理論をつくろうという研究がされるようになってきた（Gaidos *et al.*, 2010; Kite *et al.*, 2009; Papuc and Davies, 2008; Tachinami *et al.*, 2010; Valencia and O'Connell, 2009）．これはちょうど天体物理でいろいろな星の進化の筋道を理論的に説明しようという研究と似ている．地球型惑星では惑星物質の性質，とくにレオロジー的性質がその進化の筋道に大きな影響を与えている．進化の様子を決める重要な因子が熱輸送であり，レオロジー的性質が熱輸送の効率を決めているからである．さらに，レオロジー的性質は惑星の潮汐摩擦の大きさをも決めている．潮汐摩擦は惑星の軌道進化（母天体からの距離や軌道の離心率の時間変化）に影響を及ぼし，惑星の軌道の位置は惑星の気候へ大きな影響を与えるので，レオロジー的性質は間接的に惑星の気候，したがって生命の誕生，進化へも影響を及ぼすことになる．地球の質量の数倍を超える大きな超地球の内部では，圧力が 1 TPa（1,000 GPa）を超える．このような超高圧での物質のレオロジー的性質の研究はあまり進んでいないが，このような条件では圧力とともに粘性率が減少する可能性も指摘されている（Karato, 2011a）．

また，惑星表面の大気や海の組成や海水の量も惑星内部からの物質の循環によって制御されているらしい．物質循環の様子は物質のレオロジー的性質に依存しているので，惑星の表面の状態も惑星内部の物質のレオロジー的性質と密接な関係をもっているのである．そこで惑星物質のレオロジー的性質についての研究を進め，その結果に基づいた物質循環のモデルを構築し，いろいろな観測と比較していくことによって，なぜ地球が生命を育む惑星になったのか，宇宙の他の場所でどのような条件があれば地球のような惑星が存在しうるのかといった疑問への手がかりが得られるようになるであろう．

参考文献

Airy, G. B., 1855. On the computation of the effect of the attraction of mountain masses as disturbing the apparent astronomical latitude of stations of geodetic surveys. *Philosophical Transactions of the Royal Society of London, Ser. B*, **145**: 101-104.

Aizawa, Y. *et al.*, 2004. Temperature derivatives of elastic moduli of $MgSiO_3$ perovskite. *Geophysical Research Letters*, **31**: 10.1029/2003GL018762.

Aizawa, Y. *et al.*, 2008. Seismic properties of Anita Bay dunite: An exploratory study of the influence of water. *Journal of Petrology*, **49**: 841-855.

Aki, K. and Lee, W. H. K., 1976. Determination of three-dimensional velocity anomalies under a seismic array using first P arrival times from local earthquakes. 1. A homogeneous model. *Journal of Geophysical Research*, **81**: 4381-4399.

Ammann, M. W., Brodhlot, J. P., Wookey, J. and Dobson, D. P., 2010. First-principles constraints on diffusion in lower-mantle minerals and a weak D" layer. *Nature*, **465**: 462-465.

Anderson, O. L. and Isaak, D. G., 1995. Elastic constants of mantle minerals at high temperature. In: T.J. Ahrens (Editor), *Mineral Physics & Crystallography*. pp. 64-97, American Geophysical Union, Washington DC.

Arzi, A. A., 1978. Critical phenomena in the rheology of partially melted rocks. *Tectonophysics*, **44**: 173-184.

Ashby, M. F. and Brown, A. M., 1982. Flow in polycrystals and the scaling of mechanical properties. In: N. Hansen, A. Horsewell, T. Leffers and H. Lilholt (Editors), *Deformation of Polycrystals: Mechanisms and Microstructures*. pp. 1-13, RISØ National Laboratory, Roskilde.

Ashby, M. F., Edward, G. H., Davenport, J. and Verrall, R. A., 1978. Application of bound theorems for creeping solids and their application to large strain diffusional flow. *Acta Metallurgica*, **26**: 1379-1388.

Ashby, M. F. and Verrall, R. A., 1973. Diffusion accommodated flow and superplasticity. *Acta Metallurgica*, **21**: 149-163.

Atkinson, H. V., 1988. Theories of normal grain growth in pure single phase systems. *Acta Metallurgica*, **36**: 469-491.

Avé Lallemant, H. G., Mercier, J.-C. C. and Carter, N. L., 1980. Rheology of the upper mantle: inference from peridotite xenoliths. *Tectonophysics*, **70**: 85-114.

Bai, Q., Mackwell, S. J. and Kohlstedt, D. L., 1991. High temperature creep of olivine single crystals 1. Mechanical results for buffered samples. *Journal of Geophysical Research*, **96**: 2441-2463.

Barrell, J., 1914. The strength of the crust, Part VI. Relations of isostatic movements to a sphere of weakness - the asthenosphere. *Journal of Geology*, **22**: 655-683.

Bercovici, D. and Ricard, Y., 2005. Tectonic plate generation and two-phase damage: void growth versus grain-size reduction. *Journal of Geophysical Research*, **110**: 10.1029/2004JB003181.

Bergman, M. I., 1998. Estimates of the Earth's inner core grain size. *Geophysical Research Letters*, **25**: 1593-1596.

Bergman, M. I., 2002. Solidification of the Earth's core. In: V. Dehant, K. C. Creager, S. Karato and S. Zatman (Editors), *Earth's Core: Dynamics, Structure, Rotation*. pp. 105-127, American Geophysical Union, Washington DC.

Biot, M. A., 1956. Theory of propagation of elastic waves in a fluid-saturated porous solids, I. Low-frequency range. *The Journal of the Acoustical Society of America*, **28**: 168-178.

Bloomfield, J. P. and Covey-Crump, S. J., 1993. Correlating mechanical data with microstructural observations in deformation experiments on synthetic two-phase aggregates. *Journal of Structural Geology*, **15**: 1007-1019.

Bolfan-Casanova, N., 2005. Water in the Earth's mantle. *Mineralogical Magazine*, **69**: 229-257.

Bons, P. D. and Den Brok, B., 2000. Crystallographic preferred orientation development by dissolution-precipitation creep. *Journal of Structural Geology*, **22**: 1713-1722.

Borch, R. S. and Green, H. W., II., 1987. Dependence of creep in olivine on homologous temperature and its implication for flow in the mantle. *Nature*, **330**: 345-348.

Boyce, J. W. *et al.*, 2010. Lunar apatite withe terrestrial volatile abundances. *Nature*, **466**: 466-470.

Bystricky, M. and Mackwell, S. J., 2001. Creep of dry clinopyroxene aggregates. *Journal of Geophysical Research*, **106**: 13443-13454.

Campbell, I. H. and Taylor, S. R., 1983. No water, no granites, no oceans, no continents. *Geophysical Research Letters*, **10**: 1061-1064.

Caristan, Y., 1982. The transition from high-temperature creep to fracture in Maryland diabase. *Journal of Geophysical Research*, **887**: 6781-6790.

Carlson, R. W., Pearson, D. G. and James, D. E., 2005. Physical, chemical, and chronological characteristics of continental mantle. *Review of Geophysics*, **43**: 10.1029/2004RG000156.

Carter, N. L. and Avé Lallemant, H. G., 1970. High temperature deformation of dunite and peridotite. *Geological Society of America Bulletin*, **81**: 2181-2202.

Christensen, U. R., 1985. Thermal evolution models for the Earth. *Journal of Geophysical Research*, **90**: 2995-3007.

Coble, R. L., 1963. A model for boundary-diffusion controlled creep in polycrystalline materials. *Journal of Applied Physics*, **34**: 1679-1682.

Conrad, C. P. and Hager, B. H., 1999. The thermal evolution of an Earth with strong subduction zones. *Geophysical Research Letters*, **26**: 3041-3044.

Couvy, H., Frost, D. J., Heidelbach, F., Nyilas, K., Ungar, T., Mackwell, S. J., and Cordier, P., 2004. Shear deformation experiments of forsterite at 11 GPa-1400 ℃ in the multianvil apparatus, *European Journal of Mineralogy*, **16**: 877-889.

Davies, G. F., 1999. Dynamic Earth. Cambridge University Press, Cambridge.

De Bresser, J. H. P., ter Heege, J. H. and Spiers, C. J., 2001. Grain size reduction by dynamic recrystallization: can it result in major rheological weakening? *International Journal of Earth Sciences*, **90**: 28-45.

Dell'Angelo, L. N. and Tullis, J., 1989. Fabric development in experimentally sheared quartzites. *Tectonophysics*, **169**: 1-21.

Derby, B. and Ashby, M. F., 1987. On dynamic recrystallization. *Scripta Metallurgica*, **21**: 879-884.

Dresen, G., Wang, Z. and Bai, Q., 1996. Kinetics of grain growth in anorthite. *Tectonophysics*, **258**: 251-262.

Drury, M. R., Vissers, R. L. M., van der Wal, D. and Hoogerduin Strating, E. H., 1991. Shear localization in upper mantle peridotites. *Pure and Applied Geophysics*, **137**: 439-460.

Edington, J. W., Melton, K. N. and Cutler, C. P., 1976. Superplasticity. *Progress in Materials Sciences*, **21**: 63-170.

Ekström, G. and Dziewonski, A. M., 1998. The unique anisotropy of the Pacific upper mantle. *Nature*, **394**: 168-172.

Forte, A. M. and Mitrovica, J. X., 2001. Deep-mantle high-viscosity flow and thermochemical structure inferred from seismic and geodynamic data. *Nature*, **410**: 1049-1056.

Frost, H. J. and Ashby, M. F., 1982. *Deformation Mechanism Maps*, Pergamon Press, Oxford, 168p.

Furusho, M. and Kanagawa, K., 1999. Reaction-induced strain localization in a lherzolite mylonite from the Hidaka metamorphic belt of central Hokkaido, Japan. *Tectonophysics*, **313**: 411-432.

Gaidos, E., Conrad, C. P., Manga, M. and Hernlund, J., 2010. Thermodynamic limit on magnetodynamos in rocky exoplanets. *The Astrophysical Journal*, **718**: 596-609.

Getting, I. C., Dutton, S. J., Burnley, P. C., Karato, S. and Spetzler, H. A., 1997. Shear attenuation and dispersion in MgO. *Physics of Earth and Planetary Interiors*, **99**: 249-257.

Gleason, G. C. and Tullis, J., 1995. A flow law for dislocation creep of quartz aggregates determined with the molten slat cell. *Tectonophysics*, **247**: 1-23.

Goetze, C. and Evans, B., 1979. Stress and temperature in the bending lithosphere as constrained by experimental rock mechanics. *Geophysical Journal of Royal Astronomical Society*, **59**: 463-478.

Greenwood, G. W. and Johnson, R. H., 1965. The deformation of metals under small stresses during phase transformations. *Proceedings of the Royal Society of London*, **A 238**: 403-422.

Griggs, D. T. and Blacic, J. D., 1965. Quartz: anomalous weakness of synthetic crystals. *Science*, **147**: 292-295.

Gutenberg, B., 1926. Untersuchen zur Frage, bis zu welcher Tiefe die Erde kristallin ist. *Zeitschrift für Geophisik*, **2**: 24-29.

Hager, B. H., 1984. Subducted slabs and the geoid: constraints on mantle rheology and flow. *Journal of Geophysical Research*, **89**: 6003-6015.

Haggerty, S. E. and Sautter, V., 1990. Ultra deep (>300 km) ultramafic, upper mantle xenoliths. *Science*, **248**: 993-996.

Handy, M. R., 1994. Flow laws for rocks containing two non-linear viscous phases: a phenomenological approach. *Journal of Structural Geology*, **16**: 287-301.

Haskell, N. A., 1935. The motion of a viscous fluid under a surface load. *Physics*, **6**: 265-269.

Heggie, M. I. and Jones, R., 1986. Models of hydrolytic weakening in quartz. *Philosophical Magazine, A.*, **53**: L65-L70.

Hernlund, J. W. and Jellinek, A. M., 2010. Dynamics and structure of a stirred partially molten ultralow-velocity zone. *Earth and Planetary Science Letters*, **296**: 1-8.

Herring, C., 1950. Diffusional viscosity of a polycrystalline solid. *Journal of Applied Physics*, **21**: 437-445.

Hier-Majumder, S., Leo, P. H. and Kohlstedt, D. L., 2004. On grain boundary wetting during deformation. *Acta Materialia*, **52**: 3425-3433.

Hier-Majumder, S., Mei, S. and Kohlstedt, D. L., 2005. Water weakening of clinopyroxene in diffusion creep regime. *Journal of Geophysical Research*, **110**: 10.1029/2004JB003414.

Hiraga, T., Miyazaki, T., Tasaka, M. and Yoshida, H., 2010. Mantle superplasticity and its self-made demise. *Nature*, **468**: 1091-1095.

Hirth, G. and Kohlstedt, D. L., 1995. Experimental constraints on the dynamics of partially molten upper mantle: deformation in the diffusion creep regime. *Journal of Geophysical Research*, **100**: 1981-2001.

Hirth, G. and Kohlstedt, D. L., 1996. Water in the oceanic upper mantle - implications for rheology, melt extraction and the evolution of the lithosphere. *Earth and Planetary Science Letters*, **144**: 93-108.

Hirth, G. and Kohlstedt, D. L., 2003. Rheology of the upper mantle and the mantle wedge: a view from the experimentalists. In: J. E. Eiler (Editor), *Inside the Subduction Factory*. pp. 83-105, American Geophysical Union, Washington DC.

Hobbs, B. E., 1985. The geological significance of microfabric analysis. In: H.-R. Wenk (Editor), *Preferred Orientation in Deformed Metals and Rocks: An Introduction to Modern Texture Analysis*. pp. 463-484, Academic Press, Orland.

Holtzman, B. K., Groebner, N. J., Zimmerman, M. E., Ginsberg, S. B. and Kohlstedt, D. L., 2003a. Stress-driven melt segregation in partially molten rocks. *Geochemistry, Geophysics, Geosystems*, **4**: 10.1029/2001GC000258.

Holtzman, B. K. *et al.*, 2003b. Melt segregation and strain partitioning: implications for seismic anisotropy and mantle flow. *Science*, **301**: 1227-1230.

Howard, A. W. *et al.*, 2010. The occurence and mass distribution of close-in super-Earths, Neptunes, and Jupiters. *Science*, **330**: 653-655.

Ishii, M. and Tromp, J., 1999. Normal mode and free-air gravity constraints on lateral variation in density of Earth's mantle. *Science*, **285**: 1231-1236.

Ito, E. and Sato, H., 1990. Aseismicity in the lower mantle by superplasticity. *Nature*, **351**: 140-141.

Jackson, I. and Faul, U. H., 2010. Grainsize-sensitive viscoelastic relaxation in olivine: Towards a robust laboratory-based model for seismological application. *Physics of the Earth and Planetary Interiors*, **183**: 151-163.

Jackson, I., Faul, U. H., Fitz Gerald, J. D. and Tan, B., 2004. Shear wave attenuation and dispersion in melt-bearing olivine polycrystals: 1. Specimen fabrication and mechanical testing. *Journal of Geophysical Research*, **109**:

10.1029/2003JB002406.

Jackson, I., Fitz Gerald, J. D., Faul, U. H. and Tan, B. H., 2002. Grain-size sensitive seismic-wave attenuation in polycrystalline olivine. *Journal of Geophysical Research*, **107**: 10.1029/2002JB001225.

Jackson, I. and Paterson, M. S., 1993. A high-pressure, high-temperature apparatus for studies of seismic wave dispersion and attenuation. *Pure and Applied Geophysics*, **141**: 445-466.

Ji, S., Wang, Z. and Wirth, R., 2001. Bulk flow strength of forsterite-enstatite composites as a function of forsterite content. *Tectonophysics*, **341**: 69-93.

Jin, D., 1995. Deformation Microstructures of Some Ultramafic Rocks. M Sc Thesis, University of Minnesota, Minneapolis, 115p.

Jin, D., Karato, S. and Obata, M., 1998. Mechanisms of shear localization in the continental lithosphere: inference from the deformation microstructures of peridotites from the Ivrea zone, northern Italy. *Journal of Structural Geology*, **20**: 195-209.

Jin, Z. M., Green, H. W., II. and Zhou, Y., 1994. Melt topology in partially molten mantle peridotite during ductile deformation. *Nature*, **372**: 164-167.

Jin, Z. M., Zhang, J., Green, H. W., II. and Jin, S., 2001. Eclogite rheology: implications for subducting lithosphere. *Geology*, **29**: 667-670.

Jordan, T. H., 1978. Composition and development of the continental tectosphere. *Nature*, **274**: 544-548.

Jung, H. and Karato, S., 2001a. Effect of water on the size of dynamically recrystallized grains in olivine. *Journal of Structural Geology*, **23**: 1337-1344.

Jung, H. and Karato, S., 2001b. Water-induced fabric transitions in olivine. *Science*, **293**: 1460-1463.

Kaneshima, S., 1990. Origin of crustal anisotropy: Shear wave splitting studies in Japan. *Journal of Geophysical Research*, **95**: 11121-11133.

Kárason, H. and van der Hilst, R. D., 2000. Constraints on mantle convection from seismic tomography. In: M. A. Richards, R. G. Gordon and R. D.v.d. Hilst (Editors), *The History and Dynamics of Global Plate Motions*. pp. 277-288, American Geophysical Union, Washington DC.

Karato, S., 1986. Does partial melting reduce the creep strength of the upper mantle? *Nature*, **319**: 309-310.

Karato, S., 1988. The role of recrystallization in the preferred orientation in olivine. *Physics of Earth and Planetary Interiors*, **51**: 107-122.

Karato, S., 1989a. Grain growth kinetics in olivine aggregates. *Tectonophysics*, **155**:

255-273.

Karato, S., 1989b. Plasticity-crystal structure systematics in dense oxides and its implications for creep strength of the Earth's deep interior: a preliminary result. *Physics of Earth and Planetary Interiors*, **55**: 234-240.

Karato, S., 1993. Importance of anelasticity in the interpretation of seismic tomography. *Geophysical Research Letters*, **20**: 1623-1626.

Karato, S., 1995. Effects of water on seismic wave velocities in the upper mantle. *Proceedings of the Japan Academy*, **71**: 61-66.

Karato, S., 1998a. A dislocation model of seismic wave attenuation and velocity dispersion and microcreep of the solid Earth: Harold Jeffreys and the rheology of the solid Earth. *Pure and Applied Geophysics*, **153**: 239-256.

Karato, S., 1998b. Micro-physics of post glacial rebound. In: P. Wu (Editor), *Dynamics of the Ice Age Earth: A Modern Perspective*. pp. 351-364, Trans Tech Publisher, Zürich.

Karato, S., 1998c. Seismic anisotropy in the deep mantle, boundary layers and geometry of mantle convection. *Pure and Applied Geophysics*, **151**: 565-587.

Karato, S., 1999. Seismic anisotropy of the Earth's inner core resulting from flow induced by Maxwell stress. *Nature*, **402**: 871-873.

Karato, S., 2003. Mapping water content in Earth's upper mantle. In: J. E. Eiler (Editor), *Inside the Subduction Factory*. pp. 135-152, American Geophysical Union, Washington DC.

Karato, S., 2006. Remote sensing of hydrogen in Earth's mantle. In: H. Keppler and J. R. Smyth (Editors), *Water in Nominally Anhydrous Minerals*. pp. 343-375, Mineralogical Society of America, Washington DC.

Karato, S., 2008a. *Deformation of Earth Materials: Introduction to the Rheology of the Solid Earth*. Cambridge University Press, Cambridge, 463p.

Karato, S., 2008b. Insights into the nature of plume-asthenosphere interaction from central Pacific geophysical anomalies. *Earth and Planetary Science Letters*, **274**: 234-240.

Karato, S., 2009. Theory of lattice strain in a material undergoing plastic deformation: Basic formulation and applications to a cubic crystal. *Physical Review*, **B79**: 10.1103/PhysRevB.79.214106.

Karato, S., 2010a. The influence of anisotropic diffusion on the high-temperature creep of a polycrystalline aggregate. *Physics of the Earth and Planetary Interiors*, **183**: 468-472.

Karato, S., 2010b. Rheology of the deep upper mantle and its implications for the preservation of the continental roots: A review. *Tectonophysics*, **481**: 82-98.

Karato, S., 2010c. Rheology of the Earth's mantle: A historical review, *Gondwana Research*, **18**: 17-45.

Karato, S., 2011a. Rheological properties of the mantle of super-Earths : Some insights from mineral physics. *Icarus*, **212**: 14-23.

Karato, S., 2011b. Water distribution across the mantle transition zone and its implications for global material circulation. *Earth and Planetary Science Letters*, **301**: 413-423.

Karato, S., Dupas-Bruzek, C. and Rubie, D. C., 1998. Plastic deformation of silicate spinel under the transition zone conditions of the Earth. *Nature*, **395**: 266-269.

Karato, S. and Jung, H., 1998. Water, partial melting and the origin of seismic low velocity and high attenuation zone in the upper mantle. *Earth and Planetary Science Letters*, **157**: 193-207.

Karato, S. and Jung, H., 2003. Effects of pressure on high-temperature dislocation creep in olivine polycrystals. *Philosophical Magazine, A.*, **83**: 401-414.

Karato, S., Jung, H., Katayama, I. and Skemer, P. A., 2008. Geodynamic significance of seismic anisotropy of the upper mantle: New insights from laboratory studies. *Annual Review of Earth and Planetary Sciences*, **36**: 59-95.

Karato, S. and Karki, B. B., 2001. Origin of lateral heterogeneity of seismic wave velocities and density in Earth's deep mantle. *Journal of Geophysical Research*, **106**: 21771-21783.

Karato, S. and Lee, K. -H., 1999. Stress-strain distribution in deformed olivine aggregates: inference from microstructural observations and implications for texture development. In: J. A. Szpunar (Editor), *12th International Conference on Textures of Materials*. pp. 1546-1555, National Research Counsel Press, Montreal.

Karato, S. and Li, P., 1992. Diffusion creep in the perovskite : Implications for the rheology of the lower mantle. *Science*, **255**: 1238-1240.

Karato, S., Paterson, M. S. and Fitz Gerald, J. D., 1986. Rheology of synthetic olivine aggregates: influence of grain-size and water. *Journal of Geophysical Research*, **91**: 8151-8176.

Karato, S., Riedel, M. R. and Yuen, D. A., 2001. Rheological structure and deformation of subducted slabs in the mantle transition zone: implications for mantle circulation and deep earthquakes. *Physics of Earth and Planetary Interiors*, **127**: 83-108.

Karato, S., Wang, Z., Liu, B. and Fujino, K., 1995a. Plastic deformation of garnets: systematics and implications for the rheology of the mantle transition zone. *Earth and Planetary Science Letters*, **130**: 13-30.

Karato, S. and Weidner, D. J., 2008. Laboratory studies of rheological properties of minerals under deep mantle conditions. *Elements*, **4**: 191-196.

Karato, S. and Wu, P., 1993. Rheology of the upper mantle: a synthesis. *Science*, **260**: 771-778.

Karato, S., Zhang, S. and Wenk, H. -R., 1995b. Superplasticity in Earth's lower mantle: evidence from seismic anisotropy and rock physics. *Science*, **270**: 458-461.

Katayama, I., Hirauchi, K., Michibayashi, K. and Ando, J., 2009. Trench-paralell anisotropy produced by serpentine deformation in the hydrated mantle wedge. *Nature*, **461**: 1114-1117.

Katayama, I. and Karato, S., 2008a. Effects of water and iron content on the rheological contrast between garnet and olivine. *Physics of the Earth and Planetary Interiors*, **166**: 59-66.

Katayama, I. and Karato, S., 2008b. Low-temperature high-stress rheology of olivine under water-rich conditions. *Physics of the Earth and Planetary Interiors*, **168**: 125-133.

Katayama, I., Karato, S. and Brandon, M., 2005. Evidence of high water content in the deep upper mantle inferred from deformation microstructures. *Geology*, **33**: 613-616.

Katsura, T., Mayama, N., Shouno, K., Yoneda, A. and Suzuki, I., 2001. Temperature derivatives of elastic moduli of $(Mg_{0.91},Fe_{0.09})_2SiO_4$ modified spinel. *Physics of Earth and Planetary Interiors*, **124**: 163-166.

Kawakatsu, H. *et al.*, 2009. Seismic evidence for sharp lithosphere-asthenosphere boundaries of oceanic plates. *Science*, **324**: 499-502.

Kawazoe, T., Karato, S., Otsuka, K., Jing, Z. and Mookherjee, M., 2009. Shear deformation of dry polycrystalline olivine under deep upper mantle conditions using a rotational Drickamer apparatus (RDA). *Physics of the Earth and Planetary Interiors*, **174**: 128-137.

Kellogg, L. H., Hager, B. H. and van der Hilst, R. D., 1999. Compositional stratification in the deep mantle. *Science*, **283**: 1881-1884.

Keyes, R. W., 1963. Continuum models of the effect of pressure on activated processes. In: W. Paul and D. M. Warschauer (Editors), *Solids Under Pressure*. pp. 71-91, McGraw-Hills, New York.

Kitamura, M. *et al.*, 1987. Planar OH-bearing defects in mantle olivine. *Nature*, **328**: 143-145.

Kite, E. S., Manga, M. and Gaidos, E., 2009. Geodynamics and rate of volcanism on massive Earth-like planets. *The Astrophysical Journal*, **700**: 1732-1749.

Kneller, E. A., van Keken, P. E., Karato, S. and Park, J., 2005. B-type olivine fabric in the mantle wedge: Insights from high-resolution non-Newtonian subduction zone models. *Earth and Planetary Science Letters*, **237**: 781-797.

Koch-Müller, M., Matsyuk, S.S., Rhede, D., Wirth, R. and Khisina, N., 2006. Hydroxyl in mantle olivine xenocrysts from the Udachnaya kimberlite pipe. *Physics and Chemistry of Minerals*, **33**: 276-287.

Kocks, U. F., 1970. The relation between polycrystal deformation and single crystal deformation. *Metallurgical Transactions*, **1**: 1121-1143.

Kohlstedt, D. L., 2002. Partial melting and deformation. In: S. Karato and H. -R. Wenk (Editors), *Plastic Deformation of Minerals and Rocks*. pp. 121-135, Mineralogical Society of America, Washington DC.

Kohlstedt, D. L., 2006. The role of water in high-temperature rock deformation. In: H. Keppler and J.R. Smyth (Editors), *Water in Nominally Anhydrous Minerals*. pp. 377-396, Mineralogical Society of America, Washington DC.

Kohlstedt, D. L., Evans, B. and Mackwell, S. J., 1995. Strength of the lithosphere: constraints imposed by laboratory measurements. *Journal of Geophysical Research*, **100**: 17587-17602.

Kohlstedt, D. L., Keppler, H. and Rubie, D. C., 1996. Solubility of water in the α, β and γ phases of $(Mg,Fe)_2SiO_4$. *Contributions to Mineralogy and Petrology*, **123**: 345-357.

Kohlstedt, D. L., Nichols, H. P. K. and Hornack, P., 1980. The effect of pressure on the rate of dislocation recovery in olivine. *Journal of Geophysical Research*, **88**: 3122-3130.

Kubo, T. *et al.*, 2002. Mechanisms and kinetics of the post-spinel transformation in Mg_2SiO_4. *Physics of Earth and Planetary Interiors*, **129**: 153-171.

Lambert, I. B. and Wyllie, P. J., 1970. Low-velocity zone of the Earth's mantle: Incipient melting caused by water. *Science*, **169**: 764-766.

Lawlis, J. D., 1998. High Temperature Creep of Synthetic Olivine-Enstatite Aggregates. Ph D Thesis, The Pennsylvania State University, 131p.

Li, B., Liebermann, R. C. and Weidner, D. J., 1998. Elastic moduli of wadsleyite (β-Mg_2SiO_4) to 7 GPa and 873 K. *Science*, **281**: 675-677.

Li, L., Raterron, P., Weidner, D. J. and Long, H., 2006. Plastic flow of pyrope at mantle pressure and temperature. *American Mineralogist*, **91**: 517-525.

Li, L. and Weidner, D. J., 2007. Energy dissipation of materials at high pressure and high temperature. *Review of Scientific Instruments*, **78**: 10.1063/1.2735587.

Liebermann, R. C., 1982. Elasticity of minerals at high pressure and temperature. In: W. Schreyer (Editor), *High Pressure Research in Geosciences*. pp. 1-14, Schweizerbartsche, Stuttgart.

Lifshitz, I. M., 1963. On the theory of diffusion-viscous flow of polycrystalline bodies. *Soviet Physics JETP*, **17**: 909-920.

Lifshitz, I. M. and Shikin, V. B., 1965. The theory of diffusional viscous flow of polycrystalline solids. *Soviet Physics, Solid State*, **6**: 2211-2218.

Lister, G. S. and Hobbs, B. E., 1980. The simulation of fabric development during plastic deformation and its application to quartzite: The influence of deformation history. *Journal of Structural Geology*, **2**: 355-370.

Lister, G. S. and Paterson, M. S., 1979. The simulation of fabric development during plastic deformation and its application to quartzite: Fabric transition. *Journal of Structural Geology*, **1**: 99-115.

Lister, G. S., Paterson, M. S. and Hobbs, B. E., 1978. The simulation of fabric development during plastic deformation and its application to quartzite: The model. *Tectonophysics*, **45**: 107-158.

Long, M. D. and Silver, P. G., 2008. The subduction zone flow field from seismic anisotropy: A global view. *Science*, **319**: 315-318.

Mackwell, S. J., Kohlstedt, D. L. and Paterson, M. S., 1985. The role of water in the deformation of olivine single crystals. *Journal of Geophysical Research*, **90**: 11319-11333.

Mackwell, S. J., Zimmerman, M. E. and Kohlstedt, D. L., 1998. High-temperature deformation of dry diabase with application to tectonics on Venus. *Journal of Geophysical Research*, **103**: 975-984.

Mainprice, D. and Nicolas, A., 1989. Development of shape and lattice preferred orientations: application to the seismic anisotropy of the lower crust. *Journal of Structural Geology*, **11**: 175-189.

Maruyama, S. *et al.*, 2009. The dynamics of big mantle wedge, magma factory, and metamorphic-metasomatic factory in subduction zone. *Gondwana Research*, **16**: 414-430.

Masters, G., Laske, G., Bolton, H. and Dziewonski, A. M., 2000. The relative behavior of shear velocity, bulk sound speed, and compressional velocity in the mantle: implications for chemical and thermal structure. In: S. Karato, A.M. Forte, R.C. Liebermann, G. Masters and L. Stixrude (Editors), *Earth's Deep Interior*. pp. 63-87, American Geophysical Union, Washington DC.

McDonnell, R. D., Peach, C. J. and Spiers, C. J., 1999. Flow behaviour of fine-grained synthetic dunite in the presence of 0.5 wt% of water. *Journal of Geophysical Research*, **104**: 17823-17845.

McDonnell, R. D., Peach, C. J., van Roemund, H. L. M. and Spiers, C. J., 2000. Effect of varying enstatite content on the deformation behavior of fine-grained synthetic peridotite under wet conditions. *Journal of Geophysical Research*, **105**: 13535-13553.

McNamara, A., van Keken, P. E. and Karato, S., 2002. Development of anisotropic structure by solid-state convection in the Earth's lower mantle. *Nature*, **416**: 310-314.

Mei, S. and Kohlstedt, D. L., 2000a. Influence of water on plastic deformation of olivine aggregates, 1. Diffusion creep regime. *Journal of Geophysical Research*, **105**: 21457-21469.

Mei, S. and Kohlstedt, D. L., 2000b. Influence of water on plastic deformation of olivine aggregates, 2. Dislocation creep regime. *Journal of Geophysical Research*, **105**: 21471-21481.

Merkel, S. *et al.*, 2003. Deformation of $(Mg_{0.9},Fe_{0.1})SiO_3$ perovskite aggregates up to 32 GPa. *Earth and Planetary Science Letters*, **209**: 351-360.

Merkel, S. *et al.*, 2007. Deformation of $(Mg,Fe)SiO_3$ post-perovskite and D" anisotropy. *Science*, **316**: 1729-1732.

Mibe, K., Fujii, T. and Yasuda, A., 1999. Control of the location of the volcanic front in island arcs by aqueous fluid connectivity in the mantle wedge. *Nature*, **401**: 259-262.

Montagner, J. -P. and Kennett, B. L. N., 1996. How to reconcile body-wave and normal-mode reference Earth models. *Geophysical Journal International*, **125**: 229-248.

Montagner, J. -P. and Nataf, H. -C., 1986. A simple method for inverting the azimuthal anisotropy of surface waves. *Journal of Geophysical Research*, **91**: 511-520.

Montagner, J. -P. and Tanimoto, T., 1990. Global anisotropy in the upper mantle inferred from the regionalization of phase velocities. *Journal of Geophysical Research*, **95**: 4797-4819.

Montagner, J. -P. and Tanimoto, T., 1991. Global upper mantle tomography of seismic wave velocities and anisotropies. *Journal of Geophysical Research*, **96**: 20337-20351.

Montelli, R., Nolet, G., Dahlen, F. A. and Masters, G., 2006. A catalogue of deep mantle plumes: New results from finite-frequency tomography. *Geochemistry, Geophysics, Geosystems*, **7**(11): 10.1029/2006GC001248.

Morgan, W. J., 1971. Convection plumes in the lower mantle. *Nature*, **230**: 42-43.

Nabarro, F. R. N., 1948. *Deformation of crystals by the motion of single ions, Report of a Conference on Strength of Solids.* pp. 75-90, The Physical Society of London.

Nakada, M. and Lambeck, K., 1989. Late Pleistocene and Holocene sea-level change in the Australian region and mantle rheology. *Geophysical Journal International*, **96**: 497-517.

Nataf, H. -C., Nakanishi, I. and Anderson, D. L., 1986. Measurement of mantle wave velocities and inversion for lateral heterogeneities and anisotropy, 3. Inversion. *Journal of Geophysical Research*, **91**: 7261-7307.

Nicolas, A., Bouchez, J. L., Boudier, F. and Mercier, J. -C. C., 1971. Textures, structures and fabrics due to solid state flow in some European lherzolites. *Tectonophyiscs*, **12**: 55-86.

Nicolas, A. and Christensen, N. I., 1987. Formation of anisotropy in upper mantle peridotite: a review. In: K. Fuchs and C. Froidevaux (Editors), *Composition, Structure and Dynamics of the Lithosphere-Asthenosphere System.* pp. 111-123, American Geophysical Union, Washington DC.

Nieh, T. G., Wadsworth, J. and Sherby, O. D., 1997. *Superplasticity in Metals and Ceramics.* Cambridge University Press, Cambridge, 273p.

Nishihara, Y., Shinmei, T. and Karato, S., 2006. Grain-growth kinetics in wadsleyite: effects of chemical environment. *Physics of Earth and Planetary Interiors*, **154**: 30-43.

Nishihara, Y., Shinmei, T. and Karato, S., 2008. Effects of chemical environments on the hydrogen-defects in wadsleyite. *American Mineralogist*, **93**: 831-843.

Nolet, G., Karato, S. and Montelli, R., 2006. Plume fluxes from seismic tomography: a Bayesian approach. *Earth and Planetary Science Letters*, **248**: 685-699.

O'Connell, R. J. and Budianski, B., 1977. Viscoelastic properties of fluid-saturated cracked solids. *Journal of Geophysical Research*, **82**: 5719-5735.

Ohtani, E., 2005. Water in the mantle. *Elements*, **1**: 25-30.

Ohuchi, T., Karato, S. and Fujino, K., 2011. Strength of single crystal of orthopyroxene under the lithospheric conditions. *Contributions to Mineralogy and Petrology*, **161**: 961-975.

Ohuchi, T. and Nakamura, M., 2006. Grain growth in the forsterite-diopside system. *Physics of the Earth and Planetary Interiors*, **160**: 1-21.

Panning, M. and Romanowicz, B., 2006. A three-dimensional radially anisotropic model of shear velocity in the whole mantle. *Geophysical Journal International*, **167**: 361-379.

Papuc, A. M. and Davies, G. F., 2008. The internal activity and thermal evolution of Earth-like planets. *Icarus*, **195**: 447-458.

Peltier, W. R., 1998. Postglacial variation in the level of the sea: implications for climate dynamics and solid-Earth geophysics. *Review of Geophysics*, **36**: 603-689.

Phakey, P., Dollinger, G. and Christie, J., 1972. Transmission electron microscopy of experimentally deformed olivine crystals. In: H. C. Heard, I. Y. Borg, N. L. Carter and C. B. Raleigh (Editors), *Flow and Fracture of Rocks*. pp. 117-138, American Geophysical Union, Washington DC.

Pieri, M. *et al.*, 2001. Texture development of calcite by deformation and dynamic recrystallization at 1000 K during torsion experiments of marble to large strains. *Tectonophysics*, **330**: 119-142.

Poirier, J. -P., 1982. On transformation plasticity. *Journal of Geophysical Research*, **87**: 6791-6797.

Poirier, J. -P., 1985. *Creep of Crystals*. Cambridge University Press, Cambridge, 260p.

Poirier, J. -P., 2000. *Introduction to the Physics of Earth's Interior*. Cambridge University Press, Cambridge, 312p.

Poirier, J. -P. and Liebermann, R. C., 1984. On the activation volume for creep and its variation with depth in the Earth's lower mantle. *Physics of Earth and Planetary Interiors*, **35**: 283-293.

Post, A. D., Tullis, J. and Yund, R. A., 1996. Effects of chemical environment on dislocation creep of quartzite. *Journal of Geophysical Research*, **101**: 22143-22155.

Post, R. L. and Griggs, D. T., 1973. The Earth's mantle: Evidence of non-Newtonian flow. *Science*, **181**: 1242-1244.

Pratt, J. H., 1855. On the attraction of the Himalaya mountains and the elevated regions beyond the plumb-line in India. *Transaction of the Royal Society of London, Ser. B*, **145**: 53-100.

Raj, R. and Ashby, M. F., 1971. On grain boundary sliding and diffusional creep. *Metallurgical Transactions*, **2**: 1113-1127.

Raleigh, C. B., 1968. Mechanisms of plastic deformation of olivine. *Journal of Geophysical Research*, **73**: 5391-5406.

Renner, J., Evans, B. and Hirth, G., 2000. On the rheologically critical melt fraction. *Earth and Planetary Science Letters*, **181**: 585-594.

Ribe, N. M. and Yu, Y., 1991. A theory of plastic deformation and textural evolution of olivine polycrystals. *Journal of Geophysical Research*, **96**: 8325-8335.

Riedel, M. R. and Karato, S., 1997. Grain-size evolution in subducted oceanic lithosphere associated with the olivine-spinel transformation and its effects on rheology. *Earth and Planetary Science Letters*, **148**: 27-43.

Romanowicz, B., 2003. Global mantle tomography: progress status in the past 10 years. *Annual Review of Earth and Planetary Sciences*, **31**: 303-328.

Ross, J. V. and Nielsen, K. C., 1978. High-temperature flow of wet polycrystalline enstatite. *Tectonophysics*, **44**: 233-261.

Rubie, D. C., 1983. Reaction-enhanced ductility: the role of solid-solid univariant reactions in deformation of the crust and mantle. *Tectonophysics*, **96**: 331-352.

Rubie, D. C., 1984. The olivine → spinel transformation and the rheology of subducting lithosphere. *Nature*, **308**: 505-508.

Russo, R. and Silver, P. G., 1994. Trench-parallel flow beneath the Nazca plate from seismic anisotropy. *Science*, **263**: 1105-1111.

Rybacki, E. and Dresen, G., 2000. Dislocation and diffusion creep of synthetic anorthite aggregates. *Journal of Geophysical Research*,**105**: 26017-26036.

Rychert, C. A., Fischer, K. M. and Rodenay, S., 2005. A sharp lithosphere-asthenosphere boundary imaged beneath eastern North America. *Nature*, **434**: 542-545.

Saal, A. E. *et al.*, 2008. Volatile content of lunar volcanic glasses and the presence of water in the Moon's interior. *Nature*, **454**: 192-195.

Sammis, C. G., Smith, J. C., and Schubert, G., 1981. A critical assessment of estimation methods for activation volume, *Journal of Geophysical Research*, **86**: 10707-10718.

Savage, M. K., 1999. Seismic anisotropy and mantle deformation: what have we learned from shear wave splitting? *Review of Geophysics*, **37**: 65-106.

Schubert, G., Turcotte, D. L. and Olson, P., 2001. *Mantle Convection in the Earth and Planets*. Cambridge University Press, Cambridge, 940p.

Sherby, O. D., Robbins, J. L. and Goldberg, A., 1970. Calculation of activation volumes for self-diffusion and creep at high temperatures. *Journal of Applied Physics*, **41**: 3961-3968.

Shito, A., Karato, S., Matsukage, K. N. and Nishihara, Y., 2006. Toward mapping water content, temperature and major element chemistry in Earth's upper mantle from seismic tomography. In: S. D. Jacobsen and S. v. d. Lee (Editors), *Earth's Deep Water Cycle*. pp. 225-236, American Geophysical Union, Washington DC.

Silver, P. G., Gao, S. S., Liu, K. H. and Group, K. S., 2001. Mantle deformation beneath southern Africa. *Geophysical Research Letters*, **28**: 2493-2496.

Silver, P. G., Mainprice, D., Ben Ismail, W., Tommasi, A. and Barroul, G., 1999. Mantle structural geology from seismic anisotropy. In: Y. Fei, C. M. Bertka and

B. O. Mysen (Editors), *Mantle Petrology: Field Observations and High Pressure Experimentation*. pp. 79-103, The Geochemical Society, Houston.

Singh, A. K., 1993. The lattice strain in a specimen (cubic system) compressed non-hydrostatically in an opposed anvil device. *Journal of Applied Physics*, **73**: 4278-4286.

Sinogeikin, S. V. and Bass, J. D., 2002. Elasticity of majorite and a majorite-pyrope solid solution to high pressure: implications for the transition zone. *Geophysical Research Letters*, **29**: 10.1029/2001GL013937.

Sinogeikin, S. V., Bass, J. D. and Katsura, T., 2003. Single-crystal elasticity of ringwoodite to high pressures and high temperatures: implications for 520 km seismic discontinuity. *Physics of Earth and Planctary Intcriors*, **136**: 41-66.

Sinogeikin, S. V., Chen, G., Neuville, D. R., Vaughan, M. T. and Lierbermann, R. C., 1998. Ultrasonic shear wave velocities of $MgSiO_3$ perovskite at 8 GPa and 800 K and lower mantle composition. *Science*, **281**: 677-679.

Skemer, P. A. and Karato, S., 2007. Effects of solute segregation on the grain-growth kinetics of orthopyroxene with implications for the deformation of the upper mantle. *Physics of the Earth and Planetary Interiors*, **164**: 186-196.

Skemer, P. A. and Karato, S., 2008. Sheared lherzolite revisited. *Journal of Geophysical Research*, **113**: 10.1029/2007JB005286.

Skemer, P. A., Katayama, I., Jiang, Z. and Karato, S., 2005. The misorientation index: Development of a new method for calculating the strength of lattice-preferred orientation. *Tectonophysics*, **411**: 157-167.

Sleep, N. H., 1990. Hotspots and mantle plumes: some phenomenology. *Journal of Geophysical Research*, **95**: 6715-6736.

Solomatov, V. S., 1996. Can hot mantle be stronger than cold mantle? *Geophysical Research Letters*, **23**: 937-940.

Solomatov, V. S. and Moresi, L. N., 1996. Stagnant lid convection on Venus. *Journal of Geophysical Research*, **101**: 4737-4753.

Solomatov, V. S. and Moresi, L. N., 1997. Three regimes of mantle convection with non-Newtonian viscosity and stagnant lid convection on the terrestrial planets. *Geophysical Research Letters*, **24**: 1907-1910.

Song, X., 1997. Anisotropy of the Earth's inner core. *Review of Geophysics*, **35**: 297-313.

Spetzler, H. A. and Anderson, D. L., 1968. The effect of temperature and partial melting on velocity and attenuation in a simple binary system. *Journal of Geophysical Research*, **73**: 6051-6060.

Speziale, S., Jiang, F. and Duffy, T. S., 2005. Compositional dependence of the elastic wave velocities of mantle minerals: Implications for seismic properties of mantle rocks. In: R. D. v. d. Hilst, J. D. Bass, J. Matas and J. Trampert (Editors), *Earth's Deep Mantle*. pp. 301-320, American Geophysical Union, Washington DC.

Tachinami, C., Senshu, H., and Ida, S., 2011. Thermal evolution and lifetime of intrinsic magnetic fields of super-Earths in habitable zones, *The Astrophysical Journal*, **726**: 10.10188/10004-10637X/10726/10182/10170.

Tackley, P. J., 1998. Self-consistent generation of tectonic plates in three-dimensional mantle convection. *Earth and Planetary Science Letters*, **157**: 9-22.

Tackley, P. J., 2000. Mantle convection and plate tectonics: toward an integrated physical and chemical theory. *Science*, **288**: 2002-2007.

Takei, Y., 2001. Stress-induced anisotropy of patially molten media inferred from experimental deformation of a simple binary system under acoustic monitoring. *Journal of Geophysical Research*, **106**: 567-588.

Takei, Y., 2002. Effect of pore geometry on Vp/Vs: From equilibrium geometry to crack. *Journal of Geophysical Research*, **107**: 10.1029/2001JB000522.

Takei, Y., 2005. Deformation-induced grain boundary wetting and its effcets on the acoustic and rheological properties of partially molten rock analogue. *Journal of Geophysical Research*, **110**: 10.1029/2005JB003801.

Tanimoto, T. and Anderson, D. L., 1984. Mapping mantle convection. *Geophysical Research Letters*, **11**: 287-290.

Torsvik, T. H., Burke, K., Steinberger, B., Webb, S. J. and Ashwal, L. D., 2010. Diamonds sampled by plumes from the core-mantle boundary. *Nature*, **466**: 352-355.

Tozer, D. C., 1967. Towards a theory of thermal convection in the mantle. In: T. F. Gaskell (Editor), *The Earth's Mantle*. pp. 325-353, Academic Press, London.

Trampert, J., Deschamps, F., Resovsky, J. S. and Yuen, D. A., 2004. Probabilistic tomography maps chemical heterogeneities throughout the lower mantle. *Science*, **306**: 853-856.

Trampert, J. and van Heijst, H. J., 2002. Global azimuthal anisotropy in the transition zone. *Science*, **296**: 1297-1299.

Tullis, J., 2002. Deformation of granitic rocks: Experimental studies and natural examples. In: S. Karato and H.-R. Wenk (Editors), *Plastic Deformation of Minerals and Rocks*. pp. 51-95, Mineralogical Society of America, Washington DC.

Tullis, J., Christie, J. M. and Griggs, D. T., 1973. Microstructure and preferred orientations of experimentally deformed quartzites. *Geological Society of America*

Bulletin, **84**: 297-314.

Tullis, J. and Yund, R. A., 1982. Grain growth kinetics of quartz and calcite aggregates. *Journal of Geology*, **90**: 301-318.

Tullis, T. E. and Tullis, J., 1986. Experimental rock deformation. In: B. E. Hobbs and H. C. Heard (Editors), *Mineral and Rock Deformation*. pp. 297-324, American Geophysical Union, Washington DC.

Urai, J. L., 1987. Development of microstructure during deformation of carnalite and bischofite in transmitted light. *Tectonophysics*, **135**: 251-263.

Valencia, D. and O'Connell, R. J., 2009. Convection scaling and subduction on Earth and super-Earth. *Earth and Planetary Science Letters*, **286**: 492-502.

van der Hilst, R. D. *et al.*, 2007. Seismostratigraphy and thermal structure of Earth's core-mantle boundary region. *Science*, **315**: 1813-1817.

Van Orman, J. A., Fei, Y., Hauri, E. H. and Wang, J., 2003. Diffusion in MgO at high pressure: constraints on deformation mechanisms and chemical transport at the core-mantle boundary. *Geophysical Research Letters*, **30**: 10.1029/2002GL016343.

Vaughan, P. J. and Coe, R. S., 1981. Creep mechanisms in Mg_2GeO_4: effects of a phase transition. *Journal of Geophysical Research*, **86**: 389-404.

Vinnik, L. P., Green, R. W. E. and Nicolaysen, L. O., 1995. Recent deformation of the deep continental root beneath Southern Africa. *Nature*, **375**: 50-52.

Visser, K., Trampert, J., Lebedev, S. and Kennett, B. L. N., 2008. Probability of radial anisotropy in the deep mantle. *Earth and Planetary Science Letters*, **270**: 241-250.

Walker, A. N., Rutter, E. H. and Brodie, K. H., 1991. Experimental study of grain-size sensitive flow of synthetic, hot-pressed calcite rocks. In: R. J. Knipe and E. H. Rutter (Editors), *Deformation Mechanisms, Rheology and Tectonics*. pp. 259-284, The Geological Society, London.

Wang, Z. and Ji, S., 2000. Diffusion creep of fine-grained garnetite: implications for the flow strength of subducting slabs. *Geophysical Research Letters*, **27**: 2333-2336.

Weidner, D. J., Wang, Y., Chen, G., Ando, J. and Vaughan, M. T., 1998. Rheology measurements at high pressure and temperature. In: M. H. Manghnani and T. Yagi (Editors), *Properties of Earth and Planetary Materials at High Pressure and Temperature*. pp. 473-480, American Geophysical Union, Washington DC.

Wenk, H. -R., 1985. *Preferred Orientation in Deformed Metals and Rocks: An Introduction to Modern Texture Analysis*. Academic Press, Orland, 610p.

Wenk, H. -R., Bennett, K., Canova, G. and Molinari, A., 1991. Modelling plastic deformation of peridotite with the self-consistent theory. *Journal of Geophysical Research*, **96**: 8337-8349.

White, S. H., Burrows, S. E., Carreras, J., Shaw, N. D. and Humphreys, F. J., 1980. On mylonites in ductile shear zones. *Journal of Structural Geology*, **2**: 175-187.

Williams, J. G., Boggs, D. H., Yoder, C. F., Ratcliff, J. T. and Dickey, J. O., 2001. Lunar rotational dissipation in solid body and molten core. *Journal of Geophysical Research*, **106**: 27933-27968.

Wolfe, C. J. and Solomon, S. C., 1998. Shear-wave splitting and implications for mantle flow beneath the MELT region of the East Pacific. *Science*, **280**: 1230-1232.

Yamazaki, D., Inoue, T., Okamoto, M. and Irifune, T., 2005. Grain growth kinetics of ringwoodite and its implication for rheology of the subducting slab. *Earth and Planetary Science Letters*, **236**: 871-881.

Yamazaki, D. and Karato, S., 2001. Some mineral physics constraints on the rheology and geothermal structure of Earth's lower mantle. *American Mineralogist*, **86**: 385-391.

Yamazaki, D. and Karato, S., 2002. Fabric development in (Mg,Fe)O during large strain, shear deformation: implications for seismic anisotropy in Earth's lower mantle. *Physics of Earth and Planetary Interiors*, **131**: 251-267.

Yamazaki, D. and Karato, S., 2007. Lattice-preferred orientation of lower mantle minerals and seismic anisotropy in the D″ layer. In: K. Hirose, J. Brodholt, T. Lay and D. Yuen (Editors), *Post-Perovskite: The Last Mantle Phase Transition*. pp.69-78, American Geophysical Union, Washington DC.

Yamazaki, D., Kato, T., Ohtani, E. and Toriumi, M., 1996. Grain growth rates of $MgSiO_3$ perovskite and periclase under lower mantle conditions. *Science*, **274**: 2052-2054.

Yamazaki, D., Yoshino, T., Ohfuji, H., Ando, J. and Yoneda, A., 2006. Origin of seismic anisotropy in the D" layer inferred from shear deformation experiments on post-perovskite phase. *Earth and Planetary Science Letters*, **252**: 372-378.

Yoshida, S., Sumita, I. and Kumazawa, M., 1996. Growth model of the inner core coupled with the outer core dynamics and the resulting elastic anisotropy. *Journal of Geophysical Research*, **101**: 28085-28103.

Yoshino, T., Nishihara, Y. and Karato, S., 2007. Complete wetting of olivine grain-boundaries by a hydrous melt near the mantle transition zone. *Earth and Planetary Science Letters*, **256**: 466-472.

Zener, C., 1941. Theory of the elasticity of polycrystals with viscous grain boundaries.

Physical Review, **60**: 906-908.

Zhao, D. and Ohtani, E., 2009. Deep slab subduction and dehydration and their geodynamic consequences: Evidence from seismology and mineral physics. *Gondwana Research*, **16**: 401-413.

Zhao, Y. -H., Ginsberg, S. B. and Kohlstedt, D. L., 2004. Solubility of hydrogen in olivine: dependence on temperature and iron content. *Contributions to Mineralogy and Petrology*, **147**: 155-161.

Zimmerman, M. E. and Kohlstedt, D. L., 2004. Rheological properties of partially molten lherzolite. *Journal of Petrology*, **45**: 275-298.

Cline, C. J., II., Faul, U., David, E. C., Berry, A. J. and Jackson, I. (2018) Redox-influenced seismic properties of upper-mantles olivine. Nature 555, 355-358.

索　引

あ　行

か　行

さ　行

た　行

な　行

は　行

欧文索引

Memorandum

Memorandum

Memorandum

著者紹介

唐戸俊一郎（からと　しゅんいちろう）

略　歴　1977 年東京大学大学院理学系研究科博士課程修了，理学博士．
1977-1989 年，東京大学海洋研究所助手，1989-1992 年，Minnesota 大学準教授，1992-2001 年，Minnesota 大学教授などを経て，2001 年より現職．
1999 年，日本学士院賞受賞，2006 年，Vening Meinesz メダル受賞

現　在　Yale 大学教授（Adolph Knopf 講座），理学博士

専　攻　地球物理学

著　書　『固体と地球のレオロジー』（編集，1986 年，東海大学出版会），“Rheology of Solids and of the Earth”（編集，1989 年，Oxford University Press），『レオロジーと地球科学』（著，1999 年，東京大学出版会），“Earth’s Deep Interior”（編集，2000 年，American Geophysical Union），“Plastic Deformation of Minerals and Rocks”（編集，2002 年，Mineralogical Society of America），“The Earth’s Core”（共編，2002 年，American Geophysical Union），“The Dynamic Structure of the Deep Earth”（著，2003 年，Princeton University Press），“Deformation of Earth Materials”（著，2008 年，Cambridge University Press）など

現代地球科学入門シリーズ 14
地球物質のレオロジーとダイナミクス

Introduction to Modern Earth Science Series Vol.14
Rheological Properties of Earth Materials and the Dynamics of Earth’s Interior

2011 年 8 月 15 日　初版 1 刷発行
2020 年 3 月 1 日　初版 2 刷発行

発行者　南條光章

発行所　**共立出版株式会社**
〒 112–0006
東京都文京区小日向 4 丁目 6 番地 19 号
電話 03–3947–2511（代表）
振替口座 00110–2–57035
URL www.kyoritsu-pub.co.jp

印　刷
藤原印刷
製　本

一般社団法人
自然科学書協会
会員

検印廃止
NDC 455, 450

ISBN 978–4–320–04722–8